危机倒计时（上）

［日］船桥 洋一　著
原眉（成都理工大学）　译
奚望　监译

海洋出版社
2016年 北京

简写对应表

IAEA	国际核能机构
OECD·NEA	经济合作与发展组织核能机构
INES	国际核事件分级标准
JNES	核能安全基础机构
NRC	美国核能管理委员会
IAEA	维也纳国际核能机构
PKO	联合国维和行动
CRF	中央快速反应集团

图字：01-2014-1435 号

『カウントダウン・メルトダウン（上）』
COUNTDOWN MELTDOWN Vol.1 by
FUNABASHI Yoichi

Copyright © 2012 by FUNABASHI Yoichi
All rights reserved.

Original Japanese edition published by
Bungeishunju Ltd., Japan

Chinese (in simplified character only)
translation rights in PRC reserved by China
Ocean Press, under the license granted by
FUNABASHI Yoichi, Japan arranged with
Bungeishunju Ltd., Japan through Bardon-
Chinese Media Agency, Taiwan.

图书在版编目（CIP）数据

危机倒计时．上／（日）船桥洋一著；邓
一多，张静，彭轶超译．-- 北京：海洋
出版社，2016.10
ISBN 978-7-5027-9605-1

Ⅰ．①危… Ⅱ．①船… ②邓… ③张…
④彭… Ⅲ．①放射性污染－放射性事
故－研究－日本 Ⅳ．① TL732
中国版本图书馆 CIP 数据核字（2016）
第 258035 号

总 策 划：奚 望
责任编辑：刘 聪 江 波
封面设计：申 彪
责任印制：赵麟苏

出版发行：海洋出版社
网　　　址：www.oceanpress.com.cn
地　　　址：北京市海淀区大慧寺路8号
邮　　　编：100081
总 编 室：010-6211-4335
编 辑 部：010-6210-0035
发 行 部：010-6213-2549
邮 购 部：010-6803-8093
印　　　刷：北京朝阳印刷厂有限责任公司

版　　　次：2016年12月第1版
　　　　　　2016年12月第1次印刷
开　　　本：787毫米×1092毫米 1/32
印　　　张：14.25
字　　　数：260千字
定　　　价：49.00元
（如有印装质量问题，我社负责调换）

序言

    2011 年 3 月 11 日下午 14 时 46 分。高达里氏 9.0 级的强震袭击了日本东北地区太平洋沿岸一带。伴随着从地底发出的如雷轰鸣声，天地都在剧烈抖动。这是自日本有地震观测记录以来规模最大的一次强震，震中位于宫城县牡鹿半岛东南偏东约 130 千米海域、24 千米深的海底。太平洋板块俯冲到北美板块下方后，导致南北向 500 千米、东西向 200 千米跨度的海底下沉。伴随地震而来的是超乎寻常的巨大海啸。统计结果显示海啸曾高过海平面 40 米，而且，这样巨大的海啸还在不断袭来。多次遭受海啸肆虐的岩手县、宫城县、福岛县三县内共有近两万人死亡或失踪。日本虽曾多次遭遇过大地震，但这次的地震却比以往的任何一次都猛烈。不仅如此，地震所引发的巨大海啸，更导致了位于太平洋沿岸的东京电力公司福岛第一核电站的堆芯熔融事故的发生。

    位于东京都东北偏北约 220 千米处的福岛第一核电站

横跨福岛县的大熊町和双叶町。地震后，运转中的福岛第一、第二核电站全都进入了"Scrum"状态。要让反应堆停止运转，就得将控制棒插入炉芯，待6到8个小时电力输出逐步变为零后，再花数小时插入剩余的控制棒。当地震发生时，这个系统会自动运行。如同事先设计的那样，系统后来果然恢复了正常运行。然而地震、尤其是海啸的致命破坏力却让反应堆丧失了冷却功能。

下午3时27分，当高达4米的第一波海啸来临时，距地震发生已过去了41分钟。3时35分左右，第二波海啸再次来袭。波浪越过高达10米的混凝土防护堤后，以势不可挡之势灌入了核电站厂区内。这里共有6座沸水式反应堆（BWR）。自1971年3月1号机组开始运转、到1979年10月的6号机组开始运转，相继建成了6个机组。这6个机组的位置分别是：发电厂南部的4个机组按照由南到北的顺序分别为4号机组、3号机组、2号机组和1号机组；北部的5、6号机组则按照由南到北的顺序分别为5号机组和6号机组。临海的涡轮发电机房里所设的13台应急内燃发电机中，除了1台位于距海平面13米高处的6号机组发电机外，其他5台全部被水淹没。这么一来，交流电源全被切断，反应堆的冷却功能也随之失效。福岛第一核电站陷入了SBO（station blackout）状态，所有交流电源均无法正常使用。

在得出"应急炉芯的冷却系统已经处于无法注水状

态"的结论后，按照《核灾害对策特别对策法》第 15 条第 1 项的规定，福岛第一核电站站长吉田昌郎将此"核紧急事态"通报给了日本经产省。下午 7 时 3 分，日本政府发表了"核紧急事态宣言"。1 号机组、2 号机组、3 号机组等 3 个反应堆先后发生连锁式炉芯熔解，意味着此次事故已经成为一场堪比切尔诺贝利 7 级核事故的严重核事故。[1] 而就其所泄露的放射当量而言，则已远远超过了切尔诺贝利核事故，堪称迄今为止的最大核事故。[2] 日本政府指定的避难区域扩展到了福岛县内的 12 个市町村，避难人数多达 16 万余人次。[3] 由此，日本"二战"后的最大危机拉开了帷幕。

---

[1] 国际核能机构（IAEA）和经济合作与发展组织核能机构（OECD·NEA）共同决定的国际核事件分级标准（INES）。

[2] 其放射能放出总量为大气中与污染水中各有数十万兆贝克勒尔以上，两者合计的话估计将达到百万兆贝克勒尔的数量级。（吉冈齐，《福島原発事故をなぜ防げなかったか》《大災害と政策対応》，2011 年 8 月 29 日）

[3] 至 2012 年 9 月为止，避难难民人数达到 15 万 9000 人次。然而，切尔诺贝利核电站事故所引发的避难人数则为 11 万 6000 人次。

目　次

序章

所有交流电源无法使用

两次海啸导致所有交流电源都无法使用后，核电站已处于失控状态。虽然利用应急蓄电池使水位计成功地恢复了工作，但人们对水位计的准确性本身已产生了怀疑。

糟了！海水涌进来了

2011年3月11日14时46分，福岛第一核电站。在同时管理着1号机组和2号机组的核反应堆中央控制室里有24名正在工作的员工，挂满整面墙的各种计量仪器滴滴答答地晃动着指针。中央控制室位于控制楼之中，1号机组和2号机组的涡轮发电机房则呈合叶状交错布设在控制楼内。其背面的内侧是1号机组和2号机组的放射性废弃物处理站，外侧则是反应堆站。这里没有一扇可以朝外开的窗户。

一段时间后，晃动停止了。警报窗的红灯闪烁，同时警铃响了。白色的灯和橙色的警示灯也如同圣诞树般闪烁起来。紧接着，火灾报警器也响了起来。

地震后，值班长伊泽郁夫（时年52岁，以下人员年龄均以当时年龄为准）来到位于1号机组、2号机组所在的中央控制室后方的值班长坐席进行指挥。基于2007年新潟县中越冲地震时曾任职于东京电力柏崎刈羽核电站中央控制室的工作经验，伊泽知道：地震之后，光是室内扬起的灰尘就足以使火灾报警器开始工作。

"重置一下看看"，一名操作员将火灾报警器重置后，报警声便停息了。看起来似乎并没有发生火灾。就位于各个控制盘前的操作员们遵从值班主任的指示，开始对1号机组和2号机组的设备状态进行确认。经确认，1、2号机组的反应堆都已经被插入了控制棒，已经启动自动停止了。

此后，由于地震所致的外部电源断绝，反应堆的控制系统断电后，柴油发电机（D/G）也随之停止了运行。"警报灯还在闪!"一个操作员说道。1、2号机组中央控制室电源盘的警报灯闪烁着，之后又随着啪啪的响声一个个相继熄灭了。只有1号机组一侧的应急灯还在亮着，警报声也听不到了。无边的寂静覆盖了一切。

3号机组和4号机组的中央控制室内因为地震后扬起的灰尘而变得白茫茫一片。摇晃停止后，值班人员开始了常规的scrum操作。不久3号机组反应堆已自动停止工作的消息也得到了证实。

当时正在进行4号机组堆心槽的更换作业。为了更换堆心槽，在上一年的10月份就已经停止了运转，并将所有已经使用过的燃料转移到5楼的燃料池中。堆心槽的更换可谓是每30年一次的大工程，当时正值这个大工程的施工期。

接着，值班人员手动启动了3号机组的冷却装置——反应堆隔离冷却系统（RCIC）。3号机组的反应堆水位升高，预示着压力控制室（suppressionchamber，简称 S/C）的水温有上升趋势。所谓压力控制室，就是用于存放炉芯冷却系统水源的、状如大型甜甜圈的一个隧道。这期间可能需要驱动应急泵来抽取海水，但此时已经收到将有大海啸来临的警报。如果在水泵启动后海啸来临的话，会因为海水回流导致的海面下降而无法抽取海水，而一直空转的话则可能导致水泵出现故障。"目前最好不要急于启动水泵，静观其变。"值班人员这样判断道。

福岛第一核电站是由反应堆楼、涡轮发电机站、控制楼、服务楼、放射性废弃物处理楼等构成的。位置分布上，涡轮发电机站位于靠海一侧，反应堆楼位于靠山一侧。位于大熊町、依托大熊町海岸而建的 1 至 4 号机组，其长方体的建筑被涂成了蓝色，而位于双叶町的 5、6 号机组则被涂成了代表双叶的绿色。蓝色为海，绿色为山，契合着"与环境融为一体的核电站"这一向大众昭示的形象。4 号机组南边是废物处理大楼，那里集中了处理放射性废液的所需设施，以及焚烧固体废弃物的焚化炉。福岛第一核电站从 1 号机组到 6 号机组的总发电设备容量为 469 万 6000 千瓦。

发电站站长吉田昌郎的下属有负责运营的站长 2 人、副站长 3 人，反应堆设施的运转则由东京电力的值班员工负责。值班员是个终身职业，据说为培养出一名合格的值班员的花费高达 6000 万日元（约合人民币 394 万元）之巨。对于核电站来说，值班员就相当于驾驶反应堆这架"飞机"的飞行员。在运转管理部长的管辖下，值班员又按所负责的 1～6 号机组分作几个小组，各个小组又分别由正副值班长各 1 名、值班主任 2 名、值班副主任 1 名、主机操作员 2 名和候补机操作员 4 名、共计 11 人组成。这样的小组共有 5 个，轮班维持反应堆的 24 小时运转。组成这 5 个组的核心成员大约 50～55 人，隶属福岛第一核电站的东京电力员工有 1100 人之多，另有设备厂及负责消防、警备的合作企业的从业人员大约 2000 人。

　　地震发生时，现场共计约有 5600 人在场。其中东京电力的职员有 750 人。由于当时正值 4 号机组到 6 号机组的定期检查时期，协作企业的工作人员有不少都正在工作。

　　"糟糕！海水涌进来了！"去外面观察情况的操作员回到 1 号机组和 2 号机组的中央控制室后大声喊道。海啸正凶猛地侵入核电站。前去进行 2 号机组发电机修复工作的作业人员慌张地顺着楼梯往上爬着。地底传来了空前巨大的轰鸣声，海水从服务楼的入口一涌而入。1 号机组和 2 号机组之间的联络门不知何故被关上了，一个人根本无法打开。两人合力将门推开后，大量涌入的海水一下漫至腰际。

　　海啸！这才回过神来的他们浑身湿淋淋地赶紧返回中央控制室报告情况。下午 15 时 27 分第一波海啸来袭，接着下午 15 时 35 分左右，第二波海啸袭击了福岛第一核电站①。

海啸吞没了设置于海拔 4 米处的应急海水泵设备，并相继冲到了 10 米、13 米……袭击了反应堆楼和涡轮发电机站。前往服务楼确认电路状况的操作人员试图进入楼内，却被入口处的大门拦住了。他们试图联络警备员，却联系不上。两三分钟后，海啸袭来。海水从下方侵入进来。正当操作人员以为万事休矣时，多亏另一名有经验的操作员从外面打破玻璃，才使其逃过一劫。当他们逃离这里时，水已经漫到下巴了。

其他操作员进入服务楼后望了望，只见远处的大海波涛汹涌。此时如果跑出去，会正赶上从 4 号机组方向涌过来的海啸。水流猛烈地撞击到 4 号机组前方取水口处的一块铁板上，激起了一道高达 10 多米的水柱。大家吓得腿都软了，呆在原地无法动弹。只见远处的海边，防护堤犹如多米诺骨牌一般坍塌了下去。起重机一头扎入了水泵之中。从正下方可以听到不停嘶鸣的汽车喇叭声。

防震重要楼和各中央控制室之间的直线距离相隔数百米，通往位于核电站高台处的防震重要楼的二三十米长的

---

① 各事故调查委员会对于海啸第二波的时间报道如下，政府事故调查委员会"中间报告"报道称是下午 15 时 35 分，国会事故调查委员会则记载称是下午 15 时 37 分。（政府事故调查委员会"中间报告"，2011 年 1 月 26 日第 147 页）

台阶因坍塌已无法使用。水从已经破损和断裂的管道中像喷泉一样喷射而出。电视里正播放着宫城县名取市的农田遭到海啸侵袭的画面。

"（靠海一侧的）重油罐被冲走并沉没了。"此时，吉田昌郎站长就在发电站的站长室内。地震来袭时，尽管感到坐立不安，但有那么一瞬间，他仍然觉得"核电站是应该能扛得住"。之后他立即朝防震重要楼的方向飞奔而去。

局面失控

从1号机组到5号机组，所有交流电源已经全部无法使用了。紧急对策室陆续接到了来自三个中央控制室的报告。

下午15时37分，1号机组；

下午15时38分，3号机组；

下午15时41分，2号机组。

"各号机组电源均已经被损毁无法使用。""在1号机组、2号机组以及4号机组中就连直流电源也已经全部无法使用。"所有人都鸦雀无声，那一瞬间，就连吉田站长自己也感到茫然无措。操作员们借着装有便携电池的照明灯，以及LED手电筒的亮光，取出东京电力公司制作的"事故时运转操作程序手册"读了起来。"现象基准"还是

"征兆基准"？无论哪一条，都无法关联到眼前的情形上来。说到底，这些标准都是在中央控制室的控制盘能够读取设备信息的前提下制定出来的。但现在由于中央控制室处于一片漆黑中，根本无法读取监测信息。

经验丰富的值班长和值班员仍然记得盘面的布局，什么东西在哪个位置都清楚地记在脑子里面，即使在一片黑暗当中，凭感觉就能知道在哪个位置是什么计测仪。如果用东芝的技术官员的话来说，就是"连哪里有老鼠洞都知道的一群人"。即便是这样一群人，也绝对没有想到所有的交流电源会全部无法使用。本来应急信息显示系统（SPDS）应该会运转起来的。这是一个可以在紧急对策室的大屏幕上显示数据，用以把握并监视设备状态的系统。然而，由于失去了电源，连这套系统也无法使用了。发电站对策本部除了依靠中央控制室的固定电话来掌握设备的状态，别无他法。由于断电，通过中央控制室进行的监控、发电站内的照明、通信等所有功能无一能够正常发挥作用。同时，反应堆也很难冷却，因为冷却反应堆的各个工作步骤很大程度上都得有电源作为保障才行。

15 时 42 分，根据核电灾害对策特别措施法第 10 条第 1 项的相关规定，吉田站长将所有交流电源均无法使用这一特殊情况通报给了政府。15 时 50 分左右，反应堆的水位计和压力计等检测数据均已无法读取。反应堆内的情况如何？堆芯冷却装置是否仍在运转？因为用以判别这些情况的数据均无从知晓，中央控制室实际已处于失控状态。

1号机组上有个反应堆应急冷却设备的双系统紧急复水器（IC）构造系统。其工作原理是这样的：炉内产生的高温水蒸气通过紧急复水器水罐之中的螺旋弹簧状管道时被冷却，凝缩成液态水后重新回到炉内。2号机组上有台名为反应堆隔离冷却系统（RCIC）的设备，这也是一个无需使用电机、仅仅依靠蒸汽涡轮来驱使水泵运转并向反应堆内注水的系统。

不论紧急复水器还是反应堆隔离冷却系统，都是将反应堆内的蒸汽引导至存储容器外面，但紧急复水器是使用热交换器使得水蒸气转换成液态水，与此相比，反应堆隔离冷却系统则是依靠蒸汽来驱动涡轮运转，依靠涡轮运转的动力来启动水泵，从而向反应堆注水。再加上管道破裂断开，为了应对反应堆的水位下降，1、2号机组也都配备有高压注水系统（HPCI）的冷却注水循环系统。

伊泽考虑到，一旦反应堆的水位下降就可以借助这个系统。但无论是紧急复水器还是高压注水系统都必须要有直流电源才可以启动。1号机组的高压注水系统在海啸来袭之后，控制盘的状态显示灯曾经发出过微弱的亮光，但很快也熄灭了。紧急复水器则在灯灭前都未能确认其显示状况。紧急复水器到底有没有启动，是否正在发挥功能，都不得而知。

水位计

16 时 46 分。吉田向核能安全·保安院等通报了下述情况：核能灾害对策特别措施法 15 条第 1 项的规定中所描述的特定事态（应急堆芯冷却系统无法注水）已经发生。通报的原文是这样的："因 1、2 号机组的反应堆水位无法监测，注水状况不明"。9 分钟后的 16 时 55 分时，又因 1 号机组反应堆的"水位监测已经恢复"解除了紧急事态通报，并同时通报了保安院。

然而，17 时许，水位计又再次无法显示。中央控制室里，既无法检测到 1、2 号机组的反应堆水位，也无法确认这两个机组的紧急复水器和反应堆隔离冷却系统的运转状况（后来才知道：身处防震重要楼紧急对策室的吉田站长对中央控制室里伊泽郁夫值班长他们身处的这种处境一无所知，一直以为紧急复水器还在工作）。

向反应堆注水的情况已完全不在掌握。既看不到检测仪和信号，反应堆到底是否仍在运转也不得而知。换言之，直流电源已经被破坏掉了。

外部的交流电源和内部的紧急用内燃机交流电源，甚至包括作为"最后一道防线"的电池驱动直流电源都已经被破坏了。而发生核事故时最重要的，就是要随时对水位和压力所发生的变化进行检测。

"如果水位按照这个速度开始下降的话，1 号机组将在

18时15分开始露出燃料部分。"有人报告说。吉田只是简短地回答了一句:"知道了。"

17时12分,吉田又重新向保安院发出了"第15条通报"。现场工作人员被水位计的数据搞得手忙脚乱。刚刚向发电站对策本部发去"水位检测已恢复"的报告,又不得不立即修正说"又看不见了"。每每有数据报上来,吉田都会追问:"这个数据没错吧?"得到的回答却是:"呃这个……不清楚。"无法正确计测。数据不可信。也不清楚水位的高低。

与此同时,值班人员不得不依靠应急灯来记录反应堆水位计(带宽为1500毫米~4000毫米)的水位。水位无时无刻不在下降。监测人员在水位计旁边的盘面上手动记录着监测时刻和数据,并将数据报告给对策本部。因为之前一直在用的PHS已经无法使用,防震重要楼的负责人和中央控制室的值班长用热线电话保持着联系。

19时许。中央控制室(1/2号机组)的操作员报告说:他们从反应堆楼的双重门内侧用手电筒透过门缝照进去后,发现玻璃窗里充满了朦胧的白色蒸汽。

"那是刚刚形成的蒸汽。""是不是将反应堆的蒸汽输往涡轮发电机站的主蒸汽管损坏了?""如果主蒸汽系统损坏的话,那么在这一层楼就无法再进行作业了。""有消息说中央控制室的外侧及至非管理区域都检测出来了辐射线。"① "刚刚形成的新蒸汽似乎正在泄露。"

"看来这个核电站算是完了啊！东京电力公司要完了！"听着人们七嘴八舌的这番议论，此时正在防震重要楼里的某位协作企业的工作人员脑子里闪过了这样的念头。

另一位工作人员则这样想到："在辐射线量以每3秒0.01毫西弗的速度开始上升的情况下，人是无法离开中央控制室的，此时此刻自己的人生也就到此为止了。"想要修复包括水位计在内的计测仪器，就必须先利用电池及小型发电机来恢复电源的供应。然而福岛第一核电站完全没有配备这些供电设备。对策本部的修复班从发电站内的大型巴士上卸下蓄电池，总共五个都搬运到中央控制室（1/2号机组）了。然后，将这些蓄电池中的两个串联接入到控制盘的水位计中。

协作企业的作业人员将这个电池搬运到中央控制室。值班员手持手电筒准备读取仪表数据。"哦！有光亮了啊！"进到房间后大家都惊喜万分。他们将电池直接接在仪表控制盘背后的端子上，并开始读取仪表数据。

21时19分，修复班在时隔4小时后修复了1号机组

---

① 政府事故调查委员会的中间报告中记载称，在1号机组反应堆楼的双重门处发现"白色朦胧气体"是在12号上午4时左右，而发现地点则记载称"无法否定反应堆压力容器、配管、贯通部位等已经发生多处泄露导致蒸汽从D/W内逃逸的可能性。"

反应堆的水位计。他们对东京电力总公司报告称："反应堆水位已确认，通过接入蓄电池达到 TAF+200。"也就是说，水位在距离燃料顶部往上 20 厘米处。

21 时 47 分。东京电力总公司再次得到报告称反应堆水位已得到确认。但与此同时，也传来了此时 1 号机组反应堆楼的辐射量已开始上升的消息，并得到前去巡查的福岛第一核电站东京电力公司职员的确认。这一带被要求"禁止进入"。伴随燃料的熔毁产生了大量的氢气，使得存储容器的压力开始上升，据此推测：放射性物质已经开始泄露了。

21 时 52 分。发电站对策本部向相关政府部门报告称水位在距离燃料顶部上方 450 毫米附近，反应堆水位处于有效燃料顶端（TAF）上方位置。然而操作人员却感觉"有点儿不太对劲"。虽然他们在中央控制室的白板上记录下了上升的水位数据，但却在数据旁边又补写了一笔："水位计不可信。"压力容器准确测定水位的前提是存储容器必须保持低温。否则温度上升后，水位计基准面的水分被蒸发，由于压差下降使得反应堆水位看起来高于实际情况也是常有的事。"由于基准面基础水位下降，使得反应堆水位的显示有可能偏高，与实际水位有误差。"有些技术人员这样认为。

操作人员们并非仅仅依靠水位计来确认注水状况。而是通过观察存储容器中已经注入了多少以及热交换率的大小来推定水位的。即便如此，水位计无法工作所带来的不便也是非常致命的。

最奇怪的是：反应堆水位计的指示已经很长时间没有发生任何变化了。这意味着反应堆水位有可能已经低于反应堆一侧的敷设管道入口（敷设管道入口位于比有效燃料下端 BAF 更下面的位置），但当时却没有任何人提及这种可能性。不论是收到报告的核能安全保安院还是核能安全委员会，当时都对这些数据深信不疑。"真太奇怪了！"看着从保安院送来的水位计监测数据，核能安全基础机构（JNES）的阿部清治统括参事好几次歪着头陷入了沉思。对事态的进展影响最大的就是炉心的水位。

阿部从一开始就一直关注着反应堆水位的动静。12 日下午，送来了 1 号机组的反应堆水位稳定在 TAF-1600 毫米到 TAF-1800 毫米之间的数据。这意味着水位已经下降到了离燃料顶端 1.6 米至 1.8 米左右的地方。

"水位之所以会稳定，是因为燃料棒的热衰变引起沸腾所损失的水量，正好与某个系统的炉芯注水量保持平衡了吗？""也就是说，反应堆隔离冷却系统仍然在运行中吗？"

如果炉芯水位被确保在炉芯有效长度的 55%（相当于 TAF-1600 毫米）以上，也就是说所有燃料的约 55% 仍然浸泡在水里的话，至少就不会使得锆－水反应变得更为剧烈。这种情况下不易产生大量氢气，也就不容易发生堆芯熔毁。然而，如果水位低于炉芯有效长度的 55% 的话，锆－

水反应就会越发剧烈，并因这种放热反应在短时间内产生大量氢气，从而引起堆芯熔毁。

"如果水位能维持在 TAF-1700 毫米上下的话，那事态估计还不至于突然恶化吧。""只有趁现在小睡一会儿了。"阿部回到家刚想要小睡一会儿，就因为一号机组发生的氢气爆炸而不得不又立即返回 NES。第二天，也就是 13 日 13 时 30 分左右，JNES 与保安院召开了电视会议。"像这种炉芯水位完全没有任何变动的情况，在实际的事故中是不可能发生的。水位如果真的维持在这个水平的话也不可能发展成严重事故。水位的显示数据靠不住。"会上阿部这样讲到。

当天下午 14 时 30 分，JNES 将目前为止的反应堆水位显示数据送至保安院，同时还附上了"炉芯水位数据不可信"的评语。（当天 17 时 30 分左右，核能安全·保安院的根井寿规审议官在电视发布会上发言称："保安院完全不相信反应堆水位计的数据"。）

阿部本来是原研（前日本核能研究所，现日本核能研究开发机构）的技术人员，在保安院刚成立时被挖过来担任保安院的审议官。他的专业是"轻水反应堆的堆芯熔毁事故解析研究"，并且凭借这一课题取得了工学博士学位。然而，即便阿部确信水位计已出故障，也没想到直流电源已经处于失效的状态。

"总觉得不太对劲儿啊。"核能安全委员会也开始怀疑起来了。但是，这也是在1号机组爆炸之后才开始的怀疑。在那之前他们仍然以为水位计的监测水位"好像是正确的"。[①]这种情况就好像一辆正在飞驰着的汽车，它的速度表、导航仪、仪表盘以及前照灯等所有的仪器设备却全都突然失灵了一样。"——东京电力的相关技术人员事后这样形容说。

"就好像一辆正在飞驰的汽车，它前面的速度表、汽车导航仪、仪表盘以及前照灯，所有的仪器设备全都失灵了一样。""路边就连街灯也没有，而且这辆车还是以每小时150千米的速度行驶在高速公路上。"

吉田在海啸警报发出后就劝说协作企业的员工们避难，并在傍晚再次指示说："目前没有作业任务的人员请尽快避难。"人们开始分配车辆，协作企业的工作人员有

----

① 东京电力公司于2011年5月11日，公布了在现场对1号机组的水位计重新进行修正后的结果。据此，人们终于知道实际水位已经低到了水位计都无法进行读取的程度，在那之前所读取的数值要比实际水位高出3米以上。并且2011年10月18日，通过对紧急复水器的复水器水罐水位进行现场调查，人们也知道了冷却水大部分并没有被消耗掉，而是残留了下来。总而言之，3月11日下午9时19分被暂时修复的水位计所读取的错误水位数据被认为要大幅高于实际水位。在11日水位就已经下降并使得燃料露出，燃料的大部分已经掉落到了下面，在12日凌晨压力容器已经被破坏，据推测熔解燃料已经泄露并掉落到存储容器一侧。（奥山俊宏《采访记者的特别报告（上）对"福岛核电站事故"的发表和报道进行验证》，《Journalism》朝日新闻出版社，2012年6月）

的回自己的住所，有的则回到了自己的老家。以发电站对策本部的工作人员为中心，最后以发电站对策本部的工作人员为主留下了数百人。

不论休息日、节假日或是深夜，一旦核电站发生紧急情况，本部长（核电站站长）辖下的这 12 个班共计 406 人必须马上集中。

免震重要楼

福岛第一核电站站长吉田昌郎（56 岁），就任站长一职已经第十个月了。他毕业于东京工业大学机械物理专业，并在该大学修完核能工学硕士课程后，于 1980 年进入东京电力公司工作。据熟悉吉田的前辈说，当年虽已被日本通产省看上，但吉田最后仍然选择了东京电力公司。曾任职于福岛第一、第二、柏崎这几个核电站以及总公司核能部门的吉田在供职于福岛第二核电站期间结的婚，因此对于吉田而言，"福岛东部的滨通地区"就相当于他的第二故乡。身高 184 厘米的吉田在日本人里算个子很高的。"瘦高的绅士"——福岛第一核电站事故发生后，美国核能管理委员会（NRC）为增援日本而委派来的日本支援部长查尔斯·卡斯特对吉田的第一印象也源于他的身材。这之后卡斯特注意到的，则是吉田手里拿着的监测器，也就是后来出事的那个水位计。

覆盖燃料棒的水位现在究竟处于什么高度呢？醒着时也好梦里也罢，吉田无时无刻不在想着这个问题。征得吉田允许后卡斯特为他拍过一张纪念照。手里拿着装有米粒的塑料袋和装了水的塑料瓶子的吉田对卡斯特说道："饭嘛，吃这些就足够了。"

　　危机爆发期间，福岛第一核电站的防震重要楼的 2 楼与东京电力总公司的非常灾害对策室每天 24 小时不间断地进行着电视会议。从总公司的电视画面上看上去，吉田端坐在圆桌正中靠左的位置上，从早晨到晚上、又从午夜到黎明，一直在那里坐镇指挥。

　　防震重要楼作为应对事故的据点，是去年才刚刚建成的。因为有着 2007 年新潟县中越冲地震时受灾的经验教训，这座防震重要楼被设计成足以抵御震度 7 级的坚固结构。"即便被导弹打进来也能纹丝不动。"建造这栋楼的土木建筑承包商骄傲地说道。

　　这栋楼里配备有能够自给自足的发电设备——燃气涡轮发电机、电视会议系统以及带有活性炭滤层的换气装置。为了防止被放射性物质污染，出入口处设有两重大门。这里的开关时间是 24 小时制。为了防止外面的空气直接吹进来，一扇门打开时另一扇门则要关闭。要从室外进入到防震重要楼时，需要在两重门之间脱下防护服，立即接受污染检查并除去污染。

　　这栋防震重要楼，既是吉田和值班长以及值班员的阵地，也是他们的指挥部。只有此处，是整个核电站区域内唯一一个可以取下防护面罩的地方。但是，工作环境仍旧十分恶劣。最糟糕的莫过于：用于防范放射性物质的过滤设施尚不完备。排气阀和堆芯熔毁正释放出放射性物质；氢气爆炸所产生的气浪导致出入口扭曲变形；放射性物质经由室外空气侵入防震重要楼内。爆炸发生后的一阵子，即使防震楼内的放射线数量也超过了每小时60微西弗。员工们拼命清除鞋上沾的泥垢，有些女性员工被照射到的放射线数量也超过了法令规定的上限。

3月12日凌晨，因为已被放射物污染必须去污染浓度低的地方接受检测，完成作业后回到防震重要楼的30名作业人员被转移到了邻近的双叶郡川内村，但由于川内村的放射线量也正在上升，他们只得放弃检测又回到了防震重要楼。

已于11号到18号期间前去紧急避难的防震重要楼的医师当时并不在场。由常驻医师开始进行诊疗已经是19号之后的事了。尽管存在着各种各样的问题，在当时防震重要楼仍然是不可替代的存在。危机爆发期间，吉田一直坐镇防震重要楼里指挥。

2011年夏天，吉田对到此进行访问的防卫省大臣官房审议官铃木英夫如是说道："虽然办公楼在地震中被震得七零八落，但防震楼却未受影响；尽管防震楼被辐射污染过，但已经对污染源进行了清除。专用线也接上了，与总公司的电视会议系统也一直在运行。防震重要楼可真是帮了大忙！如果没有这栋楼，那可真是只有举手投降的份儿了。"

在地震的瞬间，身处福岛第一核电站的核能安全保安院的核能保安检察官事务所所长横田一磨也说了类似的话。"我觉得要是没有防震重要楼的话那就全完了，6个反应堆都会爆炸的。由于地震，主办公楼已经无法发挥其功能。如果紧急对策室也像以前那样设在主办公楼里的话，也将无法发挥作用。那样一来，无论是具体操作也好指挥也好就都无法进行了。幸好这些工作最后都得以在防震重要楼里完成。大家都说这真是不幸中的万幸。"

福岛第一核电站的1号机组是东京电力公司最初建成的核电站。吉田曾作为第一保修课长与1号机组颇有渊源。横田还记得吉田曾这样调侃过1号机组："虽然1号机组又小事儿又多，可它也还算是一台蛮可爱的机器呢！"可这天，这台"可爱的"机器却露出它的獠牙猛扑了过来。

第 1 章

保安院检察官怎么跑了？

本来必须在核电站事故现场的保安院保安检察官却离开现场，逃到了距离核电站 5 千米处的紧急事态应急对策中心。而紧急事态应急对策中心的放射线量也在上升。

保安院检察官

2011 年 3 月 11 日 14 时 46 分，刚在福岛第一核电站的研修楼听完定期检查报告，核能安全·保安院的核能保安检察官当地事务所所长横田一磨（40 岁）就感觉到了地震的剧烈晃动。虽然身体被摇来晃去，他仍费力地走到门边将门打开后才又折返回来躲到了桌下。因为横田记得在地震时要先将门打开。

横田被任命为负责应对核事故的"核能防灾专员"。根据核灾难对策特别措施法的规定，发生核灾难时，作为当地进行放射线测量等核灾难相关信息收集活动的基地，国家有义务在此设置紧急事态应对基地。

紧急事态应急对策中心是因为吸取了 1999 年茨城县那珂郡东海村的 JCO 临界事故的教训而设立的。那次事故由住友金属矿山的子公司 JCO 东海事务所的铀加工设施引发。造成了 2 人死亡，1 人重伤。当时，事务所半径 350 米以内的居民被要求避难，半径 500 米以内的居民被劝告避难，10 千米范围内的居民被呼吁进行室内避难。那次事故的 INES（国际核能现象评价尺度）为 4 级。

INES 是核能事故及故障的评判标准，等级 4 为"有局部影响的事故"。

那场事故促使政府对居民避难等事故现场的应对措施进行了反省，并根据随之制定的《核灾难法》设置了紧急事态应对中心。紧急事态应对中心里通信系统、污染消毒室、放射线测定器等设备一应俱全。

发生类似这次这种所有交流电源都被切断、根据原灾法第 10 条第 1 项规定须作为特定事项通报的严重事态时，现场对策总部部长会将紧急事态应急对策中心用作紧急指挥所。当地对策总部的部长由经济产业省副大臣担任。另外，在当地驻扎的核能保安检察官事务所的职员应该立即赶往紧急事态应急对策中心集合。原则上，两名核能保安检察官还必须前往现场，进行现场确认。

福岛第一核电站与福岛第二核电站共用的紧急事态应急对策中心设置在福岛县双叶郡大熊町。距离福岛第一核电站约 5 千米，距离福岛第二核电站约 12 千米。经济产业省核能安全保安院、福岛县厅、附近市町村、东京电力公司以及核能发电的专家们都聚集在这里共享信息，进行事故应对。

在事故发生时，福岛第一核电站厂区内正在进行定期检查。福岛第一核能保安检察官事务所的 7 名保安检察官和东京保安院总院派来的 1 名设施检查班长，共计 8 人都在福岛第一核电站。第 10 条通报后，以横田为首的 3 人便紧急赶往紧急事态应急对策中心。剩余的5人则留在发电站基地内的防震重要楼，进行信息收集及向保安院报告等相关工作。

横田他们到达紧急事态应急对策中心后，留守在那里的当地职员打开了双重门。"核电站还好吗？""这里怎么样？"横田与那位职员如此对话了几句之后，知道她家里还有孩子，便让她回家了。

紧急事态应急对策中心全馆停电，紧急电源也因故障而无法工作。通信手段除了一台带传真功能的电话以外，别无其他。手机也无法接通，因此无法与东京取得联络，无法进行电视会议。由于下水道故障，连卫生间也无法使用。

东京电力公司的协作企业——关电工公司的员工也在第一时间赶来了。根据两家公司间的协定，紧急事态下关电工公司的职员必须赶到紧急事态应急对策中心。21时20分，紧急事态应急对策中心的备用电池断电了，看来似乎是从柴油罐向应急柴油发电机中输送燃料的柴油泵出了故障。关电工公司的员工开始修复备用电源。

22时后，紧急事态应急对策中心转移到了附近的福岛县核能中心，因为这里有自主电源。但电话还是无法接通，电脑也无法使用，只有一部传真机可以工作。

那天夜里，赶到紧急事态应急对策中心的只有包括横田在内的6名保安院职员（福岛第一核电站3人、第二核电站 3 人）和 8 名东京电力的员工，1 名大熊町的职员（防灾计划规定，在事故发生后，13 个省厅的 40 名相关人员都应该在紧急事态应急对策中心集合。但是实际只有 3 个省厅的 21 名人员到场）。

虽然那里的电话与传真机可以与福岛县取得联络，但是用传真机发送一次文件需要 1 个小时之久。

临阵逃脱

留在福岛第一核电站的 4 名保安检察官坐立不安。12 日黎明，厂区内的放射线量开始上升，防震重要楼也加强了人员的进出管理。而此时的核电站还没有准备好防护服和防护面罩，被安放在停在室外的保安院检察官办公室的防灾车里、用来与东京保安院总院联络的卫星电话，由于辐射量的升高也无法使用。

12 日 17 时左右，他们以"防震重要楼中人员混乱，无法工作"为由，从福岛第一核电站退避到了紧急事态应急对策中心。当天夜里，在首相官邸决定往反应堆注入海水后，经济产业大臣海江田万里对核能安全保安院次长说："注入海水时，是不是保安院的人也得到现场才行？"他讶异地询问保安院次长平冈英治道："现场是个什么情况？难道没有保安院检察官在场么？"经向保安院确认，果然，应该在场的检察官却缺席了。

"那不行啊"海江田并没被告知保安院检察官从福岛第一核电站撤走一事。山本将经由平冈传达过来的海江田的指示又转达给了横田："现场应该有检察官在场才行。所有检察官都跑去紧急事态应对中心的行为欠妥，希望除了防灾专员外，其他检察官都能回到事故现场。"

13日早晨6时左右，横田对4名保安检察官下达指示说："请回到福岛第一核电站确认海水的注入状况。4人分为2组，每隔一小时确认各参数的变化情况后再同机械班联系。"但对于如何"确认海水注入状况"他却没有做任何具体指示。有检察官问横田道："我们要到注入海水的现场去确认吗？"横田说："辐射量太高了，你们每次在紧急对策室里确认设备的状况后再行联系就可以了。"其实横田的主要目的就是想让保安检察官们回到核电站现场去。

13日上午7时，从紧急事态应急对策中心出发的4名检察官于40分钟后回到了防震重要楼。虽然仍没去现场确认实际情况，但当天他们四人一直工作到了17时。由于断电，漆黑的厂房里只能靠手电筒来读取仪表上的数值。最后，他们也只是拿着从东京电力公司职员那里得到的相关资料，用PHS向当地对策总部的设备班汇报了情况。

这4名检察官当中的一位因为跟吉田同好吸烟而结成了可以轻松攀谈的朋友。即便如此，因为此时什么都由官僚主义主宰，他们都感觉到了"保安检察官没有发言权"的那种压迫感。

14 日下午,4 个人中的 1 人通过 PHS 与横田联络:"3 号机组发生了氢爆炸,我们在这里感到很危险。"但是,横田还是说:"希望你们无论如何在那里坚持住。"这名检察官在紧急应对室曾无意中听到东京电力员工的对话"如果 2 号机组发生爆炸的话,防震重要楼也很难保全。"当 2 号机组存储容器的压力上升,阀门无法进行排气时,就很有可能发生爆炸。过了不久,他又联络横田:"所长,如果真发生爆炸的话,这里会很危险。若 2 号机组存储容器的压力上升无法进行排气的话就有可能发生爆炸。""所长,这里太危险了,不能再留在这里了。如果 4 号机组的燃料池出现问题,就会发生再临界。那样的话,我们就没救了。"

给横田打电话的这名检察官是核能制造商专业技术人员,所以对反应堆的状况很了解。他继续向横田请求道:"请让我们暂时撤到紧急事态应急对策中心,具体情况我会在紧急事态应急对策中心向您报告。"虽然检察官用 PHS[①] 进行联络,但是周围有许多东京电力员工及协作企业的员工,保安检察官与横田对话时,想必他们也在注意听着。因此,在电话里不能说得太详细。而对于横田来说,让检察官继续留在那里还是让他们回来是个两难的抉择。面对对方的请求,横田既不能说"可以"也不能说

---

① 个人手持式电话系统(Personal Handy-phone System,简称 PHS),也称为个人电话存取系统。

"不可以"，他只是答了句："我知道了。"便挂断了电话。

14日傍晚，4人乘坐防灾车再次回到了紧急事态应急对策中心。保安检察官撤离核事故现场一事传遍了东京电力、紧急事态应急对策中心和核能安全保安院及核能安全委员会。核能安全委员会的官员后来回忆这件事的时候说："大家听说检察官逃走这件事时，都非常惊讶。"

而得知他们是在得到保安院课长同意的情况下撤走的，就更是大吃一惊。内部人员都在纷纷议论：他们会不会因为违反《国家公务员法》第98条而受到处分[①]。

在危机中保安检察官撤离现场这件事，成为后来被取消的保安院成立十几年以来最大的污点。保安院虽然被核能企业所包围，却从来没有预想过会发生重大核事故。因此，也没有培育出在紧急时刻和发生重大事故时，能够在现场应对的危机管理专家。在面对可能对国民安全及健康造成决定性影响的重大核电站事故面前，最先从事故现场逃走的保安检察官形象证明了保安院的失败。

后来的"政府事故调查"中也针对这点进行了严肃的批评："在需要确认现场状况这一紧要关头，保安检察官却擅自撤离现场。我们对这个决定的合理性深感怀疑。"另外，东京电力在"调查报告书"中也提到了这点："从3月12日到核电站恢复前的22日，国家的保安检察官基本

---

① 《国家公务员法》第98条规定：职员在执行公务时，必须遵从法令，且忠实于上司的命令。

没有待在福岛第一核电站，有关最前线福岛第一核电站的消息只能由我们来提供给经济产业省。"保安检察官的撤离使经济产业省、亦即政府对现场状况的把握变得十分被动，政府不得不更加依赖东京电力，甚至有评论含蓄地指责政府没有发挥其应有的职能。

　　而对那些冒着生命危险在一线处理危机的福岛第一核电站工作人员来说，作为管理机构，却在关键时刻擅离职守的保安院职员以及默许他们撤离的保安院管理层已属失职。自卫队化学科特殊部队的官员说："在我们来看，他们就是临阵脱逃。但是对于保安院的逃跑也没有惩罚他们的明文规定。"的确如此，他们没有受到任何处罚。

　　2006 年，在与北海道电力泊核电站周边地区的居民举行"与紧急事态应急对策中心对话"的集会时，面对"4 名保安院的检察官能保证我们的安全吗？"的提问时，保安院官员们的回答是："检察官们的职责是收集信息，然后向东京总院汇报。"然而，由于保安检察官的逃走，保安院根本没有尽到"收集信息"的职责。

　　但是，即使他们继续留在现场，在收集信息方面又能起到多大作用呢？这也是个疑问。因为保安院总院没有对在现场的保安检察官下达过明确的任务及任何具体指示。包括让他们做什么以及保安院总院对他们有什么期待等。这一点正如实反映在面对保安检察官撤离现场的要求，横田没有说"yes"也没有说"no"这一表现上。如果横田来问保安院，保安院总院又能否做出明确的回答呢？

4名保安检察官的"临阵脱逃"的确是缺乏职业道德和使命感的表现，但却并非所有保安检察官都是如此。像宫下明男这样，从11日开始一直在福岛第二核电站的紧急应对室里与东京电力员工同吃同住、全力应对事故的保安检察官也是有的。宫下同样也是从制造商转职到保安院的。

一开始海江田并不知道保安检察官12日一早逃回紧急事态应急对策中心的事，后来知道后，暴怒的海江田对他们下达了立即返回现场的指示，但他对这四人14日再次撤回紧急事态应急对策中心一事仍然全然不知。14日傍晚到夜间，因为紧急事态应急对策中心的转移一事又成了备受瞩目的大事，使得海江田不得不疲于应对，于是保安检察官"临阵脱逃"之事无意中也就被掩盖并消失在了人们的视野里。

但是，在致力于福岛核电站事故应对的美国核能管理委员会的专家们来看，这件事情是不正常的。他们当中的一人在后来的回忆中说道："日本在福岛核电站事故的应对中勇气可嘉。然而，唯一例外的就是保安院的保安检察官居然临阵脱逃。这点无论如何也让人无法理解。在美国，常驻检察官理所应当在现场进行事故应对。如果检察官逃走，会立即遭到开除。"

当地对策总部部长

3 月 11 日 17 时，手里拿着工作服、帽子、靴子等的经济产业省副大臣池田元久上了车，从经济产业省总部出发前往大熊町的紧急事态应急对策中心。同行的还有核能安全保安院审议官黑木慎一与保安院检查课长山本哲也。

核灾法第 17 条规定，当核能紧急事态发生时，要在紧急事态应急对策中心设置当地核能灾害对策总部，总部长为经济产业省副大臣（或者是大臣政务官）。

保安院最初担心的是女川核电站，还商讨向女川派遣官员。但就在这期间，福岛陷入了危机。于是，保安院决定派池田前往福岛的紧急事态应急对策中心，设置现场对策总部。

由于交通堵塞，池田他们没能遇到开路的警车。当时正赶上因地震造成回家困难的人流高峰[1]，到达上野车站就花费了两个小时，那样下去根本无法开车到福岛。于是，池田在途中给经济产业省事务次官松永和夫打了电话，要求为他们安排自卫队的直升机。池田心里很气愤，他觉得让核灾害当地对策总部部长用陆路的方式前往现场，这本身就是个错误。保安院怎么会制订出这么不切实际的规定来？但转念一想，他也只好苦笑了："作为认可了这种规

---

[1]　由于地震导致交通系统瘫痪，大量滞留在回家途中的人们。

——译者注

定的政治家，我们其实也难咎其责"。

过了一会儿，他们终于与开路的警车相会，抵达了防卫省自卫队的总部——市谷。除了在防卫省的屋顶乘坐直升机前往现场之外别无他法。但是，考虑到核电站一带都处于停电状态，于是将目的地定为阿武隈山系的一个航空自卫队的大泷根山分屯基地（雷达基地）。基地被厚厚的积雪覆盖着。池田他们乘车下山时，看到山脚下的道路布满裂纹，路旁的一些房屋倾斜着，到处都在停电，漆黑一片。

23 时左右，东京方面传来消息说风正从事故现场吹往太平洋。黑木听到这个消息后，心想如果要进行排气的话最好趁现在。黑木原来在科学技术厅担任过检查试验反应堆芯的技术官。保安院审议官职位之一是属于文部科学省原科技厅的。黑木就是从文部科学省以借调的形式来到保安院的。

池田他们到达已经是午夜了。池田让黑木确认了到达时间，并且为了避免媒体将他们的到达时间报道为"第二天"，特意叮嘱黑木向东京报告为 11 日 24 时到达。但是保安院还是将他们的到达时间公布为"12 日凌晨零点"。

截至当日深夜，到达福岛当地的政府职员有：经济产业省副大臣、福岛县副知事内堀雅雄、保安院福岛第一核电站与第二核电站的核能保安检察官事务所的保安检察官、核能安全委员会事务局职员、文部科学部职员和大熊町的职员们。

池田立即听取了横田关于设备状况的简要报告。由于测量仪器出现了故障,反应堆内的温度、压力及水位等关键数据都无法得到确认。福岛县内的 24 座放射线监测装置中有 23 个无法正常使用。之后,池田又听取了东京电力相关工作组组长的讲解。

黎明时分,东京电力的副社长武藤荣也来了。12 日,自卫队、日本核能研究开发机构、放射线医学综合研究所(放医研)及核能安全技术中心等职员还有东京电力的员工都来了。但是,防灾基本计划中规定的应该被派遣到当地的核能安全委员会委员和紧急事态应急对策调查委员一直都没有出现。安全委员会曾商讨派遣一名安全委员和几名事务局职员一起前往福岛当地,但是被告知"直升机只能再乘一个人",于是便只派了一名事务局的职员。

厚生劳动省打算向紧急事态应急对策中心派遣医疗队的负责人,但却没有立即执行。而厚生劳动省的职员真正到达当地对策总部的时间已经是 3 月 21 日了。

当地的大熊、双叶、富冈和栖叶的各町政府也应该向紧急事态应急对策中心派去职员,但是赶到的只有大熊町的工作人员。因为,当时各地都在进行居民避难,工作人员十分紧缺。

12 日凌晨 3 时左右,紧急事态应急对策中心终于恢复了供电,大家从暂住的核能中心返回到这里。电视新闻也进行了报道。有消息传来说，经济产业省大臣海江田万里要举行关于实施排气的记者招待会。事到如今，排气也是迫不得已的做法了。但是，排气会对周边居民产生很大的影响。于是，池田指示东京电力的队长和横田，要尽可能准确、迅速地掌握相关数据。

凌晨4时多，紧急事态应急对策中心接到消息说，菅直人首相要来福岛第一核电站进行视察。总括班的成员围着池田展开了讨论。"如果首相遭到核辐射怎么办？应该如何对外界进行解释？""在这么紧张的时刻来视察，我们不得不放慢应对事故的脚步。""风向正朝着太平洋方向，应该没问题吧？"

池田对于首相在这个时间进行视察表示反对。他认为，面对日本史上最严重的核电站事故，首相想要到现场视察的心情可以理解。但是，这次大震灾不仅仅是核电站事故，还有海啸、地震。在发生这种灾害时，最初的72小时是决定灾民生存与否的最关键时刻。指挥官应该留在总部，全力进行救援工作，并且在通讯手段完善的总部指挥核电站事故的应对工作。非要视察的话也必须得确保首相的安全，因此不该去第一核电站，而应该去紧急事态应急对策中心。

池田命令黑木将他的这些想法传达给东京（后来在池田回到东京之后才知道，自己的指示被保留在保安院内部，根本没有传达到官邸）。

第 1 章　保安院检察官怎么跑了?

当地对策总部按负责类别与功能类别分为居民安全队、医疗队等 7 个分队。12 日上午 10 时 30 分,各队的队长出席了第一次核能灾害合同对策协调会。会上决定了搬运碘剂的准备、居民避难状况的把握以及应急检测仪器的运行等紧急事态应急对策中心的活动实施方针。之后,根据活动实施方针,向相关市町村下达了指示。

由于是各省、各机关、中央地方、官民的集合组织,因此内容繁多,电话也不畅通,就算能打通也听不清对方在讲什么。这让黑木想起了他以前相似的经历。在 1986 年切尔诺贝利事故发生时,他在科学技术厅负责收集事故信息。之后,黑木在莫斯科的日本大使馆工作了三年。期间,苏联解体,他曾与乌克兰、白俄罗斯及俄罗斯这三个国家在放射线利用和管理方面一起合作。但他们却疏于联络,彼此连对方负责人的名字都不知道。现在电话也接不通,就算接通了,通话音质也很差无法听清的状态。黑木回想起了当时的种种艰辛。

12 日中午,由于电话公司基地局的备用电池用光了,除卫星通信线路以外其他通信线路都已经无法使用。政府的电视会议系统、应急对策支援系统、应急迅速放射能影响预测网络系统、电子邮件、互联网以及使用一般线路的电话和传真机都无法使用了。紧急事态应急对策中心与安保院紧急应对中心之间只能通过卫星电话进行联络。因此,东京电力组所拥有的电视会议系统成为了重要的信息媒介。黑木当时深信安保院紧急应对中心也有同样的电视会议系统，后来才知道他们并没有，这下黑木觉得完蛋了。

池田偶尔会到东京电力组的工作区，旁听东京电力总部与福岛第一核电站对策总部的电视会议。那里不一会儿就聚集了很多人。15 时 30 分左右，几个人报告说在福岛第一核电站那边听到了巨大的响声。难道是氢气爆炸吗？紧急事态应急对策中心一下子紧张起来。15 时 41 分，从电视会议中可以看到，紧急对策室与紧急事态应急对策中心的工作人员纷纷都站起来在看什么，他们在看福岛中央电视台播放的爆炸瞬间的场景。

不到 16 时，自卫队发来消息：在福岛第一核电站听到了巨大的响声。紧急事态应急对策中心立即通知了安保院紧急应对中心。之后，大家都紧紧盯着电视，寸步不离。18 时 25 分，政府发出距福岛第一核电站半径 20 千米范围内居民避难的指示。但是紧急事态应急对策中心并没有距福岛第一核电站 20 千米范围的地图。相关市町村向对策中心询问时，也因为没有地图无法界定行政区域，也无法明确地进行回答。经过大家分头寻找，虽然收集到了一些地图，但是地图上没有行政区的划分。于是对策中心重新对地图进行了行政区的划分。

13 日早，由于大熊町全体居民都被划入了需避难范围，最初赶到的唯一一名地方职员——大熊町的职员也必须返回大熊町。这样一来,紧急事态应急对策中心与地方自治体之间的联络就越发困难了。

　　县厅派来的 T 姓工作人员,在与各地方自治体电话联络时如果说:"我是紧急事态应急对策中心的 T",对方都会一下子反应不过来"紧急事态应急对策中心"是哪里。于是,他只好改为说:"我是县政府的 T。"后来黑木在报道中看到"各自治体都反映说,完全没有接到过紧急事态应急对策中心发来的任何消息"的说法时,便回想起"我是县政府的 T"这件事来。

　　一直到 14 日的早晨,有报告称 3 号机组都未能顺利地进行注水,存储容器内部的压力还在不断上升。14 日上午 8 时左右,池田接到东京电力副社长武藤荣的请求。由于第一核电站的注水水量不足,希望将第二核电站活动的自卫队和当地消防总部的部队调往第一核电站支援。池田立即叫来自卫队的班长,向他说明情况。指示将第二核电站自卫队的 7 台送水车调到第一核电站。

　　上午 11 时 01 分,3 号机组发生了氢气爆炸。首先传来了"自卫队员下落不明"的报道。大家屏气凝神地盯着福岛中央电视台播放的爆炸画面。每个人都感到:"3 号机组上方飘着黑烟,爆炸的规模较之前更大。"这充分说明目前的注水工作还很不充分。

　　池田致电经济产业部事务次官松永和夫,指示在要求东京消防厅等派遣专业部队时,尽量直接下命令不要经人中转。14 日 18 时，东京电力的队长向池田等少数要员说明了 2 号机组的状况：

18：22 燃料棒露出；

20：22 堆芯熔化；

22：22 压力容器损伤。

现场发来报告称："2 号机组既无法注水，也不能进行排气。堆芯熔化已经不可避免了。终于还是走到了这一步，大家都沉默了。"

急救医生

12 日上午 8 时，千叶市稻毛的放射线医学综合研究所（放医研）的医生富永隆子（34 岁）乘坐自卫队的直升机出发了，同行的还有她的两名同事。位于市区的放医研周围布满了高压电线。直升机穿过高压线的缝隙飞往福岛。

富永是紧急辐射医疗方面的专家。曾经在维也纳国际核能机构（IAEA）总部工作过一年。2009 年开始在放医研工作，她还是放医研紧急医疗专家们成立的"紧急辐射医疗支援队"的成员。她前往福岛现场时，就是穿着紧急辐射医疗支援队的制服的。蓝、灰、白三色的面料上印着红色紧急辐射医疗支援队标志的夹克，藏蓝色的裤子。

机舱里堆放着测量仪器、医疗器材和 500 粒稳定碘剂还有 40 箱普鲁士蓝。稳定碘剂是放射性碘，普鲁士蓝通过铯可以有效地减少被放射线辐射后的影响。上午 10 时前，直升机在紧急事态应急对策中心附近的棒球场着陆。保安院的人前来迎接他们。由于棒球场的围栏上着锁无法打开，所有大家是翻过围栏才出去的。

富永本以为国家或者是福岛县的医疗队会派人过来，但却无人来。紧急事态应急对策中心二楼的医疗队里有相双保健所（南相马市）的所长、东京电力的联络员和日本分析中心的职员，富永加入了他们的队伍。她听说附近有一所县立大野医院（县指定·双叶郡大熊町）的初期辐射医疗机构，如果那里还有工作人员，还可以进行诊疗。但是经过了解，发现那里早就已经停止运营了。

12 日傍晚，福岛第一核电站向紧急事态应急对策中心报告现场工作人员中有人受到的辐射量已经超过了 100 毫西弗，达到了 106.30 毫西弗，并询问该如何应对，因为这会引起急性障碍。富永说："只能让他去紧急对策室（安有过滤装置的防震重要楼中的紧急对策室）了。"稍后此人来到了紧急事态应急对策中心。此前他已去过县立大野医院，但是那里没有医生，所以才来到了这里，他感到强烈的不安。

经过详细的诊断，没有发现呕吐等急性辐射等症状，所以推测他只是处于极度疲劳状态。富永问他是否要在这里休息？他说："不了，我还要返回现场。"后来，有联络说他回到了防震重要楼的医务室中进行静养。

据说进行排气时，辐射量会大量上升。有人还从现场听到这样的话："我们正在考虑进行排气。但是现在打不开阀门，不能从下部进行湿式排气，所以只能从上部排气。但是压力还在不断上升，真不知道会怎么样……"

从放医研与富永一起前来的同事是计量方面的专家。他们说放射线量应该是从 12 日 16 时左右到夜里急剧上升的，也就是 1 号机组爆炸后不久。"室内的空间放射线量暂时还没有上升，而外面的放射线量正在急剧上升。""等到菅直人首相来视察福岛第一核电站时，这里的放射线含量可能会相当高。如果他遭到放射性物质的辐射，那么官邸也有可能被辐射污染。"不断有人这样议论着。

往返于福岛第一核电站的东京电力职员、自卫队和警察等工作人员遭受到的放射线污染越来越严重。在 1 号机组爆炸前后进行供水工作的 5 名自卫队队员结束工作后，来到了紧急事态应急对策中心。他们在去福岛现场之前的放射线含量检测显示没有任何异常。然而，如今他们在紧急事态应急对策中心的放射线含量检测值显示为：除染前 30000cpm[①]，除染后 5000～10000cpm。放射线含量检测是对人体及衣物等附着了多少放射性物质含量的检查。在进入紧急事态应急对策中心之前，所有人都必须进行放射线含量检测以及除染工作。

---

① cpm（count per minute）为测量每分钟的放射线数量。

除染检查的标准值本应该定为600cpm，但如果那样，全体人员都会超过这个标准。因为无法测定放射线的种类和强度，所以在推测人体所受辐射量时，就必须按照相应的检测器和核燃料种类来进行换算。但是，到底应该按照什么标准来进行除染，核能防灾计划当中也没有明确指示。于是，医疗队和监测队商量决定，将标准定为40贝克勒尔/厘米^{2}或6000cpm。核能安全委员会和安保院紧急应对中心通过了这个标准，并要求当地对策本部部长署名发布文件，通知各市町村也按照这个标准来实行。

13日14时20分，池田向福岛县、大熊町、双叶町、富冈町、浪江町、栖叶町、广野町、葛尾村、南相马市、川内村及田村市的各个领导发出指示，将放射线含量检测标准值定为40贝克勒尔/厘米^{2}或6000cpm。

12日早晨，在官邸下达了半径10千米范围内居民避难指示之后，双叶町的日间护理服务中心和老人健康机构的人员就前往川俣进行避难了。但是据说有一些人在避难途中受到了放射线的辐射，必须进行放射线含量的检测。富永被要求去川俣进行这项工作，可谁都不知道具体应该去川俣町的什么地方。

13日夜里到14早晨，富永他们分乘自卫队的卡车前往川俣町。途中他们被告知："因道路和水管断裂，卡车行驶会非常危险，需步行前往。"富永他们来到了川俣的警察局，但还是不知道受到核辐射污染的人是谁，正在哪里避难。他们猜测也许去综合体育馆能够得到答案，于是便去了那里。综合体育馆里的温度在零度以下，双叶町的町长还有町政府的工作人员在那里冻得发抖。他们没有带任何行李来避难，没有换洗的衣服，外套也脏了。

在那里，富永为町政府及日间护理服务中心的职员共近80人进行了放射线检测及除染处理。在综合体育馆附近的建筑物里面还有一百余人，那些几乎都是不能自理的老年人。他们也进行了放射线检测，几乎都超过了10000cpm，头发所受到的放射线含量为40000~50000cpm。其中有两人超过了100000cpm。

回到紧急事态应急对策中心的富永他们刚从卡车上下来就听到了巨大的响声，3号机组爆炸了。他们急忙跑进室内。14日傍晚，放医研的测量专家通过检测飞散在大气中的放射性物质，并进行核辐射成分分析时检测到了铯。他们猜测，炉芯还在继续熔解。铯的出现，暗示着燃料发生了溶化，并且压力容器也受到了损坏。富永带来的稳定碘剂很快就派上了用场。她为在福岛第一核电站基地进行供水工作的自卫队分发了8人份的碘剂。

自卫队

11日下午7时多，政府向自卫队发出在东京电力福岛第一核电站实行"核能灾害行动的命令"。之后，中央快速反应集团的副司令官今浦勇纪命令，先派出一组先遣部队前往现场。于是20余人乘坐化学防护车来到核电站。

队员以驻扎在大宫的中央特殊武器防护队的联络官为中心。中央特殊武器防护队是以应对核武器（N）、生物武器（B）以及化学武器（C）的攻击为任务的部队。其前身是在"地铁沙林毒气"事件中一举成名的第101化学防护队，后来被编入了中央快速反应集团部队。

虽然派出了乘坐化学防护车的先遣小队，但是之后中央快速反应集团却无法与他们取得联络，卫星电话也未能接通，所以也不知道担任现场指挥的是谁、又是如何进行指挥的。今浦心想，看来只能自己亲自去一趟现场了。于是13日下午，他决定率领10人的分队前往现场。他将10个人平均分成2组，在吉普车和拖车里面装满了5天的水和食物、被褥、通信器材以及电脑。以上物质都准备了2套。14日，他们将这些装上运输直升机飞往郡山驻扎地，然后乘坐吉普车前往福岛核电站。

14日上午11时过后，当车子行驶到福岛核电站的中间地带时，今浦从车里播放的新闻得知福岛第一核电站的3号机组爆炸了。为了确认消息的准确性，中央快速反应集团与紧急事态应急对策中心进行了联络，却无法联系上。与此同时，相反方向有五六台福岛县的警车急速驶来，车里的警察们全都戴着防护面具。

今浦看到他们心想："是不是因为发生爆炸，他们正在进行避难？"于是，今浦决定暂时先返回郡山。他们回到郡山驻扎地后，终于与紧急事态应急对策中心取得了联络。紧急事态应急对策中心还在运转。

11日那天被派遣到现场的中央特殊武器防护队副队长正在紧急事态应急对策中心工作着。他请求今浦他们立即给予支援，因为一些自卫队队员在3号机组的爆炸中受伤了，并被送到那里。于是，今浦决定率领一组五人的分队前往紧急事态应急对策中心。

14日13时左右，今浦他们再次出发。16时到达了紧急事态应急对策中心。最初的工作是救治那些受伤的自卫队队员。后来，中央快速反应集团派来了直升机，将伤势严重的两名队员送到了福岛县立医科大学附属医院。

从当天下午开始，2号机组的状况开始变得十分不稳定。因为无法注水，炉内水位不断下降。在17时的调整会议中，东京电力和保安院的负责人向今浦询问：因为需要向2号机组进行海水注入，能否帮助清除因爆炸而散落到附近的瓦砾，还提出了希望今浦他们为活动在核电站周围的监测车辆提供燃油以及在紧急事态应急对策中心的医务室里设置发电机等请求。

东京电力和保安院的这些请求被今浦转达给了快速反应集团司令官宫岛俊信后，又被上报给了统合幕僚长折木良一和防卫大臣北泽俊美。18时多，收到了来自中央快速反应集团的回复："3 号机组刚刚发生了爆炸，东京电力能保证 2 号机组不会发生同样的爆炸吗？因此不同意去 2 号机组附近清除瓦砾，并说这是幕僚长和大臣的决定。但同意在 15 日内安排提供燃油和配备发电机的事项。"

今浦当初对东京电力也抱有强烈的不信任感，但在后来与东京电力员工们的谈话中，那种不信任感渐渐地减弱了。现场没有电源、计测仪器也不运转，他们完全是在摸索状态下进行工作的。今浦看到这种现状明白了，东京电力并不是想要故意隐瞒危险。

15 日早晨，电视报道称尽管政府下达了 20 千米范围内的避难指示，但距离福岛第一核电站 4.5 千米处的双叶医院里的重症患者至今还留在那里没被安排避难。今浦看到后询问了居民安全班的负责人，得到的回答是："来自当地警察的消息说避难全都结束了。"在福岛县内进行灾害应对的是第 12 旅团。今浦命令负责人立即与第 12 旅团联络，确认此事。结果得到回答说："还没有进行避难。"于是，今浦派了一名自己的部下、一名警察还有一名当地对策总部（紧急事态应急对策中心）居民安全班的负责人前往双叶医院进行确认。他们无法确认被留在双叶医院的总人数，但是可以确认的是"1 人已经死亡，12 旅团正前往那里进行救援"。

15 日中午过后，当地对策总部要向福岛县政府转移，池田率领小分队作为殿后在紧急事态应急对策中心坚守到最后。宫岛收到今浦发来的紧急事态应急对策中心的命令："如果撤退的话，最后一个撤退。"

18日，今浦勇纪与中央快速反应集团的另外一名副司令官田浦正人进行了交接。今浦自信地说："自卫队从未设想过会发生这种核电站事故。操作指南、装备等方面都不完善，尤其是训练也不够。我深感加强训练的必要性。期间还发生了第一特殊武器防护队的队员逃跑被抓一事。但总体来说大家做得还是很好的。"他还说："队员们没有畏惧辐射，大家不愧是宣过誓的自卫队队员，谁也没有惊慌失措打退堂鼓。"今浦提到的"宣誓"是指自卫队的"服务宣誓"："不惧危险，用实际行动完成任务，不辜负国民的托付。"（《自卫队法施行规则》第三十九条一般服务宣誓）

11日时田浦正人还在海地，他是前去视察刚刚完成新旧交替的日本维和部队的联合国维和行动。作为中央快速反应集团（CRF）下属部队的联合国维和行动主要在海地进行清除瓦砾、修复道路等工作。

田浦在从2004年8月开始的半年的时间内，担任了派遣到伊拉克的第二次伊拉克复兴业务支援队长一职。期间，伊拉克南部的塞马沃（Samawah）陆上自卫队部队的宿营地曾遭到7发迫击炮的攻击。

11日，睡梦中的田浦被幕僚叫醒并获悉了发生在日本的大地震，不久就打来电话要他立即回国。回国后的14日，他刚回到位于东京都练马区的中央快速反应集团司令部，便被派往了紧急事态应急对策中心。

田浦与前任今浦通了电话。今浦说:"福岛第一核电站可能会发生炉芯熔解，因此我们决定撤离这里。但自卫队要留到最后再撤。"田浦在奔赴转移到福岛县政府的当地对策总部时就想到，这可能会是一个持久战。所以安排 A、B 两支部队进行交替工作。

在县政府的当地对策总部一直执勤到 17 日的田浦于 18 日中午被中央快速反应集团派往双叶郡栖叶町·广野町（J·VILLAGE）的当地调整所担任所长。东京电力认为有必要在防震重要楼外再设立一个据点，于是启用了南边一个距福岛第一核电站 20 千米的足球场"J·VILLAGE"。但是，在 J·VILLAGE 却完全无法进行指挥和统率。因为既没人掌握准确的消息，也没人能准确把握事态的发展。

东京电力的各个部门和政府各省厅都在各自分别行动着。给田浦的感觉是:"就像大家都拿着拼图的各个部分，但却没人能将它们拼到一起构筑成一个整体。"

到 21 日为止，自卫队共动用 12 台消防车，向屋顶被炸掉后还冒着白烟的核反应堆厂房进行了 5 次放水作业——田浦将之称为"出击"。大家都是第一次向使用过的燃料池里注水，而且还是这样一支来自各地的混编部队。在相互寒暄"初次见面"之后，便开始了注水操作。让田浦印象深刻的是，无论是联合国维和行动还是应对灾害或者其他军事行动，这些自卫队队员们都能立即用共通的语言进行对话。田浦自豪地总结道："自卫队的教育是正确的。这些训练方式完全正确！"

这样决定行吗？

14日晚，紧急事态应急对策中心运营管理班的电脑响起线量警报。二楼墙上挂着的监测室内外放射线量的检测仪器上面显示的数字开始不断地上升。

14日22时24分。

上（外）每小时553微西弗，

下（内）每小时12微西弗，

上（外）最大时达到了1000微西弗[①]。这时警报也响了起来。后来每当辐射量一超过100微西弗，警报声就会断断续续地响起。大家都服用了稳定碘剂并在室内戴上防尘口罩。但因为带上防尘口罩后无法说话所以也没法继续工作。

没有睡觉的地方，如果在地板上睡的话，别人走路时鞋就会碰到头。这样一来沾到鞋上面吸附着的放射性物质会使放射线量急剧上升。紧急事态应急对策中心里连空气

[①] 紧急事态应急对策中心附近的放射线含量从3月14日晚上开始上升。当天22时多，室外约为每小时775微西弗，室内为每小时13微西弗。15日上午10时多，室外约为每小时1870微西弗，室内为每小时15微西弗。

净化过滤器都没有，这一点是致命的。2009 年，总务省曾根据行政评价监察结果向保安院建议安装减少放射线量辐射的空气净化过滤器。但是，保安院并没有认真对应才导致了这样的后果。

池田与副知事内堀、东京电力常务小森明生、今浦等当地对策总部的官员商量，想在 20 千米范围内找一处合适的建筑物或设施，但是没有找到。最后决定转移到福岛县政府的五楼。但是经济产业省本部认为，应该在确认当地自治体避难完毕之后再转移紧急事态应急对策中心，据说这是海江田的意思。

当地对策总部与保安院总院之间的联络一般是通过座机进行的，但因为座机连有扬声器，这样紧急事态应急对策中心的所有人都能听到电话的内容。如果在电话里提到"转移"的话，会动摇军心引起大家的恐慌，所以不能和总部在电话里进行过于深入的讨论。而且原本大臣与副大臣之间就存在对立意见，因此"转移"变成了一个十分敏感的问题。

但灾区的情况一直在往危险的方向发展。天气预报称，15 日中午左右将会有降雨。一旦下雨，飘散于空中的放射性物质就会下沉到地面，那样就无法避难了。因此池田认为，如果要转移，必须在 15 日中午之前行动。而在此之前，必须确认 20 千米范围内的居民避难是否已经全部完成。

各种消息也是真假难辨。有人说灾区的双叶医院和康复中心里的患者和医院职工都还没去避难，警察说："重症患者已经被全部送走了。"而自卫队却说："还有人留在那里。"警察说："重症患者已经全部避难完毕。"而自卫队说："还有人被留在那里。"

池田一方面让自卫队再次联系医院，同时紧急向那里派去了居民安全班和医疗队。结果才发现，还有包括一些卧床不起的病人在内的96名重症患者被留在了那里。即便如此，也要让所有人都成功避难。

20时40分池田召开了全体会议。小森报告说："2号机组的炉压为0.65兆帕斯卡。"MPa，就是压强单位帕斯卡（Pa）的100万倍，兆帕斯卡（我们日常生活环境中的气压值约为0.1兆帕斯卡）。燃料棒穿透压力容器底部正在不断熔化的恐怖场景浮现在了一些人的脑海里。

会议决定派遣内堀率领的先遣分队到福岛县政府。22时左右为加快落实医院人员避难以及为福岛县政府转移做准备为名派出了"先遣部队"。7个小组中各留下组长及最少限度的人员，其他人作为"先遣部队"一起转移。在紧急事态应急对策中心执勤的人员一半以上都是这时转移到福岛县政府的。据剩余部队中放射线班的一名工作人员回忆："'先遣部队'这个词池田先生说了好几次，听起来有种特别郑重的感觉。"

在22时21分东京电力召开的电视会议上，来自紧急应对室的报告说:"正门处测量到的伽马射线为 3.2 毫西弗 / 小时,紧急事态应急对策中心的为 500 微西弗 / 小时。"紧急事态应急对策中心的情况越来越危急了——东京电力总部也意识到了这点。

　　15 日上午 9 时 30 分,池田正式决定转移紧急事态应急对策中心,并以"这个决定可以吗"为题向海江田发去了传真。""福岛第一核电站的 2 号机组由于水位下降,造成燃料极度损伤、存储存储容器(干井)的压力升高,从而向周围释放出大量的放射线物质。这些放射性物质的危险性极高,并且其他几个反应堆的状况也可能发生异常或不测。这对当地对策总部工作的进行造成了一定的困难。因此,我们决定向位于灾区以外的、与各市町村的联络渠道和通信线路都相对完善的福岛县政府(先遣部队正前往调查确认)转移。"

　　文中写道:"有关紧急事态应急对策中心的后续工作……"虽然使用了"后续"一词,但其实大熊町的业务已经"关闭"了。另外,文件虽以"这个决定可以吗"为题,看似在请求得到海江田万里经济产业大臣的许可,实际上却是先斩后奏。15 日中午左右,池田他们约 40 人已经从紧急事态应急对策中心出发了。富永也乘放医研的车出发,在 14 时前到达了福岛县政府。福岛县政府距离大熊町的紧急事态应急对策中心的直线距离约为 60 千米,当时已经开始下起了小雨。

接替池田的是经济产业副大臣松下忠洋众议院议员（国民新党·鹿儿岛县人）。身为能源核电站副大臣的松下，原本就应该前往大熊町担任当地对策总部长一职。地震发生时松下正在前往羽田机场的高速公路上。因为要去参加12日九州新干线的开通剪彩仪式，他当时正打算顺路回趟位于鹿儿岛的老家。到了羽田机场后他又马上返回，可由于堵车，回到经济产业省时已是20时30分了。这就是当初海江田紧急派池田代替松下担任当地对策总部长的原委。

接替池田的事定下来后，松下给池田打了个电话表示感谢："我换你来了！当地本部长本就该是我分内的工作，谢谢你了。"听闻此言，电话那头的池田似乎长舒了一口气。松下又问道："核电站事故现在到底是什么情况？"池田抱怨说："什么消息都得不到！"

松下15日一早从东京坐车出发，14时30分左右抵达福岛县政府后径直来到了刚刚转移过来的当地对策总部。名为对策总部，可这里除了桌椅外其实空空如也。过了一会儿，池田一边说着"除染完毕"一边走了进来。池田和核能安全·保安院的检察官们虽然是从大熊町坐车到的福岛，但是他们走的是含放射性物质的云团飘往的西北线国道，所以抵达县政府后全体人员第一时间接受了辐射量检测和除染处理。松下在前往福岛的途中，还测量了蔬菜和杂草的放射线含量。结果在两天之后显示出的数据高得令人惊讶, 尤其是菠菜的数据最高。松下立即将此消息报告给农水部和厚生劳动省。福岛县于当天对县内的杂草进行了检测。距离福岛第一核电站 30 千米处采集的杂草的放射性物质含量已大大超出了食物类摄取限制指标。

第 2 章

核能紧急事态宣言

所有交流电无法使用的报道加剧了首相的危机感，他担心福岛核电站会像切尔诺贝利事件一样。电源车的投入最后也以失败而告终，堆芯开始发生熔解，而政府和东京电力都不敢将这一切公布于众。

涉嫌接受违法捐款的菅首相

2011 年 3 月 11 日 14 时 46 分，菅直人首相出席了众议院决算委员会。当天朝日新闻的晨报上刊登了菅直人接受捐款问题的有关消息。占据一整页的头版标题是："在日韩国人疑向首相非法捐款首相对此暂未作出回应"。该报道称："据朝日新闻调查发现，菅直人首相的资金管理团队曾分别于 2006 年和 2009 年接受在日韩国人所属金融机构前任理事提供的共计 104 万日元的捐款。该前任理事的亲属和有关人员证明此理事系在日韩国人。根据日本的《政治资金规正法》，外国人是禁止向政治家提供捐款的"。

而就在 5 天前，外务大臣前原诚司刚刚因为接受在日韩国人 25 万日元的政治捐款而被迫辞职。在故意接受外国人捐款的情况下，即便退还了捐款也要受到停止行使公民权等的处罚。

这对于在野党的自民党来说，是推翻菅直人政权的绝好机会。自民党的参议院议员野上浩太郎（富山县人）在这天的决算委员会上，针对这个问题向菅直人质问道：

"今天的晨报上报道了一个非常重大的消息。"菅直人解释说："对方的名字是日本人名，所以我当时以为是拥有日本国籍。如报道所说那样，我并不知道他是外国人。"而自民党除了朝日新闻的报道以外，也没有其他攻击材料，所以菅直人算是逃过了这关[①]。

地震发生时，自民党的参议员冈田广（茨城县人）正打算将展板上自己亲手制作的表格转向电视直播镜头并接受提问，而厚生劳动省的雇佣均等·儿童家庭局长高井康行刚说到"从议员那里得到了……"时，委员会里的吊灯开始剧烈摇晃。高井不得不中止发言望向头顶上方，顶上的玻璃发出刺耳的相互摩擦声。坐在一起的内阁成员及相关官员们一片惊呼，速记员们慌忙躲到桌子下面。菅直人双手紧紧抓着扶手，一动不动地坐在座位上，茫然四顾着。

决算委员会委员长鹤保庸介（自民党·和歌山县人）大声喊着："请躲到桌子下面！"然而他自己仍坐在委员长的座位上，紧贴着桌子。当晃动终于停止时，鹤保说道："我们暂时休息一下吧。"

[①]　菅直人对于外国人捐款问题在他所撰写的书中说道："后来，我委托律师向本人进行了确认，得知他是出生在日本的在日韩国人，国籍为韩国。便将捐款退还给了他。这个问题被东京地检驳回，检查审查会也决定不起诉，所以这件事情在法律上已经完全解决了。"（菅直人，《作为首相关于东京电力福岛核电站事故的思考》，第 P45 页）

14 时 50 分，鹤保中断了会议。菅直人被警护官搀扶着，向国会大门走去。首相的专车迟迟不到。菅直人显得急躁不安，面对记者团的询问也一言不发。

菅直人回到官邸时，官房副长官福山哲郎早已在地下一层的危机管理中心等候了。地震发生时，福山正在官邸五层的官房副长官室看决算委员会的电视直播。电视里播放了吊灯剧烈晃动的情景，当时首相和官房长官都只是不安地看着天花板。而发生危机时，通常应该按照首相、官房长官、官房副长官的顺序来指挥危机管理中心的应对。于是，福山立即跑向隔壁的副长官秘书官办公室，6 名秘书官都几乎是半弯着腰迎接他，还有的按着桌子。福山向他们说道："立即与伊藤哲郎内阁危机管理监联系，让紧急集结小组到危机管理中心集合！"然后便直接向危机管理中心走去。但是官邸的电梯停了，只能走楼梯。危机管理中心只不过是一个屋顶较高的大房间，房间正中间有一张大圆桌。

海江田回到了经济产业省。在车中，警护官对海江田说："震源为三陆海岸，震级在 8 级以上，目前死者已经超过了一千人。"警护官经常戴着小型耳机听取警视厅的信息。

14 时 50 分，内阁危机管理总监伊藤哲郎设置了地震应对相关的官邸对策室（室长为内阁危机管理总监），紧急召集了由相关各部的负责局长构成的紧急集结小组成员。大家基本都在 15 分钟内赶到了。

除了内阁官僚的座位空着，圆桌旁边依次坐着内阁危机管理总监、内阁官房副长官候补（安全保障·危机管理负责人）、警视厅、防卫省、消防厅、国土交通省、总务省、核能安全·保安院、核能安全委员会等局长级官员。防卫省的运用企划局长立即来到了危机管理中心，警察厅则派出了警备局长。后面坐着他们的部下。墙上有 10 个大屏幕。

最先进来的内阁官僚是官房长官枝野幸男。枝野在地震发生时正在出席决算委员会。地震发生后他向鹤保请求说："请至少让我先回到官邸。"得到许可后，他立即飞奔出会场。在枝野之后，菅直人也赶回到了危机管理中心，接着是防灾大臣松本龙。菅直人与枝野、松本、福山一起坐到了圆桌旁。

警视厅和消防厅相继汇报了他们接到的 110 和火灾的报警数，国土交通省汇报了铁道运行状况和道路状况，气象厅报告了地震的强度和规模。各负责人用话筒大声宣读着数字。此时，危机管理中心里的人数已经超过了 100人，十分嘈杂。福山感觉现场就像是以前的证券交易所一样。他曾经在日本出现泡沫经济的 20 世纪 80 年代末，在大和证券作为营业员工作过。后来在京都选举区当选为参议院的候选人，在担任官房副长官之前还曾担任过外务副大臣。

地震发生时，防卫省的运用企划局长樱井修一（1979年进入防卫厅）正在中央指挥所里看一个电视转播。画面上正被从美国船只移送到海上自卫队舰船上的几个人，正是之前在阿曼苏丹的公海上袭击过日本船只的索马里海盗。就在那时，一阵剧烈的晃动袭来。地震停止后，樱井想要乘电梯到运用企划局长室取身份证明，因为没有身份证明就无法进入危机管理中心。可是电梯停止使用，樱井只好步行上下12层。当他赶到危机管理中心时，其他部的局长基本都到齐了，都在报告受灾情况。

15时02分，宫城县的知事村井嘉浩请求自卫队东北地区总监向灾区派遣自卫队。危机管理中心的大屏幕上播放着自卫队紧急直升机起飞的画面，所有电视台的报道都在播放海啸来袭的场面。不断有消息传到危机管理中心："福岛第一、第二核电站的反应堆自动停止运行""东北车道全面停止使用""天皇陛下与夫人很安全"。3时14分，政府在官邸设置了由内阁成员们构成的紧急灾害对策总部（总部长为营直人首相），并在位于官邸地下一楼的危机管理中心召开了第一次紧急灾害对策总部会议。设置紧急灾害对策总部，这在战后的日本内阁还是第一次。听完了内阁官员们依次汇报的各种信息后枝野发言说："请大家继续加紧收集信息。这次灾害可能要比阪神·淡路大震灾更为严重。"

按照枝野的命令，相关人员做出了地震和海啸的损失模拟结果，官房副长官候补中的一人说道："死亡人数会达到 6000 至 8000 人，这个数字太惊人了！"

当会议结束内阁官僚们起身要走时，有人说："这里没有摄像设备，还是在有摄像的前提下再开一次紧急灾害对策总部会议为好。"枝野听完表示赞同，说道："那么，请内阁官僚的所有成员在官邸四层的大会议室集合。"海江田虽然感到很诧异，但还是跟着其他人一起来到了四层的会议室。虽然换了地方，但是会议的内容却还和刚才一样。枝野、内阁官僚们都按照同样的顺序读了同样的消息，发言内容也是一成不变。在返回经济产业省的车中，海江田生气地想："为什么同样内容的会必须开两次呢？未免也太在意媒体了吧！"

在这期间，福岛第一核电站遭到高达 13 米的海啸袭击。15 时 35 分左右，击打在 30 米高的岩石上的海浪溅起了高达 50 米的巨浪。

福岛第一核电站内的所有交流电源均无法使用。15 时 42 分，根据《核能灾害对策特别措置法》第 10 条第 1 项的规定，东京电力向经济产业省、保安院及相关自治体通报了这一特殊情况。

经济产业省的官员们针对此事召开紧急对策会议。经济产业副大臣池田元久、经济产业事务次官松永和夫以及各局长都出席了会议。正当核能安全·保安院次长平冈英治汇报到"控制棒已经插入福岛第一核电站各反应堆的燃料棒中，目前反应堆已停止运行"时，有人从后面递上了课长写来的一张纸条："事态已发展到第10条"。当危机发展到第10条的状态时，就必须在现场设置当地对策总部，并任命副大臣为当地对策总部部长了。

必须就设立当地对策总部一事尽快取得经济产业大臣海江田万里的认可。彼时正在出席决算委员会会议的海江田，此时也已立即赶回了经济产业省。最初他听说京叶联合厂发生了火灾，接着又接到通知说各地都发生了停电。"如果东京也发生大面积的停电怎么办？"回到大臣办公室后的海江田听警护官说所有内阁成员都集中到了官邸，于是又马上换上防灾服赶了过来。

16时13分，营直人召集所有内阁官员召开了紧急灾害对策总部会议。他说："请广大国民一定要保持冷静。尤其是居住在海岸线附近的人们，请一定要警惕海啸并前往高处避难。越是在这种关键时刻，我们越是要发挥互相帮助的精神……"国家公安委员长中野宽成从官邸出来时，只说了一句："福岛县政府完全没有发挥作用。"便快步离开了。

给我找个懂行的人来！

16时45分，东京电力向经济产业省、保安院和相关自治体通报，发生了《原核能灾害对策特别措置法》第

15 条第 1 项规定的特定现象（紧急炉芯冷却装置无法注水）。这是在第一核电站的 1、2 号机组的水位都无法得到确认之后的事情。

16 时 47 分，NHK 报道了福岛第一核电站失去了所有交流电源这一消息。16 时 55 分，菅直人举行了紧急记者招待会。他穿着淡蓝色的防灾服，表情僵硬地说："大家应该已经在电视和收音机里得知，今天 14 时 46 分，发生了以三陆海岸为震源，震级为 8.4 的强烈地震。由此引发了以东北地区为中心的大范围灾害。对各位受灾的灾民，我表示由衷地慰问。关于核能设施，一部分核电站已经自动停止发电。而目前还没有确认核电站外部放射性物质产生的影响。"这表示福岛核电站的状况正向着越发严重的方向发展。内阁官房审议官（政府宣传室）认为："现在政府应该分为平时的政府、考虑地震·海啸对策的政府以及应对核电站事故的政府这三个部分，目前仅有的这一个是明显不够用的"。

17 时左右，菅直人将核能安全·保安院院长寺坂信昭和东京电力联络官武黑一郎等东京电力官员叫到首相办公室，向他们询问福岛第一核电站反应堆的状况。

寺坂是紧急集结小组的成员，地震后就立即赶往了危机管理中心，之后一直在那里执勤。当被菅直人紧急召见时，他马上就到了五楼的首相办公室。

地震后武黑在去往东京电力总部二楼紧急灾害对策室

的路上，官邸的人对他说，菅直人希望一位懂技术的东京电力人员去官邸，所以请他先去官邸。于是他便赶到了首相办公室。东京电力派了武黑等四人前往官邸。

武黑毕业于东京大学工学部船舶机械学科。至 2010年 6 月为止一直担任副社长（兼核能·立地总部长）。2002年在东京电力柏崎刈羽核电站（新潟县柏崎市）担任站长时，因隐瞒故障受过 6 个月减薪 30% 的处分。

菅直人对目前核电站失去了所有电源、冷却功能失效这一事态反应非常剧烈。他张口就问寺坂："你是学理科的吗？你了解技术和构造吗？"瞬间呆住了的寺坂回答道："我是东京大学经济系毕业的。虽然是事务人员，但作为保安院的负责人前来说明有关情况。"菅直人又问他："你又不是技术人员，懂什么？"

寺坂在东京大学毕业之后，于 1976 年进入了通商产业省（现经济产业省）。而菅直人 1970 年毕业于东京工业大学理学部应用物理学科。他虽然不是核能方面的专家，却在技术方面颇为自信。2009 年在政权交替后的民主党鸠山政权中，菅直人曾担任过科学技术政策担当大臣（兼副首相）。

寺坂点了点头拘谨地坐在沙发上。这在菅直人看来，更是他缺乏自信的表现。"应急柴油发电机在哪？"寺坂答不上来。菅直人又问道："失去电源的后果有多严重你知道吗？"越是看到对方的弱处，就越要乘胜出击，在这方面菅直人具有近乎动物般的攻击性。

菅直人冲秘书官们命令道："去给我叫一个懂技术的人来！把现在所有应该来的人都叫过来！"于是，武黑他们就被叫了过来。菅直人详细地向他们询问了失去电源的原因，但是武黑对福岛第一核电站的相关情况却也不是很了解。"控制 1 号机组到 3 号机组炉芯冷却装置的紧急复水器和反应堆隔离时冷却系统所需的电池电量可以维持约 8 小时左右。""这期间必须确保电源稳定，才能继续向反应堆内注水。"武黑这样说。然而对于菅直人想知道的为什么冷却功能会停止这个问题他却无法准确作答，于是菅直人说道："什么？你不知道？那把你们社长叫来！"

寺坂也答不上来。菅直人生气地喊道："给我叫一个懂的人来！"这时，首相辅佐官细野豪志悄悄地看了一眼同样是首相辅佐官的寺田学，寺田学也向细野使了个眼色。于是细野对菅直人说道："首相，现在比起弄清冷却功能停止的原因，更重要的是应该考虑停止之后该怎么办。"听到这话，菅直人稍稍冷静了一点。

也需要被冷却一下的菅首相

17 时 40 分，NHK 播放了福岛第一核电站两个反应堆冷却功能失效的报道："现在播送福岛第一核电站的有关消息。福岛第一核电站内的两座因地震而停止运行的反应堆，由于对其进行安全冷却所必需的应急柴油发电机全部无法使用，据此判断，福岛第一核电站已经失去了可以进行充分冷却的能力。"

17时42分，海江田脸色发青地跑进首相办公室。当核电站演变为"第15条事态"时，内阁首相大臣必须发表核能紧急事态宣言，建立核能灾害对策总部。经济产业大臣必须将此事呈报给首相，得到首相的许可。于是海江田来向菅直人汇报此事。

然而，菅直人和枝野纠结的却是是否真已到了"电源全面停止"状态？以及下这个结论的依据又是什么？菅直人自顾自地不断抛出问题来："为什么应急柴油发电机不转？备用电源总有的吧？即便应急发电机无法运转，难道就不能改用水泵来抽水吗？失去电源意味着什么你们知道吗？后果将是非常严重的，这就和切尔诺贝利一样了啊！"菅直人像在说胡话似的反复说着这几句。"菅直人也需要冷却用水"，在笔记的空白处，下村写下了这么一句。

核能安全委员会委员长班目春树被叫了过来。在班目去往首相办公室的路上，核能安全·保安院次长平冈英治主动前来迎候并恳求道："请帮帮我们吧！"当时班目还不知道平冈此话何意。后来他揣测，应该是因为被菅直人训斥后，寺坂感觉自己失去了上司信赖的缘故吧。

正在思考着什么的菅直人问班目道："你是保安院的领导吧？"这话让寺田大为不解。比起其他政要来，菅直人的确更了解核能方面的事情。但他难道连核能安全委员会和保安院都分不清吗？

虽然向海江田等人询问了燃料熔解和爆炸的可能性，以及各个反应堆的输出功率等问题，但却都没得到确切的回答。这一方面让菅直人觉得海江田对核能方面很不熟悉，另一方面也进一步加剧了他的焦灼情绪。他认为把这事交给经济产业省太不放心了，必须由自己亲自来应对才行。

已经过了 18 时，是否根据"第 15 条事态"设置核能灾害对策总部这个关键问题却仍然悬而未决。《六法全书》中关于第 15 条事态的内容是这样记载的："主管大臣在确认核能紧急事态发生时，要立即向内阁首相大臣汇报与此相关的必要信息。"收到汇报后，内阁首相大臣应立即对核能紧急事态的发生及下述事项进行公示（以下称为"核能紧急事态宣言"）。

但一直让菅直人纠结的是：到底应该根据什么条件来认定是否已处于"核能紧急事态"呢？"第 15 条是非常严重的事态。现在果真已到那个地步了吗？即便失去了全部电源，难道真就意味着'冷却用水也停止供应'了吗？这些现在不都还无法确定么？我想知道作为首相我可以做点儿什么？我必须认真地做判断。"菅直人说完这些就起身与民主党的干事长冈田克也一起到官邸四楼出席在野党党首会议去了，于是设置核能灾害对策总部的事就被搁置了下来。因为没有首相的许可，所以也无法发表"紧急事态宣言"。

菅直人开会期间，海江田一直在官邸五楼等他。首相秘书们从秘书官室拿来了《紧急事态关系法令集》，与保安院的负责人一起查找发表"核能紧急事态宣言"的相关法律依据。

从《核灾法》的施行令（政令）一路找到施行规则（部令），最后终于在（施行规则第21条第1号）中找到了想要的依据："运行中的反应堆（中略）在热水型轻水反应堆中，当出现反应堆的所有供水功能均无法正常使用的情况时（中略），所有紧急炉芯冷却装置都无法向该反应堆注水的情况……"

党首会议结束后，菅直人同意发表"核能紧急事态宣言"。面对这样的核事故，首相却只拘泥于一些细节，今后的情况实在令人担忧。想到这里，海江田顿觉黯然。

核能紧急事态宣言

19时03分，政府发表了关于东京电力福岛第一核电站的"核能紧急事态宣言"。此宣言一发表，即意味着政府将设置以内阁首相大臣为总部长的核能灾害对策总部，菅直人任总部长，海江田万里任副总部长。

总部长一职被授予了极大的权限。必要时他可以对主管大臣、相关指定行政机关的领导、地方公共团体的领导以及核能企业下达指令。

由保安院长任事务局长的核能灾害总部事务局被设置在了位于经济产业省附楼三楼的紧急应对中心里。内阁相关成员参会的第一次核能灾害对策总部会议在位于首相官邸四楼的会议室里召开，与会人员中的许多人对前一年秋天的"核能紧急事态宣言"仍记忆犹新。

那是 2010 年 10 月 20 日上午 20 时 30 分。菅直人在首相官邸进行了 2010 年度核能综合防灾训练。训练的假想前提为静冈县浜冈核电站 3 号机组反应堆冷却功能无法使用，向外部释放放射性物质。政府、地方自治体、中部电力等企业联合进行了训练。首相官邸会议室里播放的巨大录像画面，静冈县也能联机看到。

当时的经济产业大臣大畠章宏宣布说："已经确认 3 号机组所有紧急炉芯冷却设备都无法进行冷却。特此提交核能紧急事态的公示和指示方案。"于是菅直人发表了"核能紧急事态宣言"。

大家事先都准备了"发言要领"，当地对策总部长、静冈县知事、御前崎市长等一一作了发言。片山善博听着这些，心里生气地想，都是些形式化的东西，这样的防灾训练有什么意义？片山在 1974 年进入自治部，作为地区自治的专家名声很响。他还曾担任过鸟取县的知事。

持续一个小时的综合防灾训练结束之后，片山对菅直人说："这样的训练根本没有用。"但菅直人当时并没太在意他的话。仅仅 5 个月前的事情而已。"当时不也就是在这个房间吗？"一进到会议室，当时的场景又闪现在了片山脑海里。

福岛第一核电站事故发生后的一个月，在 4 月 18 日召开的参议院预算委员会上，自民党的参议院议员脇雅史质问菅直人："去年 10 月 20 日举行了重要的活动，首相还记得吗？"菅直人一瞬间说不出话。过了一会儿，他说道："突然被问这个问题，我不知道你指的是什么？那天举行了核能综合防灾训练吧……当时的主题是什么，您还记得吗？具体内容记不清了，但是我记得当时并没有对地震等方面进行设想。"

经济产业副大臣松下忠洋通过电视看到了这一幕。浜冈核电站进行防灾演习时，松下曾作为当地对策总部长乘直升机进到过现场。训练从观看影片《The China Syndrome》开始，之后是方圆 3 千米内的居民避难安置和核污染物的清除工作，加上午饭时间，总共花费了四个小时。回到东京后，大家又一起开了个"反省会"。

当时松下提出了以下的问题："此次训练是在电源都恢复的情况下进行的。如果电源无法恢复该怎么办？是不是应该考虑反应堆无法进行冷却，必须让居民到更远的地方避难的情况？"保安院的负责人回答说："那样的话，会给当地造成极大的恐慌，我们不能这样做。"

距炉心熔解还有 8 小时

11 日晚召开的会议上，一位内阁成员发言说："（用来冷却反应堆的）应急柴油发电机运转超过 8 小时后，堆芯的温度就会逐渐上升，很有可能发生堆芯熔解。""8 小时"这个数字，被大家都深深地刻进了脑海里。"这个时限就是 12 时，午夜 12 时。"危机管理中心里的人们对此议论纷纷。

19 时 30 分收到"核能紧急事态宣言"法令的防卫大臣北泽俊美对自卫队发出了启动核灾害派遣计划的命令。时间正一点一点地流失着。核能灾害总部的成立已经有些晚了，用海江田的话说："晚了大约一个半小时。"海江田根据"第 15 条事态"，在官邸首相办公室请求首相发布"核能紧急事态宣言"的时间是 17 时 42 分。按照规定，内阁首相大臣本该立即公布的，但实际的公布时间却被推迟到了 19 时 03 分。

19 时 45 分，在首相官邸的记者接待室里召开了由官房长官主持的记者招待会。枝野发言说："现在将通报预防措置，还望大家冷静应对为盼。刚刚首相官邸设置了核能安全对策总部。今天 16 时 36 分，东京电力福岛第一核电站发生了《核能灾害对策特别措置法》中第 15 条第 1 项第 2 号中假定的状况。为防止核灾害的扩大，已经批准实施相应的应急对策。同样是基于上述法规，政府发表了核能紧急事态宣言。目前还无法确认放射性物质对外部所造成的影响。反应堆现已停止运行，但还必须对已停止运行的反应堆采取冷却措施。关于冷却所需要的电力等方面问题，政府需要进行一系列的应对。因为若有闪失将影响巨大，所以为了确保万无一失，政府发布了紧急事态宣言。"

危机在东北，而不是东京！

从傍晚到夜里，电视里一直在播放东京都内的难民回家的情形。首都圈的 JR 等所有铁路均已停运了，上班和上学的人们都挤在涩谷、品川、横滨等处的站内大厅里，这样下去有引发次生灾害的可能。

枝野看到这些画面，开始不停忙碌。他通过记者招待会号召大家："除了可以步行回家的人以外，希望其余的人先不要回家。"又不停地询问国土交通省的局长："电车什么时候才能恢复运行？"因为始终得不到确切的答复。于是他直接打电话给大学时的师兄弟、JR 东日本的清野智社长问："今天晚上首都圈的电车能够运行吗？"清野回答说："实在对不起，不能。""知道了。我会通过记者招待会告诉大家别回家的""那就拜托你了。"

枝野对内阁危机管理总监伊藤说："应该为这些想回家的人们想想办法了吧。"伊藤回道："没关系，交给警视厅吧。开放学校怎么样?"

东京都每天有 2100 万人在工作,当天无法回家的人达到 650 万人。人们从开始踏上归途已经几个小时,不,是十几个小时之久了。想确认家人的安危,同家人一起度过危机,这是人类的归巢本能。

"现在怎么样了?"枝野仍在纠结着灾民难回家这个问题上的各种细节。紧急集结小组的成员们见状不由得议论纷纷:"就算将东京那些无法返家的人晾上一晚他们也死不了……""这种危急时刻,比起看电视来,难道不应该更关注危机现场的情况才对吗?""现在危机是发生在东北,而不是东京!"伊藤甚至直接对枝野说:"关于回家难的问题,交给警视厅就行了吧!"可枝野还是在那儿兀自忙个不停。

危机管理中心

实际上,危机并不在东京,而是在福岛。福岛第一核电站的状况开始迅速地恶化。因此,危机管理中心的气氛也忽然紧张起来。紧急集结小组的人喊道:"到底什么时候才能恢复电源?"保安院的人回答说:"现在还在调查中。"

由于应急柴油发电机(D/G)被海水淹没无法运转必须准备新的电源,因此需要几台大型的高压电源车,可现场却没有。于是武黑请求首相官邸道:"无论如何,请先为福岛事故现场提供电源车。"

于是,首相官邸办公室、接待室以及危机管理中心都纷纷开始寻找电源车。可究竟哪儿有电源车呢?保安院的职员们也不知道,他们忽进忽出地忙个不停,之后,再出现在这里的就不再是次长、审议官,而是课长们了。

紧急集结小组中的一人说道:"问保安院也没用,不如直接问东京电力。"伊藤为了直接从东京电力那里得到消息,便决定将东京电力的职员叫到危机管理中心。枝野也同意这个想法。可被派来的东京电力员工也都帮不上任何忙,他们只会说:"没听说过""我查一下"。每每听到这样的回答,屋子里的焦灼情绪就又加重了一分。

根据规定可以进入危机管理中心的只有危机管理要员,以及政务三役(大臣、副大臣、政务官)。连首相辅佐官都不能随便出入。要员的手机会与有线设备连接,当有电话打来时,这个系统会向室内的固定电话转送,但是政治家们仍手机片刻不离身。

危机管理中心里,危机管理要员工作的房间和内阁成员们开会的房间虽然是分开的,但可以通过各自配备的巨大显示器共享来自灾区的相关信息。二楼还有一个大约能容纳十个人的小房间。自备发电设备的危机管理中心可以24小时地昼夜运行。

危机管理中心是针对假想的军事威胁和危机而建的。

依照规定，首相应该在这里闭门不出地调兵遣将，但核事故不是战争，一国之相的生命也并未受到威胁。

地震后首相辅佐官加藤公一（国家战略室兼国会对策负责人）想进危机管理中心却被拦住了。因为这里安装了静脉认证识别装置，而加藤事先没有注册过。这个装置是在 2010 年发生朝鲜导弹发射危机时安装的，通过中指进行静脉认证识别。当天傍晚，加藤跟在菅直人后面才混了进去。这还是他第一次进入危机管理中心，在此之前他连危机管理中心在哪都不知道。

之后，菅直人回到五楼的办公室内。在菅直人上五楼时，政务负责人也跟着他上了楼。海江田在首相办公室的隔壁首相接待室里指挥。这里聚集了大约五十人。海江田提议在五楼设置一块白板用来写字，于是秘书官们将写字板搬入了首相办公室内（后来又搬到了隔壁的首相接待室内）。危机管理中心与秘书官室之间还设置了一部直拨电话。

危机之际，由霞关的各省发往危机管理中心的报告都会被默认为"已发至首相官邸"。但究竟这些消息能不能被传递给五楼，首相又是否知道，就又另当别论了。

如何将电源车运到现场

19 时 50 分，东京电力发给保安院的消息已经近乎悲鸣：“电源车难道还没准备好吗？还没到啊！”

应该如何将电源车聚集到福岛第一核电站？如何恢复失去的交流电源？菅直人不停地用手机联络着。经济产业省出身的首相秘书官贞森惠祐（1983年入职）也是手机一刻不离地打电话寻找电源车。每当有人向菅直人汇报从哪里找到了几台电源车时，菅直人都会自己在白板上写上数据。

官邸政要和秘书官们对东京电力的常务小森明生越来越不满。小森虽然来了官邸，却掌握不了来自东京电力现场的任何确切消息。"社长到底为什么不在？社长去哪了？"菅直人和枝野在交谈中都表示了对东京电力强烈的不信任。其实，清水当天去了关西。不久，东京电力向菅直人和枝野报告说，清水今天无法返回东京了。

"请你们尽快把电源车送过来好吗？"紧急集结小组成员之一、防卫省运用企划局长樱井修一频繁地与该局的事态处理课长井上一德联络着，因为必须通过井上向北泽提出正式请求。道路损坏导致很多地方无法正常通行，因此也不知道电源车能否顺利运过来，所以只能尽最大限度地向他们提要求。但究竟该如何运送电源车以及途中的道路情况却无人知晓。

"不能用直升机运送电源车吗？"最初提出这个想法的是菅直人，"问问自卫队。如果自卫队做不到，美军怎么样？"20时多，收到自卫队否定的回答："电源车太重，无法用直升机运送。"电源车重 9.8 吨，而自卫队直升机吊索所能承受的最大重量为 10 吨，无法进行长时间的运送。

自卫队曾经用西方航空队的直升机与九州电力搞过运送电源车的防灾联合演习。并且在奄美大岛发生大暴雨时，用直升机向那里搬送过电源车。但是，自卫队与东京电力从来都没有进行过训练。在日美军的回答也是："太重了，很难进行运输。"结果，只能用陆路的方式运送电源车。茨城县水户市的电源车就是通过警车开路，用陆路的方式运送到现场的。

20 时 30 分左右，菅直人再次来到危机管理中心。在一片嘈杂中有一百多人在工作。菅直人手拿话筒喊道："请大家准确、切实、密切地进行联络。"之后，便进入了二楼的小房间里。枝野、海江田、福山、细野、寺田、班目、寺坂还有武黑也都跟了进去。

细野和寺田在危机管理中心的走廊里商讨了下分工合作的事。"寺田，电源车和居民避难方面的工作怎么分工好？""电源车的事都是秘书们在负责，我和他们接触的时间比较长，那边的工作就交给我吧！居民避难方面的事就请前辈你负责吧？"寺田 34 岁，细野 39 岁。

2007 年，时年 27 岁的寺田以三菱商事的普通员工身份初次当选为第 3 期众议院议员。他父亲是原秋田县知事寺田典城，祖父也是县议会的政治家。2010 年 6 月，随着菅直人政权上台，他被选拔为首相辅佐官（国家战略·行政革新负责人）。虽说是首相辅佐官，寺田的办公地点却在秘书官室，秘书们的交谈他都能听见，因此他比其他任何政务人员都更早知道首相当天的活动安排。

之前曾在咨询公司——三和综合研究所工作的细野，于2000年28岁时初次当选为第4期众议院议员。虽然属于众议院议员前原诚司（民主党·京都府）为首的凌云会的成员之一，但因被称为政界"幕后将军"的小泽一郎（民主党·岩手县）看好，所以他同时还在小泽手下兼任副干事长。2011年1月，刚刚就任首相辅佐官（社会保障负责人）一职。这天由于官邸的电梯停止了运行。因此年轻力壮的寺田和细野就担任了五楼与地下一层之间"传令兵的角色"。

电力公司居然没有电缆？

21时多，东北电力的电源车抵达了现场。听到"电源车送来了"的消息，首相秘书室里的女职员们都高兴得纷纷热烈鼓掌，这让菅直人感觉"像是世界杯足球赛中进了球一样"。但紧接着就传来了坏消息。电源车最先到达的地方不是福岛第一核电站，而是紧急事态应急对策中心。"到底是怎么进行的信息管理！"大家不禁愤怒地喊道。

那台电源车以不知道从紧急事态应急对策中心到福岛

第一核电站的距离有多远为由，一直被搁置在了那里。从接着抵达的电源车那儿也传来了消息："无法进入（第一核电站的）现场。"

各地派来的电源车开始陆续抵达现场，但马上又遇到了新的难题：现场没有连接用的电缆。虽然工作人员找到了没被水淹的配电盘，可电缆却不够长。现场因为停电一片漆黑，路灯一盏都不亮，地面布满裂缝，下水道也没有井盖，铺设电缆的工作进行得十分困难。

之前的电源车作战现在已演变为了电缆作战。官邸五楼与地下一楼不断传出怒吼声："电缆！需要电缆！""让自卫队用直升机紧急运送电缆！"有人惊讶道："什么？电力公司竟然没有电缆？！"现场响起了无奈的笑声。忍不住也跟着笑了的班目之后又不禁陷入了沉思：这是否意味着柴油机已经被水淹了？那样的话柴油机旁的高压配电盘和电源中心显然也被水淹了……如果这些都被淹了的话，意味着需要用电缆去一根一根地连接发动机，那需要的电缆线将是个天文数字。

电源车的电压为 6900V，而发动机的电压为 460V，必须用变压器来降低电源车的电压。因此，需要分别对应高压配电盘、电源中心、发动机控制中心的变压器。班目意识到，如果没有变压器，发动机就不会工作，就是说只有电缆是不够的。而且，电缆的种类也非常多。从高电压电缆到低电压电缆，多种多样。几千伏的或者是几万伏的电缆都必须有专用的端子，并不是说单纯地拿着电缆就可以连接。

"快去找能连接的电缆！"又传来了怒吼声。菅直人心急如焚："电池只能维持 8 小时！8 小时后水位就会下降。""会发生堆芯熔解吗？""堆芯会慢慢露出来。所以现在最关键的，是要确保电源！""这样会演变为切尔诺贝利事件的！"

无用的电源车

这天晚上，菅直人说了许多次"可能会演变为切尔诺贝利那样"这句话。他嘴上说着切尔诺贝利，脑子里面想的是"核失控"。武黑在跟总部的电视会议里抱怨说："有人说首相是'火爆菅'——他确实太爱发火了！我都被训过了六七次。只要跟他一说什么，等来的都是他的一顿叽里呱啦'你的根据是什么！你敢说无论发生什么都会没事吗？'"

21 时 55 分，东京电力在记者招待会上发表了"因为 2 号机组运转状态不明，所以无法确认反应堆水位"这一消息。这样下去，反应堆内的压力会不断上升。虽然之后大量的电源车还在不断地被运到现场，但因为配电盘的电源装置已被水淹没，所以根本无法使用。

安全委员会事务局的白板上写着："22：37 自卫队的

两台电源车抵达；连接方式用 1F1 还是 2 待确认。"之后便再也没有关于电源车的记述。大家整晚都在忙于调拨电源车和电缆，先后共派出了六十多台电源车。但即使它们都被送到核电站基地，关键的配电盘无法使用也还是徒劳。

找电源车也好，找电缆也罢，这两场仗到底打得有什么意义？当核能安全·保安院次长平冈英治得知这个情况时，不禁感到背上一阵凉意。"外部电源没了，备用的应急柴油发电机又被水淹了。蓄电池室无法使用、没有直流电源，所以监测仪上的数据根本无法读出。"

知道这个结果的福山也有种全身力气都已被抽空的感觉。他不解地想："安排了 30 台电源车，却说什么'无法连接电源'？难道这 30 台电源车都白找了？我们都在瞎忙活？"

堆芯熔解

11 日 22 时，寺坂拿着一张写着"2 号机组会在明日凌晨 3 时 30 分发生堆芯熔解"的纸来到官邸。东京电力于 21 时 15 分向保安院提交了关于 2 号机组事态发展的预测报告，这是保安院在此基础上重新进行计算后得出的结果。

这个计算结果显示：

11 日 22 时 20 分　堆芯将开始出现损伤

11 日 22 时 50 分　堆芯露出

12 日凌晨 0 时 50 分　燃料熔解

12 日凌晨 3 时 20 分　达到反应堆存储容器的最高使用压力（527.6 千帕斯卡）

核电站的核燃料为将氧化铀烧制成香烟过滤器大小，被称为燃料球。燃料球被密封在锆合金材料制作的被覆管内，就成为了燃料棒。燃料棒的长度在四米左右。反应堆在运行中时，燃料棒会被放在水中冷却，一旦无法进行冷却时，燃料棒的温度就会上升，被覆管会开始熔化，甚至燃料球也会开始熔化，这样就会造成堆芯损伤。经济产业省的官员问寺坂："怎么办？"寺坂回答说："无计可施。"

五楼的首相接待室里，海江田他们也看到了这个结果。但据一名首相秘书说："看到这个意味着会发生堆芯熔解的报告结果时，以海江田为首的全体人员却并无太大反应"。

12 日 13 时多，核能安全基础机构（JNES）的核能系统安全部次长梶本光广被菅直人、枝野和海江田等叫到首相办公室来开了一个讨论会，平冈也参加了。会议的议题为"1 号机组如果排气失败的对策"。

保安院已经开始开始了模拟和应对此事的研讨。梶本是发生严重核事故时预测泄露的放射性物质的专家。他曾在日本核能研究所的风险测评解析研究室工作过，还曾撰写过题为《关于在轻水核反应堆发生堆芯损伤事故时放射性物质动向的分析研究》的博士论文。

梶本自从前一天（11 日）16 时被紧急应对中心叫进去后就一直没出来过。21 时多，在保安院与核能安全委员会的电视会议上，他被要求预测"今后事故的发展态势"。

梶本说道："1 号、2 号、3 号每一个反应堆发生堆芯损伤的可能性都非常高。一直这样下去的话，再过几个小时压力容器就会被穿透、如果今后不采取任何措施，存储容器也会受到损伤"。

核能安全委员会的代理委员长久木田丰问道："那么 4 号机组的燃料池没问题吧？"梶本回答说："也需要注意，但是现在还没有紧急应对的必要。应该先全力处置 1 号、2 号和 3 号机组。当然，4 号机组的问题也是早晚必须处理的。"

梶本与核能安全基础机构的技术人员们参考过去的模拟排风分析结果，预测了在排风状态下放射性物质的泄漏量。12 日 13 时在首相办公室召开的讨论会上，梶本向大家分发了排风失败情况下的预测数据。

稀有气体　　　100%

碘　　　　　　10%

铯　　　　　　不到 1%

分析结果显示，这大概就是 10 小时后的放射性物质的排出量。

梶本对菅直人说："10 小时后就是存储容器达到最高压力值 3 倍的时间点。"菅直人问道："3 倍是什么意思？""也就是说压力值达到 3 倍，存储容器就有可能发生破损。""什么？！为什么不早说？！"菅直人突然高声喊了起来。会议接近尾声时，日本电视台"NEWS24"节目开始播放核能安全·保安院审议官中村幸一郎召开记者招待会的画面。中村在记者招待会上说道："堆芯熔解有进一步发展的可能，甚至可以说堆芯已经开始熔解了。"

菅直人看到这个画面，大叫道："这是什么？怎么回事！我怎么从来没听说过！"他向平冈质问道："这是怎么一回事？"枝野也问道："记者招待会的内容都没有向官邸汇报过吧？"平冈低着头道歉地说："是，对不起！对不起！"

害怕真相的是政府还是国民？

所谓核反应堆，就是在高五十米左右的厂房中，有一个烧瓶状的存储容器，存储容器里有一个压力容器。压力容器里面有聚集着燃料棒的堆芯，堆芯通常是浸在水中的。燃料发生核反应时，水会因为释放出的热量而变为水蒸气，然后通过配管转动发电涡轮。水蒸气在海水中冷却之后变成水再回到压力容器中。如果这个循环出现问题，堆芯得不到冷却，就会发生堆芯熔解。

堆芯熔解是指因堆芯得不到冷却而造成燃料棒熔化的严重事故。如果放置不管，压力容器及厂房的混凝土表面都会熔化，从而释放出大量的放射性物质，演变为具有巨大危险的严重事故。

在 12 日下午召开记者招待会之前，中村曾在保安院的 ERC 向寺坂作了报告："福岛第一核电站区域内的放射线测量值正在升高。另外，自失去所有交流电源以来，已经过了相当一段时间了，我不认为紧急复水器还在工作。燃料顶部已经超过了水位，而且水位还在继续下降着。这样下去，1 号机组发生堆芯熔解的可能性将会非常高。"

当天上午，福岛第一核电站周边已经检测到了放射性物质铯。据此中村判断：可以认为堆芯内的燃料已经开始融解了。并向寺坂汇报了此事。

如果检测到的放射性物质是稀有气体或碘的话，还可以说只是核泄露；但如果检测到的是铯这种固体微粒子，就必须考虑是否存储容器已经出现了损伤。只在燃料球中才含有的铯这一成分在核反应堆外被检测出来，只能让人联想到堆芯熔解的可能。

寺坂对中村说："（果真如此的话）那只可能是堆芯已经熔解了。"因此中村才在记者招待会上提到了这点，并使用了"堆芯熔解有进一步发展的可能"这种预警式的表达方式。这，就是中村在记者招待会上讲这番话的原委。

其实上述消息前一天晚上就已送达首相官邸，但就像之前提到过的那样，却并没有被报告给菅直人和枝野，因此听到中村此番发言的二人十分震惊。让枝野异常愤怒的是：这些情况是在东京电力和保安院的记者招待会上第一次听说，这算怎么回事？"连首相都还不知情就先告知了国民，有你们这么干的吗？"

彼时身在官邸五楼的班目对当时的情形记忆犹新。"枝野总感觉保安院掌握的情况好像比官邸的要多得多，为此他大为光火。我清楚地记得他一个劲儿地说'为什么不首先通知首相官邸？'"

对保安院汇报消息不满的不仅仅是枝野一人。首相秘书官和官房长官的秘书们也不相信他们。首相秘书官贞森惠祐就曾要求过保安院职员："保安院在对媒体公开发表内容前均应先与首相官邸沟通。官房长官召开的记者招待会是对国民发布消息的窗口，发布的消息要一元化。"这一指导方针是众所周知的。

保安院的内部记录显示，15 时 23 分："与官邸联络之后，再发布有关堆芯熔解的消息。"在 17 时 50 分记者招待会上发布此消息后就向寺坂提出了辞职。根据寺坂要求更换新闻发言人的指示，保安院在 12 日 17 时 50 分的记者招待会之后，将中村从保安院新闻发言人名单中删除，改由审议官野口哲男接任。

当天 21 时 30 分召开的记者招待会上，野口始终采用的是"我认为所谓堆芯熔解的说法是在还没有完全把握状况的情况下说出的话"这种模棱两可的口吻。而在 13 日凌晨的记者招待会上，以发言人身份登场的审议官根井寿规称受命接替野口。根井没有再提"堆芯熔解"，而是使用了"不能否定燃料棒出现损伤的可能性"这种表达方式。等到 13 日傍晚，根井又被审议官西山英彦替换掉了。西山也对"堆芯熔解"表现出了回避的态度，他说："我认为燃料棒外侧的被覆管发生损伤这种说法更恰当一些。"

然而，官邸并没有对保安院下达不准使用"堆芯熔解"这个说法的指示。而且也没有证据证明枝野幸男官房长官直接介入了人事调整。更没有证据证明官邸施加压力不准使用"堆芯熔解"这个说法。关于这一点，枝野在后来进行了明确："记者招待会上发表的内容，至少要同时向官邸报告。"然后又对"将'同时向官邸报告的指示'曲解为召开记者招待会之前要让官邸知道"做了评论："没有彻底理解指示这件事是应该反省的，但我确信指示本身是没错的。"

在 13 日上午 11 时召开的记者招待会上，针对记者提出的 3 号机组发生堆芯熔解可能性的问题，枝野回答说："这种可能性是完全存在的。虽然现在难以确认反应堆内的状况，但是我们正在根据预估进行应对。"

经济产业大臣海江田万里那里没有丝毫想要介入的迹象，经济产业事务次官松永和夫也纹丝不动。不光如此，松永甚至还说过"得到消息后马上发布"这样的话。而且针对中村在记者招待会上所发布的消息松永当时就评论说："可以那样处理。"

真相恐怕是，寺坂揣测官邸的"意图"是让他调动中村的职务。于是他让根井向中村转达："有人对保安院的新闻发布内容感到担心。因此，在发布新闻时，要注意用语。"而保安院官员对此表示不屑，评价寺坂的做法是"反应过度"。

换掉中村幸一郎这件事，不仅让保安院、甚至让霞关方面也感到了不安。难道所有事实的发布以后都要由首相官邸来把控吗？这难道不应该由距现场最近的负责人来做吗？首相官邸应该做的，难道不是在确认了事实之后决定该采取怎样的对策这样的政治判断上吗？

"报告过官邸吗？""事先请示官邸了吗？""那个交给官邸是不是好些？"保安院、经济产业省、文部科学省以及厚生劳动省等对应该与"官邸"保持什么样的距离这件事上变得更加敏感。

于是，向官邸上报信息、也就是提交报告这一过程变得大费周章。"首相官邸知情而事务次官却不知情"是不行的。大多数省厅在向官邸汇报消息时，都要在省内制定规则。"四处散发文件，有时还要全部通过后再传达给官邸，这样很浪费时间。"（经济产业省官员）

东京电力对保安院使用了"堆芯熔解"一词颇为不

满。经济产业省的某人曾怀疑，中村发言事件的背后莫非暗藏着来自东京电力的抗议？"堆芯熔解这个词在燃料棒还只露出了一部分时就已经开始使用了。燃料棒只有三分之一的部分露出了水面，三分之二都还在水中，保安院却使用了'堆芯熔解'一词。东京电力可能是借此在对经济产业省表示抗议吧！"

但是，对于堆芯正在加速熔解这一情况，东京电力方面其实是非常清楚的。专门研究堆芯分析、管理以及核能工程的东京电力子公司——TEPSYS 公司正在对此进行研究。福岛第一核电站反应堆的制造商东芝，还有矶子工程中心对此作出的分析结果每时每刻都向东京电力汇报，所有的分析结果都对堆芯熔解进行了预测。在这方面，东京电力副社长武藤荣比任何人都要清楚。武藤在"反应堆物理"界有着举足轻重的地位，甚至有评价说反应堆是"武藤的天下"。

而东京电力也因为更换中村幸一郎一事，陷入了难以把握与官邸之间"距离感"的混乱状态中。东京电力合作企业的一名技术人员说："反应堆内有可能产生了氢气。因此无论是在厂房内打孔、注水，还是别的什么，总之必须不断采取必要的措施。可受到更换中村事件的影响，现场却形成了一种无论做什么都必须首先与首相官邸商量的气氛。"

东京电力在 3 月 15 日后说明堆芯状况时，统一使用了"堆芯损坏"这一用语。相关合作企业的工作人员明显感觉到了东京电力对官邸的"畏惧"感。"堆芯熔解这个词太过激，不能使用""不能使用'熔化了'这个说法，得说'正在熔化'"等等指示，被不断地从经营高层传达到核电站制造商的工作现场。

第 3 章

排气

如果不将其中的水蒸气排出去，存储容器就会破损并释放出放射性物质。可是，谁又能命令工作人员在高浓度的放射性物质环境中去手动打开阀门呢？

排气

11 日 21 时多，核能安全委员会委员长班目春树回到了合同厅舍 4 号馆的委员长办公室。他收到报告说，2 号机组的反应堆隔离时冷却系统已经停止运行。该系统是即使在没有交流电的情况下，也能用反应堆的水蒸气使涡轮驱动注水泵运转的系统。然而，这个系统却停止运行了。班目听到这个消息后目瞪口呆。心想离堆芯熔解恐怕就只剩下几个小时了。

如果存储容器的压力继续升高，就会释放出放射能。因此，为了降低存储容器中的压力，必须将含有放射性物质的水蒸气直接排到外部。也就是说，必须进行紧急排气。所谓排气，就是为了防止反应堆中产生的大量水蒸气导致存储容器破损、而通过排气管将一部分水蒸气排出，从而降低反应堆存储容器压力的措施。

排气管的配管有两条。一条是通过存储容器上部的干井（存储容器压力控制室以外的部分。D/W）来直接减压的干式排气配管，另一条叫做"湿式排气"的配管则通过压力控制室（Suppression Chamber = S/C）在水中完成减压。

各个配管都有靠空气运作的空气阀门。在两条配管合并的部位还安装有电动驱动阀门，通过这个阀门可以实现远程操作。但电动驱动阀门没有电源无法运转，而核电站失去了所有交流电源，因此无法通过电源进行远程操作，只能让工作人员实际进入核反应堆厂房手动打开阀门。压力控制室的空气阀门安装了把手，只有手动能将它打开。

首相批准实施的排气

12 日零点 55 分，东京电力总部和核能安全·保安院收到了来自福岛第一核电站站长吉田昌郎的署名文件。这张 A4 纸上写着："1 号机组的 D/W 压力可能已经超过了 600 千帕斯卡，详细情况正在调查。存储容器内压力正在异常上升。"

操作人员不久前才刚修复了干井配管上的压力表。来自中央控制室（1/2 号机组）的调查结果显示，存储器的压力已经超过了 600 千帕斯卡——这个数字大大高于存储器的设计上限 427 千帕斯卡。而此前东京电力一直以为 1 号机组的紧急复水器（IC）还在正常运行。然而干井如此高的压力，表明存储容器正处于非常危险的状态，必须紧急应对 1 号机组的状况。

班目认为只能排气了。他向菅直人传达了此意的同时也与武黑交换了意见，武黑也认为除此之外别无选择。于是，武黑催促东京电力总部道："尽快拿出你们的集体意见来！"而班目这边也希望东京电力能够尽早实施排气。在此期间，吉田已经指示现场做好对1号机组存储器进行排气的相关准备工作。

按照规定，是否实施排气可由现场的核电站站长来定夺。但鉴于有可能释放出的放射性物质，在核电站站长做出决定前，还需要来自东京电力社长的确认和批准。然而，当天清水正孝社长与夫人却正在关西旅行，等他回到位于东京的总部时，已经是12日上午10时了。

东京电力认为，排气必须得到政府的同意，便派武黑去做官邸的工作。零时57分，在与美国总统奥巴马通完电话后，菅直人从首相办公室到位于二楼的危机管理中心来讨论东京电力公司提出的排气问题。与会者有首相菅直人、经济产业大臣海江田万里、官房长官枝野幸男、官房副长官福山哲郎及首相辅佐官细野豪志、班目、武黑以及核能安全·保安院次长平冈英治。

班目和武黑都指出了排气的必要性。班目发言："如果发生堆芯熔解就都完了，因此现在最重要的就是尽快进行排气。"但是，如果实施排气的话，会有很多放射性物质随水蒸气一起排出，这势必会影响到当地居民的健康并造成很大的社会反响。话说回来，到底排气会释放出多少放射性物质？是否需要安排当地居民避难？又该如何对国民进行解释？大家就这些问题交换了意见。

关于排气方式，海江田从核能安全·保安院负责人那里听说的是将采取湿式排气，于是他当时以为最后就是采取这种排气方式了。出席会议的武黑汇报说："拟在两小时后开始排气。"

凌晨 1 时 30 分，菅直人和海江田同意了东京电力公司提出的排气方案。

1 号机组还是 2 号机组？

之后，核能安全·保安院与核能安全委员会商议了具体的排气问题并总结了以下三个问题。

首先，应该优先对 1 号机组还是 2 号机组实施排气？

其次，是否应该考虑重新划分居民的避难区域？

最后，是否应该向青少年发放稳定碘剂？被人体吸收的放射性碘会聚集在甲状腺并有可能引发甲状腺癌，而稳定碘剂则能有效防止放射性碘集中在甲状腺上。

商议结果为：1 号机组存储器的排气优先；不再重新划分避难区域；现阶段还没到需要对青少年发放稳定碘剂的时候。

就排气与避难区域之间的关系，平冈解释说："平时的防灾模拟演习，我们也是以排气为假定前提来实施的，避难范围同样也是 3 千米。"

凌晨 1 时 52 分，TBS 电视台报道说："来自东京电力公司的消息显示，福岛第一核电站1号机组压力容器的压力正在不断上升，放射性物质有可能外泄。事态正日趋严重"。

凌晨3时12分，官房长官在官邸记者招待室里召开了记者招待会。官房长官发言说："政府收到来自东京电力公司福岛第一核电站的报告称，反应堆存储容器的压力可能正在上升。为了确保反应堆存储器的稳定，必须将内部压力向外部排放。经与经济产业大臣商议，我们认为为了确保安全有必要采取以下措施。而这项措施的采纳，必将导致反应堆存储器内的放射性物质被释放到外部。但是，根据事前评估，释放到外部的放射性物质含量会很少，并且，考虑到风向的因素，所以，目前所实行的核电站3千米以内居民避难、10千米以内室内避难的措施足以确保居民们的安全，请大家冷静应对……根据监测车辆的测定结果，现在还难以确认放射性物质已经泄露。"

记者："排气作业将于何时实施？"

官房长官："我认为将会很快实施。"

记者："按您所说，因为风是吹向海边的，所以对大家的健康并无影响。但如果风向突然改变（吹向居民所在方向）的话，会对民众的健康造成多大的影响呢？"

官房长官："根据气象厅的报告，目前风向处于西或西北风这一非常稳定的状态。"

记者："虽然您说释放出的辐射量会非常少，但毕竟对辐射的承受度因人而异……"

官房长官："我们会邀请第三方的核能安全委员会委员长来首相官邸并听取他的专业意见。"

在官房长官的这个记者招待会前，海江田与东京电力的常务小森明生就排气问题在经济产业省也召开了一个记者招待会，核能安全·保安院长寺坂信昭也应邀出席了。曾任福岛第一核电站站长的小森现在是核能·立地总部的副总部长，因为东京电力总部的会长、社长以及核能·立地总部长（武藤荣副社长）当时都不在东京，于是小森成了能够代表社长处理核电站事故的最高负责人。武藤当时去了福岛县。首相官邸之所以在官房长官的记者招待会之前安排经济产业省的这次会议，是因为顾虑到如果一直等到凌晨官房长官记者招待会之后才召开的话，政府有可能会被外界无端批评说试图隐瞒事实。

在海江田与小森召开记者招待会之前，寺坂收到紧急消息："2 号机组的反应堆隔离冷却系统还在运转。"这说明 2 号机组的冷却装置还在运行。于是保安院认为，只需要为 1 号机组的反应堆存储容器排气就可以了。

此前，福岛第一核电站中央控制室既无法确认 2 号机组的反应堆隔离冷却系统是否在运转，也不知道 1 号机组的紧急复水器是否还在工作。但紧急对策室与总部之间却并没就此进行充分沟通，因此小森一直以为紧急复水器还在正常工作。

11 日 20 时 50 分，福岛县在政府之前，率先对福岛第一核电站周围 2 千米的居民发布了避难指示。但是这条指示不是根据 1 号机组，而是根据 2 号机组的状况发布的。

22 时前，东京电力就 2 号机组的状况向媒体发布消息称："由于反应堆水位下降，有可能发生核泄露。"另外，在 12 日凌晨 1 时左右召开的记者招待会上，又再度公布了"1 号机组的紧急复水器正在冷却水蒸气"这一消息。看来更危险的并非 1 号机组而是 2 号机组，因此，小森认为需要优先对 2 号机组进行排气。

共同记者招待会前，小森于凌晨两点半左右进见了海江田，向海江田提出了优先对 2 号机组实施排气的建议。凌晨 3 时多，东京电力确认了 2 号机组的反应堆隔离冷却系统还在运转的消息。召开记者招待会前，他们意识到保安院与东京电力之间存在认识上的差异，于是，出席记者招待会时他们并没有明确说明将对几号机组实施排气，而只公布了排气方针。

小森在记者招待会上明确道："我认为应该首先对 2 号机组实施降压措施。"他故意用了"首先对 2 号机组"这个模糊的表达方式。记者问道："为什么是 2 号机组？"小森没有做出明确的回答。这时东京电力的原子燃料循环部长武警一浩插话说："刚刚收到消息，现场的反应堆隔离冷却系统设备一直在往 2 号机组注水。"因为在记者招待

会前并不知道这个消息，所以海江田一直想的是必须尽快
对 1、2 号机组进行排气。

还没排气！

凌晨 3 时 59 分发生了地震，首相官邸也感觉到了剧
烈的晃动。危机管理中心收到消息说：长野与新潟的交界
处发生了 6 级地震。

紧急集结小组立即紧张起来。福山握着话筒喊道："这
次地震是东北地震的余震吗？还是诱发地震？还是与东北
地震毫无关系的地震？到底是怎么回事？"而气象厅的负
责人只回答了一句："我这就去调查。"

凌晨 4 时 32 分，再次发生地震。长野县发生了震度
为 6 级的余震。震源地是新潟县的中越地区。所有人都非
常紧张。

地震应对工作告一段落之后，一直惦记着排气状况的
福山向官邸工作人员询问进展。当听说还没开始实施时，
福山非常惊讶。因为海江田曾在记者招待会上态度积极地
说："3 时之后就会开始排气。"可现在已经 4 时多了，却
还没开始排气。

福山和细野立即冲到官房长官办公室来向枝野汇报：
"东京电力还没实施排气。"听到这个消息后，本来正在小
睡的枝野一咕噜坐了起来。"什么？！为什么还不排气？"

枝野与福山赶紧来到位于危机管理中心侧面二楼的小屋。向来处事从容的海江田此刻正烦躁不安地站在那里。不管他怎么询问武黑："为什么还不排气？"武黑的回答始终是那句："因为停电，无法启动电动排风系统。"

　　到底为什么迟迟不开始排气？"事已至此，东京电力难道还想让大家以为这只是个小事故？正因如此，所以才如此犹豫的？"海江田开始这样怀疑起来。

　　武黑与核能品质·安全部长川俣晋净说些无关紧要的话："我们是想排气的，可排不了。不，准确地说是因为辐射量升高后难以确定能否进行排气。"

　　等东京电力的联络员都走了，房间里只剩下海江田与细野二人时，细野说道："看来只有让敢死队来做了。""无论如何都要让东京电力进行排气，这就是我们身为政治家的工作。我们赌一次吧！海江田先生。"海江田回答说："我也是这么想的，只能这么做了。""让我们来发挥政治家的作用吧！如果不行的话，我们就一起辞掉政治家这个头衔。""好，就这么定了！"

　　这期间，福岛第一基地内的放射线含量正在持续上升。测量放射线量的工作人员进入 1 号机组核反应堆厂房后，刚刚将双重门打开，就看到内侧门里面有大量白色的雾气。于是，他们慌忙将门关上。

　　凌晨 4 时 23 分左右，有人在东京电力的电视会议中报告说："福岛第一核电站的正门附近，放射线量为每小时 0.59 微西弗。"放射线量已经升高，20 分钟后又发生了急剧上升。如果不尽快进行排气，放射线量还会继续升高。排气作战就是与时间赛跑。

此外，东京电力认为在实施排气时必须考虑居民的避难点问题。居民避难原本是紧急事态应急对策中心的工作，然而由于停电等所致的通信受阻，经常无法与自治体取得联系，紧急事态应急对策中心实际上难以发挥作用。甚至连首相官邸都直到 12 日黎明仍未能与十几个自治体联系上。

而此时，大熊町职员武内一惠（37 岁）已经开始使用无线防灾系统在呼吁町民们避难了。"请大家冷静行动"的避难警示反复播放了 4 次，然而这些信息却并没被反映到首相官邸。就排气与居民避难之间的关联性，官邸与地方自治体之间完全缺乏沟通。

早晨不到 5 时，在位于地下一层危机管理中心的中二层小屋内，当福山询问武黑排气的进展情况时，得到的回答却是："还没完成。""为什么还没完成？！已经 3 个小时过去了。是你们说 3 时开始排气的，这样会让国民认为官房长官在记者招待会上撒谎。"武黑说："排气分为电动和手动两种方式。因为停电，所以无法使用电动。而手动操作的程序还需要一些时间来了解，另外辐射量也在不断上升。"

福山怒不可遏。打一开始东京电力不就知道停电的事吗？这样的话，报告中提到的"2小时之后实行排气"的"2小时"指的又是什么？福山立即与细野一起去五楼向枝野进行了汇报。不久，菅直人与秘书官来到了中二层的小屋。福山向菅直人报告说："排气仍旧没有进行。"听到这个消息，菅直人非常生气地说："什么？为什么还不进行？"

菅直人直接询问武黑无法排气的理由，武黑的回答仍然是"手动和辐射量"的问题。菅直人问班目道："如果不排气会怎么样？存储容器会不会有爆炸的危险？"班目说："有可能。"如果存储容器因为无法排气而损坏的话，那么恐怕前一天21时23分下达的3千米范围内的居民需要避难的指示就不适用了。

班目和平冈主张："因为排气是湿式排气，是在抑制室（S/C）的水中进行排气，所以这会大大减少放射性物质的释放。如果能够进行排气的话，3千米的范围是没问题的。但是如果存储容器损坏，那么3千米的范围就不够了，应该扩大到10千米吧。"枝野和福山也认为："也许应该将避难区域扩大到10千米范围。"菅直人听了后也表示同意："是啊！那就这么办吧。"

但是，应该在什么时间扩大到10千米呢？枝野和福山建议菅直人说："这只能由首相您决定了。希望您在去现场之前作出决定。"菅直人也表示赞同。时间定为早晨5时44分。政府发布了半径10千米范围内居民避难的指示。于是，大熊、双叶、富冈及浪江这 4 个町的 48272 人都成为了避难对象。

当地对策总部部长经济产业副大臣池田元久打来电话，说："我认为夜间安排居民避难会相当混乱，排气应该在确认居民避难结束之后再进行。"海江田答道："就这么办吧，请您安排一下。"

排气决定着反应堆的生死，对于核电站事故的应对也具有决定性的意义。但是关于这点，官邸与紧急事态应急对策中心，甚至与东京电力的认识都不一致，而且彼此也没有进行沟通。政府内部关于排气状况的认识也是各种各样，相互沟通也不够。这天上午，围绕排气与居民避难的时间调整问题，核电站与当地政府之间的沟通陷入了僵局。核电站对策总部通知福岛县说准备上午 9 时左右实施排气。然而，福岛县却要求核电站在居民避难完毕之后再进行排气。

农林水产大臣鹿野道彦在打给经济产业政务官中山义活的电话中怒斥道："中山先生，你们所说的排气难道就是准备在我们不知道的情况下进行的吗？到底是怎么回事？"作为鹿野派的成员之一，鹿野不光是中山的顶头上司，大概彼此也有意气相投之处。这个电话无疑是在担心排气对农产品所造成的破坏性影响。但是，很快中山便察觉到，这似乎不过是鹿野在农林水产省的官员面前演的一出戏而已。

清晨 6 时 10 分，来自东京电力电视会议的报告说："检测装置显示碘的含量正在上升。已经有碘被释放出来。即使不进行排气，稀有气体也会持续泄露。"早晨 6 时 25 分，NHK 报道说："福岛第一核电站附近检测出比平时高 8 倍的放射性物质。"

然而，无论是武黑还是东京电力，面对政府的询问都没有确切的答案。海江田心想，除了直接问吉田昌郎站长以外没有其他办法了。于是，海江田在中二层的小屋里用应急卫星电话给吉田打电话。吉田说："操作人员正在拼命地努力着，请再等一等。"海江田回答说："那么就拜托了。如果阀门打开了，请与我们联络。"虽然对话很简短，但是海江田却能感受到现场那种为排气拼命努力的气氛。

尽管如此，仍然无法排气。难道是东京电力总部无法做决定吗？海江田心里涌起一阵不安。是不是为辐射量升高，所以作为企业经营方的东京电力无法对现场的工作人员说出即使拼上性命也要排气这种话来呢……那样的话，根据《炉规法》（《反应堆等规制法》）也许由政府来下达命令会更好些？为了促使东京电力尽快采取行动，最好由政府来负责善后事宜。于是海江田对枝野说："一切责任由我来承担。"

清晨 6 时 50 分，根据《反应堆等规制法》64 条第 3 项的规定，对 1 号机组与 2 号机组排气的指示被更换为了来自经济产业大臣的正式命令。第 3 项中规定经济产业大臣有权"下令采取必要的措施"。

首相视察

　　等到开始就菅直人去福岛第一核电站视察的相关事宜进行讨论，已经是 11 日深夜了。在结束了筹集电源车的工作后，首相府的工作人员开始着手准备首相的视察事宜。最初的考虑是让首相前去了解海啸灾情，因此当时拟定的行程为：自卫队的飞机清晨 7 时从市谷出发，11 时返回首相官邸。

　　然而，说要排气的东京电力却迟迟不见行动。"经济产业大臣与官房长官都已向公众发布了排气的消息，结果却……这到底怎么回事啊？"菅直人已经等得有些不耐烦了，他觉得应该去现场把控福岛核电站的现状才行。在核能这方面，内阁中没人比我更熟悉了，我不去谁去？"熟悉"这个词虽然是不经意间说出来的，菅直人却从这个词上体会到了一种别样的满足感。

　　14 时 20 分，菅直人前往福岛的意向已定。但是针对菅直人前往现场视察的计划却出现了不少反对的声音。国家公安委员长中野宽成婉转地表达了自己反对的意见，他认为政治领导者在危急时刻应该稳住阵脚，并说负责警护的警视厅也反对首相视察。

　　12 日早晨 4 时多听说了"首相要去视察"的消息后，

池田的第一感觉就是"一国之相要来这里并非好事"。他对核能安全·保安院审议官黑木慎一说："在这种危险时刻最好还是别来的好"，"如果首相一定要来的话，最好别去福岛第一核电站基地，可以到距离那里5千米远的紧急事态应急对策中心。"并让黑木将这些想法传达给东京。但池田的这些反对意见却并没被传达给菅直人。

首相办公室里。枝野听说菅直人要去现场视察的意图后也试图阻止："现在去会不会早了点？从实际情况来看应该去；但从政治角度来看，如果首相这时去现场，以后绝对会受到指责的。"

菅直人反驳说："在政治上是否会被指责与当前控制核电站事故哪一个更重要，我还是明白的。"听到这话，枝野也感觉束手无策了。寺田也向菅直人建议说："我认为首相您还是留在官邸为好。"

对于菅直人去现场这件事，细野也难以平静。如果首相遭到放射线辐射怎么办？他脑海中一瞬间浮现出这样的想法。如果发生什么事情，能够联络到在直升机上的菅直人吗？于是，他对直升机的电话联络问题进行了确认。

武黑听说"首相视察"的意向时，回想起了2007年中越地震发生后，安倍晋三首相视察的场景。武黑当时作为副社长正驻扎在东京电力柏崎刈羽核电站。安倍视察时正值参议院选举进行中，他的做法引起了混乱，因而受到了批评。

　　然而，对此武黑却一言未发。其实，那天夜里海江田也在考虑作为经济产业大臣是否应去现场视察的事。但福山听说后却劝阻道："首相已有要去现场视察的想法。"海江田说："那我就和首相一起去吧。""那不太好吧！你们都不在官邸，这样不好。"

　　最后，福山跑到枝野的房间说道："长官，请您去阻止海江田大臣吧。"福山向枝野讲述了事情的原委。枝野当场给海江田的手机打电话说："作为主管大臣，希望这次您能留下来。"海江田这才打消了前去现场视察的念头。

　　实际上，菅直人的内心也曾有过犹豫。他在只有他与内阁府官房审议官（政府广报室）下村健一两个人的时候，板着脸向下村问道："大家都反对我去现场，你怎么看？"然后又接着说道："PUMA速度又快，体积又小。所以应该不会有什么麻烦。"PUMA也叫SUPER PUMA，是自卫队运送国宾用的直升机。

　　其他运输用直升机都已全部投入救灾，当然不可能送菅直人去现场视察。如果乘坐SUPER PUMA去的话，既然并没耽误救灾，想必也就不会受到指责吧？这是菅直人考虑了上述风险后所做的决断。

　　下村曾为菅直人的视察准备了"出发前发言备忘录（暂定）"：

- 针对昨天的地震而展开的救援及修复工作正在彻夜进行着；

- 为缓解福岛第一核电站反应堆存储容器的内部压力，东京电力已于今晨 4 时过采取了措施；
- 虽然是为了确保安全而不得不采取的措施，但为了亲自确认状况并落实恰当的对策，我决定与专家们一同赶往现场；
- 同时随时掌握灾区状况，以便制定今后的应对措施。

而这些发言内容的前提都是排气在早晨 4 时进行。当初，首相考虑在实施排气之后再去现场。

直到临近 6 时的起飞时间了，菅直人才终于拿定了主意。直升机 6 时整准时抵达官邸屋顶的停机坪，而菅直人的准备工作却开始得晚了些。如果长时间空转的话，直升机的引擎会因燃料的消耗而导致飞行距离被缩短。"再晚的话就飞不了了！"催促声中，身着淡蓝色防灾服、穿着运动鞋的菅直人终于跳上了直升机。

你只需要回答我的问题就行了！

上午 6 时 14 分，SUPER PUMA 离开了官邸的屋顶。直升机中坐着菅直人与寺田、班目、下村、首相秘书官冈本健司、桝田好一以及来自经内阁记者会进行取材的共同通信社记者津村一史、医务官和警护官等。10 人已经是这架飞机的上限了。SUPER PUMA 一直将大家送到霞目，之后换乘自卫队的大型输送直升机 CH-47。

直升机上的菅直人与班目紧挨着坐在一起。直到出发前一小时左右，班目才接到来自官邸政务方面的紧急通知被要求随行。"什么？为什么要让我去？"他忍不住追问道。"首相说他想利用到现场前的时间更详细地了解些情况。""原来是陪同首相学习呀？！"班目就带着这样的想法上了飞机。

飞机上，菅直人开始向班目提问。但是，每每班目刚要解释，菅直人就会打断他说："那些基本的东西我都知道，你只需要回答我的问题就行了。"菅直人的有些问题也让班目颇为不快。菅直人问道："难道东京工业大学就没有了解这些问题的学者了吗？"虽然班目对此感到莫名其妙：都这种时候了，居然还在提学术上的派系？可他还是回答说："有二方和有富两位老师。"

二方寿是东京工业大学反应堆工学研究所能源工学部门的教授，有富正宪是同大学反应堆工学研究所的所长。菅直人在3月22日，让东京工业大学反应堆工学研究所的两名教授有富正宪与齐藤正树参与内阁官房。

早晨7时11分，直升机降落在福岛第一核电站防震重要楼西侧的一个操场中。直升机的螺旋桨刮起刺骨的寒风。核能灾害当地对策总部长池田久元、福岛县副知事内堀雅雄及东京电力副社长（核能·立地总部长）等前来迎接菅直人首相。

内堀是在 11 日 23 时左右、池田则是在半夜相继赶到紧急事态应急对策中心的。11 日 15 时 30 分，武藤从总部出发准备去搭乘前往福岛的直升机，但在前往新木场乘机的路上却遇到了严重的交通堵塞。一路步行再加上搭便车，当他抵达福岛第二核电站基地时已经是 18 时多了。紧急事态应急对策中心由于停电无法运行，当天夜里，他又辗转来到大熊町与双叶町向町长说明情况。次日清晨，武藤听说了菅直人要坐直升机来福岛第一核电站视察的消息。他本想在防震重要楼与吉田见上一面的，但因为此时入口处测辐射量的人已经排起了长队，武藤想肯定来不及了，于是便急忙赶去操场迎接菅直人一行。

　　菅直人同大家一起坐着面包车前往防震重要楼。菅直人坐在右侧靠窗边的位置，武藤坐在他旁边。菅直人的后边是班目，池田与班目隔着一个通道。突然，菅直人大声呵斥道："为什么还不进行排气？"

　　一行人到达了防震重要楼。当入口处的双重门打开第一层时，大家突然被大声敦促："请快点进去！"早晨 7 时正是勤务交替的时间，大家基本都穿着防护服。菅直人穿着防灾服和运动鞋。穿着厚重防护服的人们正在接受放射线检测。走廊里还睡着人。看到这些景象，菅直人心想，简直像野战医院一样。

　　负责接待的工作人员准备将菅直人他们带到走廊尽头去接受必需的辐射量检测。在这儿排了一会儿队后，大家都觉得有些怪异，可通道很窄又跨不出去。当检测仪碰到菅直人身体并发出哔哔的响声时，菅直人叫道："原来这是给工作人员检测辐射量的队列啊？怎么回事呀？为什么我要接受这种检查？我可没这个闲工夫！我是来见你们站长的。"接待人员让他们换了鞋，穿过工作人员的队列从左边的楼梯上了二楼。近处的人能听到菅直人高声喊道："哦，这里很高嘛！快带我们去会议室！"菅直人打头阵，一行人上了台阶。前往二楼的楼梯上坐满了筋疲力尽的工作人员，他们大多目光呆滞，谁也没注意到堂堂内阁首相大臣的到访。

下村心想：这些人的确是在认真工作。看到大家都身着白色防护服，班目本来对排气的成功深信不疑的，所以当得知还未实施排气时大受打击。但他转念一想，也对，如果进行了排气，基地内一定会被污染，自己也应该是必须穿着防护服才能进来的。班目当时是穿着核能安全委员会的工作服来到福岛的。

班目在视察时，根本没有考虑排气所伴随的放射性物质泄露危险及风向的问题。菅直人也是同样。不过，官邸工作人员在菅直人搭乘直升机出发前，也正在对福岛第一核电站周边的风向是不是吹向太平洋方向进行确认。

菅直人与吉田

菅直人一行跟着接待人员来到了二楼紧急对策室旁的会议室。房间的墙壁上只挂着一个控制器，大概没有比这更冷清和让人觉得大煞风景的房间了。房间里空无一人。菅直人嚷道："居然一个人都没有？"堂堂一国首相大臣来访，不仅没通知相关人士、没有人出来盛情款待，反倒还让首相在那里等他们。

过了一会儿吉田来了。当得知首相要来现场视察时，吉田曾在与总部的电视会议中面露难色道："为什么非要这个时间来？我去接待首相的话，那我的活儿谁来干？"通过电视画面看到这一切的现场工作人员和职员们对此也纷纷表示赞成。吉田最后甩出一句："这还让人怎么干下去？"见此情形，与会的一名保安院职员不由得对吉田肃然起敬：在这样重大的决定面前竟然有胆量对总部说这种不讲情面的话，吉田先生，您可真敢说啊！

在会议室里，桌子的一侧坐着吉田与武藤，另一侧中间坐着菅直人，他的两边分别是班目和寺田。桌子的左侧为池田和黑木。

武藤开始解释，排气阀的打开需要空气压缩机以及电源，准备这些还需要一些时间。他说了一两分钟后，菅直人大声说道："我不是来听这些借口的。你们以为我是来干什么的？"吉田没有直接回答菅直人的问题，而是在桌面上铺开一张图纸，开始讲解："现在我们正在准备电动排风。""需要多长时间？""需要 4 个小时。""反应堆等不了那么久吧。东京电力一直说 4 个小时，总是说再等几个小时。"菅直人心想，原本排气应该是在凌晨 3 时进行的，现在已经过了预定时间 4 个小时了。难道说还要再等 4 个小时？

面对焦急的菅直人，吉田面不改色。吉田接着说道："气当然是要排的，手动排气也已在考虑范围内。将在 1 个小时后决定是否使用手动排气。""没有那么多时间了！希望你们尽快决定。"吉田直视着菅直人的眼睛说："但是，因为辐射量太高，一次只能操作 15 分钟。最后我们会派敢死队进行相关操作的。"菅直人对"敢死队"这个词点头表示同意。虽然这次对话仍以菅直人的攻击性语言为主，但气氛多少有所缓和。在旁边听着这段对话的下村心想，终于出现了一个不怕菅直人、敢大胆直言的人。

吉田向大家说明反应堆内的情况："反应堆内很有可能已经产生了蒸汽。目前炉内的压力是平时的 7 倍。"这是 1 号机组的情况。接着，他又说了 2 号机组的状况："这里也因为灌进了海水，所有电源都无法使用了。但是 2 号机组还能维持 4 个小时，在这期间，我们会想办法连接电源。"

吉田补充说：海拔 12 米的厂房原是为防备 5 米高的海啸而建，而现在地下电源室却进了水。关于排气是否会对居民造成影响，吉田重复着："目前，10 千米范围内的室内避难是没有问题的。但是，1 号机组实施排气之后，我们会对泄露的放射线量进行测量。根据测量值来决定是否配发碘剂。可能会释放出大量的稀有气体，但是我认为目前 10 千米的范围足够了。吉田继续说道：医生认可的话当然是可以的，否则随意服用碘剂的话可能会有人出现身体不适。应该在医生的许可下服用才行。1 号机组排气之后，我们会根据放射线测量值来决定是否配发碘剂。2 号机组和 3 号机组也必须进行排气。那里的放射线量相对较低，可以派工作人员进入内部进行排气。"菅直人叮嘱说："希望你们吸取 1 号机组的经验教训早点进行排气。"

秘书官桝田对寺田说："医务官说，最好不要在这里停留太久。"寺田也一直在考虑这点，只是没找到合适的机会说出来。过了一会儿，菅直人起身，结束了约 20 分钟的会谈。看着正下楼梯的菅直人，池田对寺田小声说："想办法让首相稍微冷静一些。"寺田也小声地回答说："目前还算好的。"

此时，有位保安院的职员向正要上面包车的菅直人索要签名。"签在这儿可以吗？"菅直人一边问一边签了名。

菅直人视察的是以 1 号机的排气问题为主的福岛第一核电站，因此没去福岛第二核电站。但在与吉田和武藤见面时，武藤对福岛第二核电站的情况也进行了简要说明："第二核电站的 1、2、4 号机组电源连接正常，但无法进行热交换。控制室的温度已经超过了 100 摄氏度。"也就是说：因为海水冷却系统被海啸损坏导致水泵无法运行，福岛第二核电站其实也已处于千钧一发的状态了。

东京的保安院紧急应对中心拜托与池田一起前往现场的保安院审议官黑木慎一说："首相目前正在现场视察，希望您能请他下达距福岛第二核电站 10 千米范围内的居民避难指示。"因为早就听说菅直人是个顾虑太多而难以决断的人，因此黑木打定主意，就说"这是经过您同意的，特此联络。"

黑木将设定避难区域的相关资料传真给了防震重要楼，菅直人利用向东京电力公司了解情况的空当读了这份资料并记了下来。会议一结束黑木立即向菅直人报告了此事。虽然有些不悦并嘀咕了句："福岛第二核电站也需要避难了啊？"但菅直人还是很快就同意了。

宣布避难指示的时间是在 12 日早晨 7 时 45 分。清晨 7 时 30 分，NHK 报道说："因为福岛第二核电站 1 号机组、2 号机组、4 号机组反应堆也已无法冷却，所以政府发布了紧急事态宣言。"

菅直人一行再次乘坐面包车回到位于防震重要楼西侧的操场后乘坐直升机离开。操场上刮着刺骨寒风。池田、内堀、黑木等 3 人并肩来为他们送行。大概引擎被冻住了，螺旋桨好长时间都无法动弹，飞机无法马上起飞。看着眼前这一幕，池田颇有感触地想：对政治家来说，最重要的莫过于大局意识。目前日本所面临的灾难不仅是福岛核电站事故，还有地震和海啸。在灾民最有生存可能的黄金72小时里，首相必须稳住大局起到指挥者的作用才行。身为首相，必须具备与之相称的言行举止，然而，在眼前的菅直人身上这些却都很难感受到。

　　曾是日本社会党成员的池田一度对中曾根康弘的印象很差。在与他所尊敬的椎名悦三郎、前尾繁三郎、滩尾弘吉等老政治家们碰面时，他经常会流露出一些对中曾根的负面评论。但在中曾根担任首相之后，池田对他的看法却有所改变——因为中曾根有时会打坐。倒不一定都得用打坐这种方式，但在池田看来，首相就必须每天都有时间深思，哪怕只是很短的时间。像小老鼠一样成天转来转去的人是无法胜任首相这个职务的。他又回想起发生地震那天，在参议院决算委员会上似乎已被逼到绝境的那个看起来心惊胆战的菅直人。难道他认为对他的首相生涯而言，应对福岛核电站事故是一个起死回生的机会吗？这想法可真太非比寻常了。

　　清晨8时11分，直升机在福岛第一核电站附近盘旋后起飞了。池田向黑木他们致歉道："同为政治家，我感到很难为情，实在抱歉。"

值得信赖的男人

　　"喂，寺田，是什么东西在叫？"坐在直升机上的菅直人对寺田说道。放射线测量仪器在发出"哔""哔"的声音。寺田将菅直人防灾服胸前的测量仪器按钮关掉后，响声停止了。

经寺田提醒，直升机里的菅直人才注意到，离开福岛时池田来送了他们。不仅如此，接机和与吉田开会时，池田也都在场，但当时菅直人却完全没有注意到。

一阵饥饿感袭来。菅直人手都没洗就直接将饭团捏在手里大口吃了起来。他们在霞目换乘直升机到灾区视察。一动不动地凝视着眼前景象的菅直人感叹道："这可与阪神·淡路大地震时的情形大不同啊！"

1995 年阪神·淡路大地震时，菅直人曾在第一时间地赶往灾区视察。当时受灾地区主要集中在神户，神户旁边的大阪几乎没受到灾害。然而这次却不同，几乎每一处都被水淹没着，甚至已经分不清哪里是大海，哪里是海啸涌进来的海水。

下村看到这个场景，也不禁在心里感慨：整个日本都好似沉没了。这时，大家都看到水中漂浮着一块巨大的瓦楞板一样的东西。仔细一看才发现，那是仙台机场的屋顶，因为周围都是水，所以屋顶看起来就像瓦楞板一样。

SUPER PUMA 在上午 10 时 47 分到达了官邸屋顶。视察时间总共用时 4 个半小时。菅直人回到首相办公室时，福山迎上来说："吉田站长这个人没问题，很值得信赖，可以共事。"

敢死队

上午 8 时多，结束了与菅直人的会谈回到紧急应对室的吉田指示说："争取 9 时排气。"为此将不得不派人进入 1 号机组核反应堆厂房内去打开阀门。这里曾由于辐射量陡增而无法进入。因为没有电源，所以无法启动远程操作的电源驱动阀，只能手动打开存储容器中的排气阀门和 S/C（控制室）的排气阀小阀门。

吉田通过核电站对策总部发电班向值班员提出请求："虽然很可能遭到大量的辐射，但还是希望有人能够到现场手动打开阀门。"换句话说，就是希望有"敢死队"能冲进核反应堆。

值班员同意了。在防震重要楼的 1 楼，"敢死队"马上就要出发了。每队 20 人，共 5 队的人站在那里。放射线作业管理小组的工作人员正在为他们穿上防护服。20 多岁的女性工作人员，将队员所穿防护服的接缝处全都贴上了胶布。她们自愿留在核电站，没有进行避难。

操作人员们一个个面色苍白，身体不由地发抖。核反应堆中不仅放射线量很高，中途还有发生余震的可能性。值班员戴着防护面具，穿着防护服向中央控制室的 2 号机组方向走去。马上就要进入核反应堆内打开排气阀了。"敢死队"2 人 1 组，总共分成 3 个班。如果 3 个班同时进入现场，就会无法与中央控制室取得联络，而且在紧急避难时也有可能出现救援困难。于是，每次只进入一个班，当一个班操作完毕回到中央控制室之后，下一个班再出发。尽管如此，还是必须做好将承受大剂量辐射的心理准备。因此，"敢死队"中没有年轻队员，每个班都由值班长和副值班长组成。

东京电力的核电站由协作企业的承包企业群的工作人员组成。但是，设备运转是东京电力唯一不依存合作企业的领域。这是操作人员们互相见证专业水准与彼此间坚固纽带的神圣领域。

快被熔化的靴子

上午 9 时 02 分，东京电力确认发电站周边的居民避难已经结束。2 分钟后，值班长伊泽郁夫在紧急对策室发出了排气的命令。接着，第一班前往现场实施排气。

他们身着防护服、耐火服、长靴，戴着口罩与黄色的安全帽。胸前的口袋里装着放射线测量警报器（APD）。放射线测量警报器在超过 80 毫西弗时就会发出警报声。2 人拿着手电筒进入了 1 号机组核反应堆厂房。其中一人手里还拎着重 1 千克的测量仪。

核反应堆内温度超过了 40 度，一片漆黑。水蒸气在不断地喷出，放射线量相当高。必须在 15 分钟内结束作战。

第一班依靠手电筒的亮光，向装有反应堆存储容器排气阀的 2 层走去。9 时 15 分，他们手动将阀门打开了 25%，然后回到了中央控制室。9 时 24 分左右，第二班为打开 S/C 排气阀的小阀门进入核反应堆厂房。由于不能降低氧气的含量，所以连呼吸都要尽量控制。虽然心里这样想着，他们还是小跑着进入了 1 号机组厂房。在进入双侧门之前，两人还出声地给自己鼓了鼓劲儿。然而，谁都不知道门里面是什么状况。

他们走到环形室，在通往狭小通道的地方看到测量仪的指针在每小时 90～100 毫西弗处摆动着。环形室是存储容器下部放置 S/C 的部分，长台是作业通道。过了一会儿，测量仪的指针因为爆表停止了晃动。第二班回到了中央控制室。伊泽认为，很难再在核反应堆厂房内进行操作了。于是中断了第三班的作业。

21 时 30 分，东京电力向保安院口头汇报说："我们打开了福岛第一核电站 1 号机组的第一个阀门。"这个消息立即传到当时正在官邸的海江田那里。海江田心想，终于打开了排气阀。但是还有一个阀门，如果不打开第二个阀门，反应堆内的压力应该不会下降。他祈祷着另一个阀门也能顺利打开。

12 日，过了中午 12 时，召开了第三次核能灾害对策总部会议。海江田在会上报告说："现在，两个阀门中已经打开了一个，另一个阀门因为附近放射线量太高而无法靠近，东京电力正在调整操作程序。"

这期间，发电站对策总部拜托合作企业帮忙找到了可搬运式空气压缩机和转接器。在 S/C 排气阀门中，除了小阀门以外还有一个大阀门。打开大阀门时需要运送空气的空气压缩机。而福岛第一核电站中没有准备可搬运式的空气压缩机及将它与配管连接的转接器，寻找这两样东西花费了不少时间。

14 时左右，东京电力公司启动可搬运式空气压缩机向配管中注入空气后，1 号机组干井（D/W）的压力降低了。NHK 播放了 1 号机组排出白烟的画面。

14 时 30 分左右，海江田得到"第二个阀门已打开"的消息。15 时 18 分，吉田根据 14 时 30 分 1 号机组的排气情况判断"已经有放射性物质泄露"，并向政府汇报了此事。

在紧急事态应急对策中心执勤的核能安全委员会的官员们也向位于内阁府的总部报告说看到有蒸汽状物质飘出来。听到这个消息的班目舒了一口气，心想：只要有蒸汽排出，就说明存储容器还在继续运转。

迟迟不排气的原因？

在吉田确认排气成功之前的 14 时 02 分。紧急应对中心向核能安全委员会发送了一封传真。上面写着："关于福岛第一核电站 1 号机组无法进行耐压排气时的现象预测。如果耐压排气无法进行，存储容器的压力达到耐压上限的 3 倍时，约 10 小时后就会释放出大量的放射性物质。这时，炉芯内置量中会释放出 100% 稀有气体，碘、铯各占 10%，锶及其他不满 1% 估计基地内的放射线量会达到几希沃特以上。根据天气状况，距离发电站 3 至 5 千米范围内的居民也极有可能遭受辐射。"压力如果继续这样升高的话，中午 11 时左右存储容器内的压力就会达到 1200 千帕斯卡，从而导致存储容器受损。这封传真的内容就是预测存储容器爆炸的过程，同样内容的传真也被送到了官邸。

这封传真的内容就是预测存储容器爆炸的过程，同样内容的传真也被送到了首相官邸。

即便如此，1 号机组的排气好歹算是成功了。此时距决定实施排气已经过了 14 个半小时、距政府下达排气命令也已 7 个半小时，而排气过程又有 4 个多小时。

为什么推迟了排气呢？被问到这个问题的东京电力社长清水正孝的回答如下。

记者："排气的实施比政府的命令晚了很久，是社长您推迟排气的吗？"

清水："正如大家所知，现场所有外部电源均已无法使用，工作人员在非常困难的条件下被强令进行作业，实际工作的落实也确实花费了一些时间。"

记者："11日是谁在指挥核电站？这期间反应堆压力容器的压力一直在升高。12日清晨5时左右，放射性物质开始向外界释放。当时又是谁在应对？"

清水："因为当时我不在东京，所以由核能紧急对策总部委托副总部长在代行我的职能，我也全权委托了他。"

记者："副总部长是谁？"

清水："是武藤副社长。"

然而，武藤在当时那么重要的局势下却飞到了现场，并没有在总部的指挥部中进行指挥。

官邸与东京电力之间的不信任根深蒂固。两者之间别说信任，连最基本的沟通都几乎没有。对于东京电力未能迅速地决定排气这件事情，菅直人怀疑，从3月11日的傍晚到3月12日的中午，东京电力的两名主要领导同时不在东京电力总部，这才是东京电力无法下判断的主要原因。

菅直人一直心存疑虑：为什么是武黑出的面呢？事故发生之初，从3月11日到12日中午，作为经营者高层的两人却都不在总部。东京电力不实施排气到底是因为技术上的问题？还是因为两名领导者都不在难以定夺呢？菅直人觉得东京电力是个比官僚机构还要官僚的机构。正因为谁都不想承担风险，所以才做不了重要的决定。

同样地，海江田也对东电公司持怀疑和不信任的态度。海江田曾多次在危机管理中心的二楼警告过武黑等人："你们再这样在排气问题上犹豫不决，我可就下要命令了!"最后，根据《反应堆等规制法》，海江田终于下决心命令他们排气。因为海江田认为，从东京电力的经营体制来看，如果不下命令的话他们可能一直都不会实施排气。这种不信任，不仅仅停留在两名经营领导者是否在总部这个层面。

某位官邸工作人员当时也对东京电力是否故意推迟排气表示过怀疑。他说："如果进行排气，操作人员就得冒遭受大剂量辐射的风险，而东京电力不想做如此重大的决定，他们认为这种风险最好由政府来一起承担。因此，东京电力没有独自做决定，而是希望首相来定夺。换言之，在他们看来，让政府下命令才是上策。"

在视察了福岛第一核电站之后，菅直人就被在野党追问视察是否是"初期应对中的一个致命错误"？他们批评菅直人到核电站视察是导致排气被推迟的原因。因为菅直人去福岛第一核电站视察而让吉田耽误了一些时间，很可能妨碍了现场的危机应对。

对此吉田也表达了自己的批评态度："尽管这么说也许会让大家认为我是在找借口，但因为首相的到来，我的注意力全部集中在他身上，因此耽误了大约两小时。当时所有操作都要听从我的指挥，周围的行动也不得不因此停了下来。"

根据东京电力后来发表的1号机组运行日志记录显示，中央控制室的白板上，从菅直人乘直升机来视察的6

时 29 分，到他离开核电站转往下一处视察的上午 9 时 04 分为止，约两个半小时的时间段中没有任何记录。

加上"菅直人的视察一定是为了将国民的视线从政治捐款丑闻中转移过来"的反对之声，这种批评后来持续了相当一段时间。还有评论说，民主党政权的"政治主导"过度介入核电站的事故现场，从而扰乱了指挥命令系统。东京电力公司在事后的报告书上陈述说，在对存储容器实施排气的问题上，"在核电站站长得出结论并得到社长的许可之后，还向政府提交了申请"，承认基于"放射线物质排放注意事项"的相关规定曾寻求过政府的参与。

让我们再回到"排气晚了"这件事上来。到底什么是导致现场推迟排气的最主要原因？他们的最大误算和最大的阻碍因素又是什么呢？

对此，《政府事故调查》中得出的结论是：11 日晚上，由于 2 号机组的反应堆隔离冷却系统冷却功能无法使用，加剧了吉田对 2 号机组的危机感。他误以为 1 号机组的紧急复水器还在运转，没有意识到需要对 1 号机组排气的迫切性。而且他原本就对反应堆存储容器实施排气这个决定有些犹豫不决。《政府事故调查》认为致命的错误就在于对危机最关键点的误判，好比是衣服系错了第一颗纽扣。此外，1 号机组核反应堆厂房内辐射量的上升，也是实施排气的一个重要阻碍。

12 日从早晨 4 时到 5 时，1 号机组核反应堆内的放射线量异常上升，甚至都很难在中央控制室的 1 号机组附近停留。如果对 1 号机组进行排气，就不得不面对每小时 300 毫西弗的恶劣环境。根据美国核恐怖活动应对指南中的相关规定，在核辐射超过每小时 100 毫西弗的环境中应该减少活动。此时进入核反应堆的话会有性命之忧。并且，余震也使操作变得更加困难。

另一方面，没能将排气和居民避难这两个问题有机地结合起来制定一个现场和紧急事态应急对策中心之间的有效合作计划，也颇为令人失望。因为在"安全神话"主导下的核能安全规制的现行体制下，是不可能拟订出一个假设需要实施排气的居民避难防灾计划来的。

黎明时分，在得知大熊町的居民避难还没有全部结束后，经与福岛县方面协商，东京电力决定等避难结束后再实施排气。等到吉田确认大熊町居民避难工作结束已是上午 9 时过了，之后值班员才前往排气（虽然彼时大熊町的医院里还留下了一些患者。关于这点请参照第 6 章"危急之雾"）。

2011 年 5 月访问福岛核电站时，细野有一件无论如何都想向吉田等现场人员进行确认的事，那就是：东京电力到底是想排气而无法排气，还是压根就没打算实施排气？他们对此的回答都是："想排气却没能排成""无法简单地在外部进行排气""为防范恐怖分子而对罐体进行了严格密封""我们是手动排的气，确实不得不花费很长时间"……谁也没有提到辐射量的问题。看着他们的眼睛，细野知道：这些人都没撒谎。

地震之后，当时的值班长伊泽郁夫就被调到了福岛第二核电站，他所受到辐射量达到了每年 250 毫西弗。法令规定，从事紧急作业期间受到的辐射量上限为每年 100 毫西弗，但在 3 月 14 日，特别是在不得不进行紧急作业的情况下，辐射量的上限被提升到了每年 250 毫西弗。在事故的处理过程中，有 6 人所受辐射量都超过了这个每年 250 毫西弗的标准。

第 4 章

发生氢爆炸的一号机组

班目先生，那是什么？

正当菅直人自信地向在野党的领导者转达此说法时，1号机组就发生了班目曾断言说"绝不可能"发生的氢爆炸。东京电力没有冲在前面，而让合作企业率先前去进行注水作业。

"班目，这到底是怎么回事？"12日15时36分，随着一声巨响，福岛第一核电站1号机组的核反应堆上部碎片四溅。随后中央控制室（1号和2号机组）上下剧烈摇晃，白色的尘埃顷刻间便覆盖了整个房间。"戴上口罩！"所有人被要求立即戴上口罩。突然，"咚"的一声，天花板上的天窗悬挂在了半空并不断地摇晃着。

"啊？存储容器爆炸了！""我们是不是要死在这里了？"房间里的员工们脑子里闪过这一恐怖的念头。这时，不知谁拿起辐射测量仪对着光快速确认了上面的数据后说道："咦？数据居然没有上升？！""应该没事儿吧？""中央操作室的天花板没那么结实吧？""赶紧关上紧急用门，别让外面的空气进来！"所幸防震重要楼的直拨电话还能正常使用。当防震重要楼强烈晃动时，坐在里面的人一下被甩到了距原地30厘米开外。"又是地震吗？"有人问道。

福岛第一核电站的吉田昌郎站长马上反应过来："是不是1号机组爆炸了？"因为爆炸产生的冲击波，防震重要楼内侧的大门发生了变形，第二道门也动不了了。防震重要楼里的人们陷入了恐慌。协作企业的工作人员嚷嚷道：
"快放我们走!"而想逃进大楼避难的人们则因为进不来而
四处奔逃着。有人拿来撬杠对门进行复位后，门才终于又
能打开了。这时，有白色的东西从空中掉了下来。后来，
涡轮发电机房外的工作人员证实："当时，抬头望去，空
中大大小小的瓦砾纷纷杨杨地掉了下来。"

此时，菅直人首相正在位于首相官邸四楼的大会议室
里与在野党党首进行会谈。这是继 11 日傍晚后执政党和
在野党举行的第二次会谈。来年的预算案和相关法案获得
通过后，执政党想尽快编制下一年度的补充预算，而在野
党却对此持反对态度。他们主张暂时将让国会休会，并尽
快让本年度的补充预算方案获得通过。

在党首会谈上，菅直人满腹自信地向在野党的党首们
简要说明了当天早晨视察福岛第一核电站的情况。他深信
核电站不可能发生氢爆炸。因为菅直人清楚地记得在去福
岛第一核电站的直升机里与核能安全委员会委员长班目春
树的对话。

菅直人："2 号机组之后的核反应堆都配有反应堆隔离
冷却系统，但 1 号机组配的却是紧急复水器。紧急复水器
是什么? 和反应堆隔离冷却系统有什么不同? 如果堆芯里
的被覆管与水发生反应结果又将会怎样?"

班目："会产生氢气。"

菅直人："那如果氢气被释放出来，岂不是要发生氢爆

炸吗?"

班目:"不会的。即使压力容器中产生了氢气,它也会首先跑到存储容器里。在存储容器中,氢气会被全部置换成氮气,因为没有氧气所以不会发生氢爆炸。再通过排风将氮气从烟囱顶部排出,虽然会发生燃烧,但不会发生氢爆炸。"

听了班目如此肯定的回答,回到东京后的菅直人便对秘书们说:"核电站是不会发生氢爆炸的。"并对在野党的党首们宣布了此事,以充分展示他对此的"熟悉"程度。

16时多,结束党首会议后菅直人回到了首相办公室。此时,官房副长官福山哲郎和班目已经在房间里等他了。内阁危机管理总监伊藤哲郎也立即从位于地下一层的危机管理中心赶了过来。

"从福岛第一核电站发出爆炸声,并且烟雾弥漫。"爆炸后5分钟,偶然经过附近的警官提供了目击报告:"听到'咚'的一声响,紧接着看到从1号机组冒出白烟状物体。"

菅直人问班目:"白烟是什么?"班目回答说:"应该是火灾吧!可能是挥发性物体烧起来了。"于是又叫来了东京电力的联络员武黑一郎。面对菅直人的质询,武黑的应答却只是:"没听说""我问一下总部"等等。给东京电力总部打过电话后,武黑说:"总部也说没听说过此事"。这时首相辅佐官寺田学冲进来说:"首相,1号机组反应堆爆炸了!请马上开电视。"说完立即拿起遥控器来调频道。

电视里正在播放日本电视台的特别新闻："来自福岛方面的消息。现在播报关于核电站的新闻。现在的画面是 15时 36 分左右福岛第一核电站的情况。可以看到画面上有被认为是水蒸气的物体从福岛第一核电站喷出。这个疑似水蒸气的物质看来是从福岛第一核电站的 1 号机组附近喷出来的。"

画面上，1 号机组的反应堆碎片正四处飞散，白烟不断地向空中弥漫奔涌着。见此情形，班目不禁双手抱头伏在桌面上说："完了！"菅直人大声吼道："这是什么？是不是爆炸了？""确实是爆炸了。"武黑回答道。

菅直人尽可能冷静地说道："班目先生，这到底是怎么一回事？"班目哑口无言。尽管他脑子里不断地在思索着，却一句话都答不上来。菅直人又说道："这是氢爆炸吗？你不是说不会发生氢爆炸的吗？"这时福山大声嚷了起来："是不是类似于切尔诺贝利的爆炸？难道发生了类似于切尔诺贝利的事故？"

班目没有直接回答福山的质问，好不容易才挤出一句话："我之前说的一直都只是存储容器的问题。"他是想说，他只想到存储容器的氢爆炸，却从没想过反应堆厂房会发生氢爆炸。

菅直人用强硬的语气对秘书官说道："发生那样的爆炸，现场的人肯定立即就知道了。为什么没有向我报告？尽早给我报告！"和班目一样，武黑一直都没能正面回答菅直人的问题。事后武黑坦白说："当时光是想到涡轮发电机冷却用水的氢爆炸，都已经令人毛骨悚然了……"

之后，菅直人打开隔壁首相接待室的大门，对海江田他们大喊道："1号机组爆炸了！现在是什么情况？"此时海江田他们正在讨论注入海水的事，没开电视机。

之后首相接待室和地下一楼的危机管理中心都陷入了混乱。大家都将疑问集中到核能安全·保安院的负责官员身上，然而得到的回答却只有"正在进行调查"。询问东京电力的员工，他们也只说"不知道""好像没有那样的事"。国家战略担当·内阁府特命担当大臣玄叶光一郎当时正好在地下一楼危机管理中心的小屋子里，电视上正在播放核电站爆炸的场景。于是，他向在场的东京电力联络员询问相关事项，得到的回答却是不知道。

虽然东京电力的联络员联系了总部，但仍然不知道爆炸的具体情况。实在不知道该如何作答的联络员说道："会不会是地震使粉尘堆满了反应堆厂房，而强烈的余震又使得粉尘都飘了出来？"率先发布1号机组爆炸消息的是福岛县的警察，他们提供了"第一核电站发出巨大声响"的消息。紧接着，在当地医院运送避难患者的双叶署的工作人员紧急通知说："有人听到爆炸声并看见了升起的白烟。"

但到底爆炸声音是从哪里发出来的？白烟又是什么？这些答案东京电力都没有提供给首相官邸。武黑曾经从 5 楼的首相接待室出来，在走廊上用手机打电话询问东京电力总部，但也没有得到可靠的回复。爆炸后 50 分钟左右的 16 时 26 分，来自东京电力方面的消息说："已经确认 15 时 40 分前后 1 号机组附近发出了爆炸声，并有白烟冒出。"还说"基地内的辐射量正在上升"。而对于爆炸的性质他们却丝毫没有提及。

政府唯一掌握的信息，就是日本电视台播放的爆炸场景。这个场景是福岛中央电视台（FCT）拍摄的。在 JCO 临界事故之后，福岛中央电视台就在距离福岛第一核电站 17 千米处富冈町的山里设置了 SD 摄像机。摄像机每一天每一秒都没有停止过对福岛第一核电站和第二核电站的拍摄。就是这个摄像机拍摄到了 1 号机组爆炸的瞬间。

爆炸场景的画面是在发生爆炸的 4 分钟后，在 FCT 紧急插入播放的。FCT 加入了以日本电视台为中心的广播公司网，所以 FCT 也把画面发送给了他们。而日本电视台播出画面的时间却是在 1 个小时后的 16 时 50 分。而在此期间，爆炸的视频已经被传到 BBC 之类的网站上，核电站发生爆炸这件事瞬间就被传开了。但是，这个画面意味着什么呢？

放映一结束日本电视台就请来了东京工业大学反应堆工学研究所所长有富正宪（核能安全委员会专门委员）对此进行解说。

主持人："刚刚这段录像中好像是什么发生了爆炸？还有像烟一样的东西？"

有富："应该是使用了爆破阀……刚才的画面中的气体是水蒸气。"

播音员："那就是说，是利用这个爆破阀有意进行的爆破？"

有富："是的。我认为是有意的。"

是反应堆发生了爆炸？还是别的东西发生了爆炸？这些都不得而知。东京电力没有给保安院，也没有给官邸汇报过任何确切的信息。虽然他们没有通知发生了什么，却很热衷于报告没发生什么。在保安院的"内部记录"上写着："东京电力请求政府向国民说明核电站并没有发生爆炸。"（2011 年 3 月 12 日 17 时 34 分）。

#edano_nero

当爆炸发生快超过 2 小时时，菅直人将官房长官枝野幸男、海江田、细野、福山还有伊藤叫到首相办公室一起商议有关避难区域的问题。班目和核能安全委员会代理委员长久木田丰也参与了讨论。

菅直人接连发问："接下来会怎样？还会发生什么爆炸？反应堆现在处于什么状态？应该让民众进行避难吗？"听着班目那慢条斯理的解说，大家都烦躁起来。菅直人又追问道："如何确定避难范围？"枝野官房长官双手抱头，思索着应该如何在记者招待会上向国民解释。此时，网上已经开始流传着"会下辐射雨"的猜测。枝野的部下们曾商量在记者招待会上辟谣，但又怕引起国民的过度恐慌只好作罢。枝野那边得到的消息只有"1 号机组附近发出巨大响声并伴有白烟飘起"和东京电力的宣传资料"本公司进行设备安全工作的两名员工及协作企业的两名操作员受了伤"，以及当地警察提供的消息"听到爆炸声，看到白烟"。

虽然发生了爆炸，但根据之后的测量，并没有发现放射线量的上升。菅直人、枝野及福山关于此问题进行了一番讨论。福山对枝野说："等我们再了解一些关于爆炸的情况之后再召开记者招待会，怎么样？"的确，政府基本没有得到任何消息，什么都回答不了。如果现在召开记者招待会，就相当于告诉全日本的国民"政府什么都不知道"。这样必定会增加国民对政府的不信任。

枝野先是应了一声，沉思片刻后又斩钉截铁地说："我看还是照常开吧。现在爆炸的画面已经流传开了，如果迟迟不召开记者招待会，会让民众认为政府不作为，在刻意隐瞒什么，这样反倒会使国民不安。所以我认为还是应该按原计划召开记者招待会。"在旁听完的菅直人也支持说："嗯，那就还是开吧。"于是，枝野就这样"两手空空"地召开了记者招待会。

17时47分，在官邸记者接待室里召开的记者招待会上，官房长官枝野说："如报道所述，有关福岛第一核电站的相关事项，目前还无法确认是否与反应堆本身有关，我们所得到的消息只是说那里发生了爆炸现象。"急中生智中，枝野居然想出了"爆炸现象"这个无奈的表达方式来。

20时40分，枝野再次召开了记者招待会。"有关今天15时38分发生的爆炸，现根据东京电力发来的报告特向大家说明如下。核设施是被钢制的存储容器覆盖着的，外面又覆盖了一层钢筋混凝土建成的厂房。这次的爆炸已经确认是厂房的墙壁发生了崩裂，而并非来自存储容器。爆炸的原因是由于堆芯中的水量过少而产生了水蒸气，水蒸气跑到存储容器与厂房之间的过程中变成了氢气，而氢气遇到氧气后便发生了爆炸。"枝野在这次发言中确认了"爆炸现象"是"氢爆炸"。但他同时也强调了一点："即使1号机组厂房破损了，但存储容器还是完好的。外部仪器显示，辐射量不仅没有升高反而还在下降。堆芯也正在冷却。"

其实，1号机组的氢爆炸给东京电力和政府带来的打击是无法估量的。吉田后来说："那时我已经做好了死的准备。"保安院也陷入了恐慌。爆炸发生后，防卫省官房审议官铃木英夫给保安部的一名熟人打电话询问情况。对方说："如果1号机组爆炸了的话，那么7个反应堆都会相继发生爆炸。那样的话，10 千米范围内就都会限制进入，居民必须进行避难。换言之，福岛第二核电站的相关人员将不得不撤走。局势失控至此的话，东京也将陷入危境之中。"

12 日晚上将近 21 时时，经济产业省出身的首相秘书贞森惠祐被枝野叫了过去。枝野拿了张照片给贞森看并严厉地问道："外面流传的那些都是真的吗？"照片上是正在播放的全国新闻节目，其中东京电力的福岛事务所正用爆炸后核反应堆的照片进行着说明。政府从不知道东京电力拍过照，更没从东京电力那里得到过任何消息。枝野对贞森说："好好查一下，东京电力是否给首相官邸发来过照片？"之后，枝野当场给东京电力的清水正孝社长打电话说："贵司现在到底是个什么情况？"

12 日 22 时 05 分，在首相官邸里召开了第四次核能灾害对策总部会议。海江田发言道："据来自东京电力的报告，监测车在核电站区域内检测到每小时超过 500 微西弗的辐射量。因此，根据核能灾害对策特别措施法第 15 条，于 17 时 38 分发布了核能紧急事态宣言。"玄叶也认为必须对事态往最坏方向发展做好准备。对此营直人并没有直接回应，而是问道："会变成切尔诺贝利那样吗？会不会也像三里岛那样发生堆芯熔解？"

次日（13 日）是个星期天。14 时左右，清水来到官邸的官房长官室，向枝野说明了 1 号机组爆炸的相关情况。之后，清水小心翼翼地问道："我能见一下首相吗？"于是，枝野带清水来到首相办公室并向菅直人作了介绍。枝野以为清水是来向菅直人汇报1号机组爆炸的事，没想到他却从第二天的停电计划开始讲了起来。当他说完正打算起身离开时，一直沉默着的菅直人留住了他，问道："你要说的就只有这些吗？1号机组发生爆炸后，没有收到来自东京电力的任何消息。贵公司的联络机制真的没有问题吗？"

13日21时35分召开的第六次核能灾害对策总部会上，菅直人陈述了以下内容："非常遗憾，福岛核电站目前的状况还是非常令人担忧。这次的地震、海啸以及核电站的问题，是我们在"二战"后遇到过的最大危机。"

海江田接着说道："3号机组的堆芯现在已经露出，可能会发生燃料损伤。核反应堆中可能还有氢气滞留，为防止发生氢爆炸，我们正在讨论将氢气排出核反应堆的方案。"经由这次氢爆炸，菅直人对班目的评价大打折扣。但核能专家们几乎谁都没能预测到核反应堆厂房会发生氢爆炸，也就是说，没预料到会发生氢爆炸的并不仅只班目一人。

这时却突然冒出了许多枝野的声援者来。博客上突然频频有人发出"枝野，睡一觉吧！""枝野，加油！"等对枝野的声援声。13日，政府决定让内阁宣传室的3名年轻职员每8小时一班、24小时滚动更新推特（twitter）（@Kantei_Saigai）。更新内容主要为官房长官在官邸里召开的记者招待会视频、首相或大臣的发言以及官房副长官福山哲郎关于放射线（《微西弗是什么》）的说明链接等。网民们通过电视或网络看了枝野召开记者招待会的直播视频后，便开始在推特上用「#edano_nero」的标签表达对枝野的支持。

11 日以来，枝野连续召开了好几次官房长官记者招待会，并以冷静的态度、谨慎的言辞干脆利落地回答了记者抛来的各种问题。40 来岁的枝野显得既年轻又健康，穿着防灾服的身体看起来很富有活力。枝野的这些出色表现不仅博得了许多年轻人的好感，还得到了大量来自二三十岁女性的热情鼓励。那些在网上声援枝野的人在肯定枝野的工作的同时，也希望他能抽出时间休息一下。

枝野自己并没时间去网上看那些声援他的信息，都是负责宣传的秘书悄悄地告诉他。#edano_nero 兴起之后，网上又流传起了 #kan_okiro 的标签，网民们在这里将菅直人批得体无完肤。这些如果让枝野，不，要是让菅直人看到了的话，后果将不堪设想，官邸的职员们都因此感到神经极度紧张。后来，枝野更切身感受到了面对危机与国民的交流是件多么困难的事。

内阁举行的官方记者招待会，除会见首相以外，内阁官房长官会对内阁记者团召开每天上午与下午两次官房长官记者招待会。不过，各省厅还有各自的记者团，每天也要举行记者招待会或简单说明会。

网络，尤其是推特的出现彻底动摇了一直以来政府的信息垄断和官方的评价及见解。2010 年，日本的网民数已经达到总人口数的 78%。1995 年阪神大地震时网络还并不普及，正是由于那次大地震，加速并使日本的网络从那年秋天开始普及起来。东日本大地震中，网络成了大家确认彼此是否安全的主要媒介。福岛核电站事故中网络也发挥了巨大作用。市民们结合国际消息和评论，利用开放的信息空间，成立了各种信息交换平台。

随着辐射量的上升和居民避难的实施，民众的情绪愈发紧张起来，因此在记者招待会上枝野"不会立即受到影响"这一表达方式的使用频率也越来越高。这个表达本身是没有问题的，但即便事实确实是不会"立即"受到影响，可长远的将来呢？也就是说，民众希望得到现在及以后两个时间段的答案，而枝野却只说了一方面，因此这令大家都很不安。

虽然政府什么都不说会让人感到不安，但危急关头，政府却对很多情况都不了解，又如何向民众传达？以至于枝野只能"两手空空"地去召开记者招待会，而且只能用"爆炸现象"这种模糊的言辞向民众传达危机的真相。枝野身处的，就是这样一个两难的困境。

注入海水

11 日清晨 5 时多。吉田指示说得开始商量用消防车向第一核电站 1 号机组和 2 号机组注水的问题了。现在必须考虑让防火水槽的水连接涡轮发电机房的注水口并实施注水的措施。

在 2007 年的中越海岸地震中，东京电力柏崎刈羽核电站曾发生过火灾事故，所以东京电力以此为戒，在各核电站内都配备了消防车，其中 3 台被配置到了福岛第一核电站。

当时东京电力把消防工作委托给了南明兴产和日本核能防护机构（原防）这两家合作单位。于是南明兴产在福岛第一核电站的正门附近设置了办公室，并成立了由 2 台消防车、9 人组成的 3 班 24 小时制的消防队。

而且，南明兴产也不认为向反应堆注水属于自己受托的业务内容。12 日凌晨 2 时多，核电站策总部请正在防震重要楼里待命的南明兴产的员工说："能否请你们去确认一下 1 号机组涡轮发电机房的送水口并用消防车进行注水。"虽然同意了这个请求，但南明兴产的员工并不知道 1 号机组涡轮厂房的送水口在哪里，就连核电站对策总部也不知道。所以核电站对策总部发电部门的负责人带南明兴产的员工到了现场，但因为没找到送水口，大家只好在图纸上再次确认后，与熟悉情况的操作人员一起又回到现场才找到了送水口的位置。

12日凌晨4时，南明兴产的操作人员利用消防车开始向反应堆内注水。凌晨4时20分左右，1号机组涡轮发电机房附近的放射线量开始上升。"放射线量已经上升了，我们没办法继续进行工作了。"南明兴产为防止工作人员受到放射线伤害，要求中断注水工作。

让南明兴产的员工们感到难以理解的是，为什么东京电力自卫消防队的队员们自己不来，却让他们来现场作业。而且跟他们一起确认送水口的也不是自卫消防队的队员，而是发电班的员工。自卫消防队以不知道送水口的位置为由拒绝同行。为什么只有南明兴产的员工必须在辐射量如此高的地方冒死工作呢？

面对南明兴产的质疑，核电站方面说："这次我们让自卫消防队的队员们也来，拜托你们一定不要撤离。"经这么一说，南明兴产也只好妥协。清晨5时过，为了向1号机组实施注水作业，自卫消防队和南明兴产的员工乘坐消防车一起前往1号机组附近的涡轮发电机房。可现场却接二连三出现让人头疼的状况。

因为利用消防车进行替代注水的指示是上级领导突然下达的，所以哪个部门都不觉得替代注水是自己的工作。这个操作本身就是在大家的意料之外，虽然当淡水注水的水源枯竭时，就应该转为注入海水，但在此之前却从未进行过有关海水注入的准备。因此，在连接注水线上耽搁了很长时间。结果完成 1 号机组反应堆的替代注水是在早晨的 5 时 46 分。至此，距离无法使用交流电源已过去了 14 个多小时。

12 日清晨的 6 时到 7 时之间，来了两台自卫队的消防车。10 时 52 分，柏崎刈羽发电站的一台消防车也到了。这样，福岛第一核电站的灭火能力便大大增强了。但淡水水源却明显越来越少。因为没有可替代水源，所以除了注入海水外别无选择。

12 日中午时分，吉田决定向 1 号机组反应堆内注入海水，并要求核电站对策总部修复组和自卫消防队讨论具体实施方案。不到 15 时，防火水槽中的水已经全部用光了。3 时后，虽然东京电力向保安院通报了"注入海水"的计划，但该计划却迟迟没有得以实施。

海江田万里想再次发布"命令"。他认为"就像上次排气一样，如果不发号施令，东京电力就不会行动。"海江田对秘书说："无论是政府还是东京电力，都应该负责任地注入海水，再这样磨磨蹭蹭的话，我就下命令了。"

15 时 20 分，东京电力向保安院发来传真，预告说将注入海水并将于 15 时 30 分开始准备，之后就发生了 1 号机组的爆炸。核反应堆厂房五楼的墙壁全部被炸飞，只剩下了露在外面的钢筋框架。现场施工的两名东京电力员工和两名南明兴产员工也负了伤，必须尽快对他们进行救治和运送。其余人员都逃进了防震重要楼。

因为厂房的铁皮被放射性物质污染，加上四处散落的瓦砾，核电站基地内的辐射量急剧上升，工作环境一下子恶化起来。16时27分，吉田根据《核灾法》第15条第1项规定的特定事态（基地境内放射线量异常上升），向政府报告了此事。

为1号机组注入海水而准备的三台消防车的消防管也坏了，因此必须先清理瓦砾，再将新消防管从几百米远的3号机组涡轮发电机房前的逆洗阀坑铺设到1号机组的涡轮发电机房送水口处。南明兴产的员工也被动员参与了这项作业。因为从保安院派去的4名保安检察官于这天清晨从第一核电站逃到了紧急事态应急对策中心，没在核电站现场，所以保安院当时并不知道现场的紧张状况。

17时55分，根据有关法律规定的第64条第3项，海江田发出了注入海水的命令。海江田对武黑说："虽然我身为经济产业大臣可以向东京电力社长发布命令，但还是想通过你转达给社长。"说完他便指示平冈说："另外起草文件！"（保安部的文件在20时多时发了出去。）

会再次发生临界事故吗？

18时左右，菅直人在首相官邸办公室召开了注入海水的相关会议。海江田、细野、班目、保安院次长平冈英治以及武黑都出席了会议。海江田本想将自己发布了注入海水命令一事汇报给大家的，但菅直人却直接开始了讨论。

菅直人提出了两个问题，第一个问题："既然发生了氢爆炸，配管是否有损伤？这点必须进行确认。"第二个问题："有没有发生再临界的可能性？如果有，又该如何应对？"

所谓临界，就是铀和钚等物质接近引起核分裂连锁的一种非常危险的状态。这些物质聚集到一处并达到一定的量时，就会突然产生核分裂的连锁反应，从而导致大量辐射和热量的产生。日本曾经在1999年的东海村发生过JCO临界事故。根据国际标准，那次事故的等级被判定为四级（造成局部影响的事故）。

菅直人对1999年的JCO临界事故记忆犹新，因此他很担心会不会再次发生临界事故。其实，担心这个的不仅仅是菅直人，在东京电力的电视会议中，现场每天都会向总部汇报是否检测到中子。

关于配管是否损伤的问题，武黑的回答是："已经确认水泵仍然完好。但还未进行配管的确认工作。"关于临界危险的问题，平冈认为："发生临界的可能性并不高。"武黑也持同样观点。"技术上很难实现临界。临界发生的条件是十分复杂的。不会因为注入了一些含有杂质的海水就出现临界。"

菅直人望向班目，班目含糊其辞地说道"如果保安院都这么说的话……"菅直人冲他吼道:"说你自己的想法!是不是绝对不可能发生临界?""不是的,有发生的可能。""到底会不会发生?"班目用几乎听不见的声音说:"虽然我认为发生的可能性不大,但也不能说完全不可能。"听到这句话,细野心里一惊:"难道真有发生再临界的可能?"

菅直人对班目这种模棱两可的表达怒不可遏,呵斥他道:"你当时不是还说不可能发生氢爆炸吗?"与会人员能感觉出首相已经听不进班目所说的任何话了。但班目还是拖着哭腔说:"总之,现在必须注水。""用海水淹没反应堆吧。"可如果必须注入海水的话,福岛第一核电站的现场准备好了吗?武黑认为,1号机组发生的氢爆炸很可能已经损坏了消防管,而更换消防管还需要一到两个小时。

菅直人纠结再临界发生可能性的另外一个重要原因,是因为这也关乎居民避难区域的扩大问题。如果发生再临界,就必须将现在的10千米范围内的避难扩大至20千米。对此大家都没有异议。此外菅直人还质疑道:"海水中的盐分会不会产生不好的影响?"并命令技术工作人员仔细研究。

最后菅直人决定暂时休会,两小时后再次集结并得出结论。休会期间,武黑借用官邸五楼首相秘书官的座机和休息室的座机致电东京电力总部说:"武藤君,赶紧拿出你们公司的决定来!"电话那边应该是东电的副社长武藤荣。期间武黑催促了武藤好几次,因为首相官邸对东京电力的信任度已经越来越低。就连核能安全委员会的工作人员都对迟迟不下决断的东京电力感到了怀疑:东京电力是不是对注入海水还心存疑虑? 如果注入了海水的话反应堆是否就报废了? 那样的话东京电力每座反应堆就要损失3000到4000亿日元。对于东京电力来说,1号机组发生爆炸是没有办法的事,现在是不是在尽可能避免向2、3号机组注入海水?

　　暂停了在首相办公室的讨论后,大家便在首相接待室里整理"首相所关心的事项"。经济产业省总务课长柳濑唯夫将这些事项分别归类为东京电力、保安院、核能安全委员会等不同的课题。

　　当天16时左右,柳濑正在经济产业省的事务次官室里与经济产业副大臣松下忠洋、经济产业事务次官松永和夫以及官房长上田隆之等人一起商量事情,经济产业审议官冈田秀一突然冲进来大声喊道:"不得了了! 快看4频道! 4频道!"电视画面被从NHK切换到了日本电视台,出现了1号机组发生爆炸的影像。不知谁问了句:"呃? 墙壁上哪儿去了?"大家看得目瞪口呆,谁都说不出话来。

　　过了一会儿冈田才说:"大家都待在这里也没用。不如分头行动,一部分人员先去官邸吧!"于是,松下便和柳濑一起前往官邸。柳濑在自民党执政的麻生政权时曾任首相秘书，对官邸的事情十分熟悉。因此，松下才选择带柳濑一起去官邸。

一进五楼的首相接待室，松下和柳濑就看见班目正用白板在向海江田解释着什么。官邸职员、保安院、安全委员会、东京电力、东芝、日立等相关方面的联络人员似乎也都在场，屋子里挤满了人。柳濑也就站着加入了他们。菅直人进来后便开始了关于注入海水的讨论。

走完了那些虎头蛇尾的过场后，柳濑被经济产业省出身的官邸工作人员安排为整理议题的主持人。主要议题有以下几个。

- 是否有可以用来注入海水的水泵？
- 注水用的配管是否有破损的部分？
- 如何看待注入海水所引起的"副作用"？
- 注入海水后是否就能控制住反应堆（会否发生再临界）？

柳濑将上述议题整理好后，来到五楼休息室交给了保安院、安全委员会和东京电力的联络员，并跟他们约定："会议再开始时请大家说出自己的想法，我们不能迟迟拿不出结论来。"班目听到后说："现在我说什么首相都不相信不说，反倒还会起反作用，所以还是请久木田先生发言吧。"保安院请求说，如果让寺坂发言的话，菅直人的态度会很具有攻击性。因此打算临时请审议官根井寿规和平冈一同出席会议。

平冈将柳濑所提交的议题列入了保安院发言的提纲中。平冈想：这就是会议再开始之前，大家在一起商量谁来发言、说些什么、调整顺序等，也就是所谓的"彩排"。

19 时多，回到位于危机管理中心二楼的小屋后，武黑直接用手机给吉田打了个电话。吉田拿起了站长座位旁的座机。武黑对吉田说："喂！注入海水的事……正在进行。"听了吉田的这个回答武黑惊呆了："啊？什么？已经开始注水了？快停下！""为什么？"吉田已经发出了注入海水的命令，不可能让水管里的水再倒流出来。听到吉田坚持说现在不能停止注水，武黑生气地对吉田吼道："你这个家伙！你不知道，首相官邸这边还在磨磨蹭蹭地讨论到底是否要注入海水呢。""他们都说了些什么？"

后来，吉田觉得再这么问下去也没什么用便挂了电话。吉田心想：政府的指挥系统都这么犹豫不决，看来最后只能依靠自己的判断了。武黑的话让吉田感到不可思议。发生氢爆炸之后，现场人员经过一系列的努力终于完成了注入海水的各项准备，但却要在这时中止注水，这样会使反应堆的状况急剧恶化的。吉田在电视会议中极力述说着尽早注入海水的必要性，并向来到紧急事态应急对策中心的东京电力副社长武藤荣也传达了这个想法。但特别谨慎的东京电力总部却一直强调说："在没有得到首相的首肯之前，必须先中断注水作业。"

和吉田通完电话后的武黑心里非常不安。他想：只有让社长去直接劝说吉田让他停止注水了，于是他给清水打去了电话。"首相还没有正式同意注入海水，我认为还是先中止作业为好，请您让吉田站长停止作业。"武黑担心还没向首相汇报现场就自作主张注入海水，这会不利于将来的工作。

于是清水打电话给吉田让他中止注水作业。吉田反驳道："注水已经开始了，16时不是就已经发传真了吗？"清水说："现在还不能注水，在得到政府的许可前只能中断。"面对社长的要求，吉田只好应付了一句："好的，知道了。"

吉田想，这些不过是在演戏而已吧。实际上吉田已经横下心来——为了保证反应堆的状态安定，不可能中途停止注水。但既没得到首相的首肯，又不得不顾及社长的颜面，于是，吉田在电视会议中宣布："由于官邸对注水作业有指示，所以暂时中断注水。"

但在东京电力的电视会议中，吉田起身离开自己的座位，在紧急对策室里一边走着一边对负责注水作业的责任人说着什么。那位负责人是背对着电视会议屏幕坐着的。大家只能看见吉田站在他身后在他耳边小声说着什么。吉田对注水负责人说："总部可能会要求中止注水。但我们不能停止。总部来找我谈时，我会发出中断指示，但绝对不可以中止注水！知道了吧？"

第4章 发生氢爆炸的一号机组

紧急事态应急对策中心里的武藤目睹了电视会议中总部和吉田的全程对话。通过显示屏可以看到东京电力的电视会议。"由于官邸对注水作业尚在研究阶段，所以暂时中断注水"这是什么意思？武藤感到难以理解。武黑先生一定已经向官邸汇报了注入海水的请求，是首相不同意？还是首相直接给吉田站长打电话，指示他停止注水的？

19时40分，首相办公室里再次召开了会议。久木田代替班目出席了会议。细野说："请允许我先报告一件事情。"然后便向大家出示了一组数据。这些数据是福岛第一核电站正门附近的辐射量监测仪所显示的数字。1号机组的氢爆炸是发生在15时36分。最初，辐射量呈现出下降的趋势，但从15时46分开始，辐射量达到了860毫西弗。但是，16时15分（108毫西弗）和17时54分（84毫西弗）的数据又持续下降。

细野说："根据辐射量监测仪所显示的数据，我不认为是存储容器发生的爆炸。"听到这里，菅直人稍微放心了一点：不是核爆炸，最多是氢爆炸，事态应该不会发展到最坏的地步。细野又汇报说，已经确认水泵和配管都没有损伤。菅直人点点头表示知道了。

久木田叮嘱说："我认为有必要注入海水，而且为了保险起见应该在其中加入硼酸。"菅直人说："看来都已经研

究好了。那就进行注水吧。"① 至此官邸终于做出了进行注
水并加入硼酸的决定。硼酸对防止临界的发生具有一定的
效果。

---

① 保安院在 19 时 55 分，收到了首相关于海水注入的正式指示。保
安院以平冈次长的名义发布了日期为 4 月 18 日《请确认 <1 号机
组海水注入的经过 >》的文件，并在相关工作人员中传阅。文件
的内容如下。

17 时 30 分，菅直人首相召开了有关海水注入的会议。核能安全
委员长班目提出进行海水注入的建议。菅直人首相要求针对再临
界的可能性等几个技术上的议题进一步明确以及准备海水注入工
作。决定 1 个小时之后（19 时 30 分）再次召开会议。在此期间，
首相商议了有关周边地区避难区域调整的问题，在 18 时 25 分，
下达了 20 千米范围内避难的指示。19 时 30 分，会议再次开始。
关于首相提出的几点技术上的议题，核能安全委员会、核能保安
院等相关人员表达了自己的见解。也就是说，首相下达海水注入
的指示不是在 18 时而是在 19 时 55 分（保安院平冈《请确认 <1
号机组海水注入的经过 >》2011 年 4 月 18 日）。在首相办公室召
开的会议时间也不是"18 时 30 分左右"。而且根据《炉规法》下
达海水注入命令的时间也从"17 时 55 分"提前到了"17 时 30 分
左右"。这样，经济产业大臣的海水注入命令就成为了首相所召开
会议中的一个过程。被逻辑性地划入到晚上 19 时 55 分首相所下
达指示的一部分。保安院要求会议的出席者都在这份"请求确认"
上面签名，但是却遭到了班目的拒绝。班目说："我拒绝签名。19
时 55 分，首相下指示，这个我完全不能理解。"（班目春树，2011
年 12 月 17 日）。保安院的官员认为，班目之所以做出这种反应，
是担心有人因为他在关于"再临界可能性"的问题探讨中做了
"可能性不为零"的发言，造成了时间上的耽搁，所以才有一种
排斥心理（经济产业省官员，2012 年 11 月 8 日）。

注入海水原本是海江田气愤于东京电力总部犹豫不决的态度而根据炉基法下达的指示。这个指示是在17时55分发出的。之后，在菅直人召开有关该问题的会议时，海江田本该将已发出的命令通报给大家，但他却没有明确提出此事。当时，菅直人突然提出了再临界的问题。不知道是为了帮助菅直人提问，还是被菅直人的气势所压倒，或是"海江田本身特有的贴心"（语出细野豪志），总之他没有直接向菅直人汇报自己已发出注水命令一事。用海江田对平冈的话说就是："因为错过了汇报的机会，所以感觉就没有那种可以再说出来的气氛了。"

在官邸决定注入海水之后，武黑就马上给东京电力总部打去了电话："官邸已经决定实施注入海水的方针，希望你们尽快落实。"通过电视会议，核电站对策总部也收到了此消息。于是20时20分，吉田在紧急对策室里再次发布了重新开始注入海水的指示，并向总部和保安院汇报了此举。

东京电力内部统一口径为：1号机组正式注入海水的时间是20时20分，在此之前注入的海水为"试验性注入"。

罪该万死的错误

之后过了好一阵，2011年5月20日，TBS的"Newsi"

栏目报道说"1号机组的注入作业曾因官邸的指示而中断"。据说这条报道的消息源自在野党自民党的原首相安倍晋三同一天在网络上写出的"菅首相的注入海水指示是捏造的"这一弹劾菅直人的言论。"好不容易开始的注水却被菅首相制止了""为了掩盖这个事实,将最初的注水称为'试验性注入',以此来掩盖真相。菅首相的亲信又在各报纸、媒体宣称注入海水是他的英明决断。"安倍在当天在接受TBS"Newsi"采访时,面对记者们加强了对菅直人的攻势:"我听很多人说过此事,作为首相而言,这是在犯致命错误。""到处乱骂却又做出这种错误判断的首相、极力用谎言掩盖事实的官邸。他们的嘴脸真是既可恶又可悲……所有的责任都在首相身上。注水被中止了将近一个小时,这个责任应该由谁来承担?菅首相,除你之外别无他人!"1号机组的"注水中断事件"一时成为政治争论的焦点。5月23日,众议院东日本大地震复兴特别委员会的自民党总裁谷垣祯一追问菅直人道:"是不是因为首相您制止了注水作业才导致堆芯熔解的?"菅直人否认说:"我和首相官邸的成员们从未制止过此事。"

东京电力为应对核事故而制订的"安全对策"(意外管理)规定,只有核电站站长才拥有决定是否注入海水的权限。但当时首相要求亲自应对事故。东京电力会长胜俣恒久后来在国会事故调查中说:"假设我是日本首相,可能也不会轻易同意继续注水。"

至此，关于注水之事就陷入了这样一种状况：官邸的东京电力相关人员认为"没有首相的决断就无法确定注水"。因此，自民党就抓住官邸过分介入这一点加以攻击。但 5 月 26 日东京电力却发表声明称：根据吉田站长的判断，其实注水一直在进行。这一事实之所以能得到澄清，也是因为吉田昌郎站长站出来说明了真相。

吉田向总部说明了自己此举的意图："看到媒体和国会的议论，我再次认真思考了一遍。既然国际核能机构（IAEA）也派来了调查团，为了让这次事件成为能与全世界共同汲取的教训，应该遵循基本事实。"彼时国际核能机构的调查团正于 27 日开始访问福岛第一核电站。吉田认为应该向调查团说明事实真相，因此发表了上述惊人言论。吉田的这番话驳倒了那些试图以"首相制止了注水"这一理由让菅直人下台的杀手锏。企图利用制止注水事件夺权的自民党因此受到了打击。

虽然没有出席 12 日 18 时开始的那场关于注入海水的会议，但当后来大家指责菅直人因顾虑临界危机而在注水问题上犹豫不决时，寺田却觉得"事实并非如此啊！"。因为他想起一件事来。那是 12 日下午，寺田和菅直人正好在首相接待室里与派驻到官邸来的东京电力官员谈过的那场话。那是在首相官邸召开注水会议之前的事了。

当时菅直人催促东京电力官员说："把你们所需要的东西都列成单子给我。"东京电力："请给我们一天的时间。"尽快写好!"不久东京电力官员拿来一张 A4 目录表,上面有一项写着"高质量的水",菅直人询问他们:"这是什么意思?""就是最适合用来冷却反应堆的水。""你们考虑一下现在的状况,高质量的水? 如果用来冷却反应堆的话,海水呀什么水不都可以吗?"寺田清楚地记得菅直人当时说的那些话。

至此,自民党试图以注水事件为由夺权的计划宣告流产了。但这件事还是产生了出人意料的副作用。官邸的政务怀疑策划此次事件的是自民党和与其暗中勾结的经济产业省的官员。

"试验性注水"瞬间成了一个带有政治色彩的词。这个用语本来是"确认配管是否受损",也就是测试能否注水时使用的一个专用语,是指花 2 个小时左右来确认上述情况时的注水这一通用概念。可自从有了针对菅直人的"因为菅直人制止了注水,所以才发生了堆芯熔解"的批判性言论后,"试验性注水"这个用语就被"注水"一词取而代之了。

在整理了相关情况后,官邸的一名政务认为最可疑的就是经济产业省。他怀疑之前一直使用"试验性注水"这个词的经济产业省之所以转而开始使用"注水"一词,就是试图通过将灰色区域的"试验性注水"剥离为或白或黑的"注水"和"制止注水",从而给大家造成一种因为菅直人制止了注水才发生了堆芯熔解的暗黑色印象。这难道不是一个阴谋吗？经济产业省中的某人可能与自民党暗中勾结，企图"推翻菅直人"。

1 号机组的注水确实实施得太晚了。因此大家都很关注该如何汲取这个教训。2、3 号机组的注水能否更及时些？东京电力能否果断做出决定？在 3 月末召开的记者招待会上，清水就被问到了这些问题。

记者："在对 1 号机组实施注水的同时对 2 号机组和 3 号机组采取同样措施，是不是就可以避免爆炸的继续发生？"

清水："也可以这么想，总之我们会尽最大努力做到最好。"吉田在 5 月末，也就是国际核能机构（IAEA）视察团抵达之前，对当初的注水真相作了说明，暴露了自己曾经"在演戏"的真相。由于要揣测首相官邸方面的心理，当时武黑产生了过度反应一事后来也得到了确认。

政府的事故调查组对此也批评说："在好几件事上，东京电力总部和吉田站长都认为是在采取必要措施而没有采纳来自首相官邸的建议。"这种情况下，东京电力总部和吉田站长把官邸的建议当做指示郑重接受。这些对现场具体措施的决定有着重要影响。"

让平冈怎么都无法理解的是，身为反应堆研究专业人士的武黑，居然会在注水的决定性时刻要求吉田中断注水。用他自己的话说："完全匪夷所思，根本就是个谜。"菅直人后来也流露过同样的想法："武黑那种级别的专家，因为没有得到首相的同意就要求停止注水，有点令人难以置信。"

投冰之战

这段时间，东京电力还用投冰的方法来冷却反应堆存储容器。细野把东京电力向政府申请的项目一览表拿给伊藤看，"这是东京电力提交的申请物品目录，请您过目。""什么目录？""总共有 30 项，都是东京电力希望政府供给的物品。"

伊藤拿着这个目录表问在官邸五楼执勤的东京电力派来的那些年轻联络员："这是怎么回事？""这些都是紧缺物品，希望政府能够提供给我们。"记载着数万双军用手套等物品的目录中居然还有"冰"这一项。伊藤注意到了这一点，问道："这个'冰'是什么意思？""目前反应堆的温度正在升高，必须进行冷却作业。因此冰是十分必要的物品。""哦，确实很有必要！可如何将冰放进去呢？从哪里放入？""这个我就不清楚了。是总部要求我将此项写入目录里的。""军用手套又是什么？为什么向政府要军用手套？"

13 日，东京电力的合作企业——新日本直升机（总部位于东京银座）的工作人员，将从埼玉县熊谷市的一个叫武州制冰的公司运来的巨大冰块装入停在埼玉县桶川市跳

160

伞用跑道的大小两架直升机中。冰块重量分别为 1600 千克和 400 千克，总计两吨。

因为当天早晨东京电力总部突然给制冰部长盐崎诚打来电话说要订购冰块，而且数量无论多少都可以。虽然明白"可能是用来冷却反应堆的"，但盐崎没有多问，东京电力方面也没说多说什么。东京电力熊谷营业所的数名员工将冰块装满两辆卡车后直接拉往位于桶川的飞机场并放入直升机内。冰块的运送目的地并非福岛第一核电站，而是福岛第二核电站。相关工作人员都在议论"是不是因为第一核电站基地已经被污染，所以才不需要了冰块了？"

当直升机到达福岛第二核电站后，本应出来迎接、搬运冰块的东京电力员工却不见踪影。无奈，驾驶员和维修员两人只好一箱一箱地把冰块卸下后就赶紧飞走了。此前第二核电站的基地里就已经放置着巨大的冰块，数量看起来和刚运来的这些差不多。冰块上虽然都盖着东西，但大部分还是露在外面。驾驶员当时很纳闷：这些冰块应该是陆运过来的吧。但是在这种汽油匮乏的非常时期，怎么把如此大量的冰块运到这里来的呢？

驾驶员在夹克外面套上了雨衣。因为公司并没给他们配备专门的辐射防护服，起飞前他们自己觉得应该采取些防护措施，便买了雨衣。但雨衣在中途就破了。东京电力不断地向新日本直升机公司提出种种请求："能否在空中降水？""可不可以在上空拍反应堆的照片？"这些要求，都被新日本直升机公司直接回绝了。后来，东京电力又向防卫省·自卫队提出了这些请求。

东京电力的投冰作战似乎是在高度保密的状态下进行的。其实岩城市的直升机飞机场相对于桶川的跑道更方便些。但可能是因为"那里太过显眼"，所以特意选在了桶川起飞。相关工作人员议论着：可能东京电力担心如果用冰块冷却反应堆的消息泄露出去的话会让民众感到不安，所以才决定秘密进行的。

关于那些被运送到福岛第二核电站的冰块的情况，东京电力从没告诉过驾驶员们。冰块到底是不是用来冷却用的？他们也全然不知。期间东京电力还曾秘密协商过，准备让他们从空中将冰块投入1号机组乏燃料池。正是出自这个考虑，他们才安排了包括武州制冰所在内的共计3.5吨冰块的空运。

但1号机组核反应堆厂房上空的辐射量非常高，而且当时3号机组也处于危险状态。因此从空中投冰的计划相当冒险。其实，即使用直升机空投下3.5吨的冰块，效果也未必就很理想。本身1号机组的乏燃料池的水量有990吨，而要准确投入冰块绝非易事。事实上，投冰作业还未开始，冰块就已经开始熔化了。

第 5 章

居民避难

避难到底该在何时？又以多大的范围来进行？含放射性物质的云团是否会直接威胁到避难中的居民？在得到福岛县的指示前，三春町的町长便已做出了让居民服用碘的决定。

"保守估计"的 3 千米和 10 千米避难范围

11 日 19 时 03 分，政府发布了《核能紧急事态宣言》。在官房长官枝野幸男的记者招待会结束之后，菅直人首相便在官邸危机管理中心的中二层小房间内召开了有关居民避难的会议。出席会议的有经济产业大臣海江田万里、官房副长官福山哲郎、首相辅佐官细野豪志、核能安全委员会委员长班目春树、核能安全·保安院次长平冈英治、东京电力研究员武黑一郎。

无论发生什么，都必须做好居民不会遭受放射线辐射的防护措施，这是会议的宗旨。为此，视情况必须让居民避难。因为放射线（α 线和 γ 线）具有巨大能量，如果被辐射到，人体细胞就会受到损伤。具体来说，穿过人体的放射线能轻而易举地切断细胞的分子结构，从而损坏细胞机能，还会切断相当于人体设计图的 DNA。除了承受一定剂量的辐射后所出现的一些急性症状，还有受到低辐射（100 毫西弗以下）后会出现的晚发症状。这些晚发症状可能会在几年或几十年后导致癌症、白血病或者其他遗传性障碍等疾病的发生。所以必须防止这些症状的发生。

　　但是，就算要让居民避难，又该以什么标准来确定避难区域呢？核能安全委员会的防灾对策指南规定"应该重点实施防灾对策的区域范围（EPZ）"为"距离反应堆半径 8～10 千米以内"。而国际核能机构（IAEA）的文件上规定的（PAZ）却是半径 3～5 千米范围（输出为 1000 兆瓦以上的情况）。究竟应该执行哪个标准呢？

　　平冈提议参照国际核能机构规定的 3 千米范围来实施避难，因为平时针对排气搞的避难训练都是参照这个标准来进行的。他说："即使今后实施排气作业的话，我认为避难范围定在 3 千米也是可以的。而且，如果一开始就把避难范围设定得太大的话会造成交通堵塞，恐怕会导致半径 3 千米范围内的居民都无法避难。"

　　也有人提议范围定在 5 千米，但班目和平冈都认为"3 千米就足够了"。武黑重新陈述了一下对事态的预测："各号反应堆的水量至少可以确保 8 小时内没问题。"总之，最后得出的结论是："为慎重起见，下达 3 千米范围内的居民避难指示。"

　　19 时 23 分，政府下达了 3 千米范围内避难以及 3～10 千米范围室内避难的指示。半径在 3 千米范围内的避难对象是大熊町和双叶町的约 1100 名居民。

　　避难指示本该由核能灾害对策总部长也就是首相发出、由紧急事态应急对策中心具体落实到各市町村的，但核能灾害对策总部（核灾总部）的事务局核能安全·保安院的紧急应对中心根本联系不上紧急事态应急对策中心。于是他们想直接通知大熊町和双叶町，可大熊町的电话却怎么也打不通。最后只好由警视厅通过福岛县的警察传达了避难指示。

其实，福岛县早在 30 分钟之前就已经对距离福岛第一核电站半径 2 千米范围内的居民发出了避难指示，可他们却未向政府报告此事。政府是在对福岛县居民已经开始避难这一事实完全不知情的情况下，发出 3 千米范围内避难指示的。

21 时左右，官邸·危机管理中心的内阁危机管理总监伊藤哲郎请求国土交通省的汽车局旅客课说："想通过你们租一百辆公交车用于灾民避难。"北关东地区的私营公交车公司立即积极响应了这个请求。

紧急事态应急对策中心将公交车集中在一起，赶到那里的当地对策总部的职员分了 70 辆车给大熊町。[①] 有人推测说：紧急应对中心共申请了 100 辆公交车，可对于 1100 名避难居民来说这个数量实在太多了。会不会是紧急应对中心已经预测到会发生堆芯熔解而故意在此埋下了伏笔呢？对此大熊町町民们也在后来的调查中说："如果没事的话，政府一定不会事先做出准备。政府一定早就知道核

---

① 双叶町没有将需要公交车的消息扩散开，所以召集到的公交车数量有限。

电站会发生爆炸。"

因为海啸，大熊町和双叶町的 3 千米范围内的许多居民已经进行了避难。官邸里主要负责应对避难工作的是福山和伊藤二人。居民避难在指示发出的 3 小时后即 12 日 0 时 30 分结束。之后直到深夜，1 号机组反应堆存储容器的压力都处于异常上升状态，因此必须实施排气。如果排气顺利的话，3 千米的避难区域应该足够了。但还必须考虑到排气无法顺利进行的可能，即无法控制反应堆压力的情况。那样的话，3 千米的范围恐怕还不够，就有必要如第 3 章所述，将避难区域再扩大到 10 千米。

清晨 5 时 44 分，政府决定将避难范围扩大到 10 千米并下达了指示。该范围内的避难对象为双叶町、大熊町、浪江町及富冈町的 48272 名居民。双叶町和大熊町于清晨 6 时 30 分收到了政府传真来的指示，但其他 3 个町却是町政府通过电视才得知避难范围已经扩大一事的。

本来是以排气顺利为前提，出于保守考虑才将避难范围扩大为 10 千米的，然而，排气拖了又拖，终于于 15 时 36 分发生了 1 号机组的爆炸。

菅直人当时正在官邸与在野党党首进行会谈，会谈刚开始时菅直人发言说："我认为今天对于救援来说是最具有意义的一天。为了避免 1 号机组释放出的微量放射性元素对居民有所伤害，现在，10 千米范围内的居民避难基本都进行完毕。"

其实，在营直人在发言时，10千米范围内的居民避难是否完毕还不得而知。12日18时25分，因为又有大量需要避难的居民涌出，所以政府发布了20千米范围内避难的指示。

20千米的避难范围……居然连张地图都没有！

因为1号机组下午发生的爆炸，首相官邸遭受了沉重打击。谁也没想到核反应堆厂房会爆炸。营直人在得知1号机组的氢爆炸后，担心2号机组和3号机组也会相继爆炸，于是发话说一定要防备"其他机组同时发生灾害的危险"。同时，之前确定的10千米的居民避难范围是否仍然可行也是个问题。

内阁成员之一、国家战略大臣玄叶光一郎在12日的第4次核能灾害对策本部会议上率先提出了"堆芯熔化的可能性很大，之前确定的10千米的灾民避难区域真没问题吗？"这个问题。

从福岛步入政坛的玄叶光一郎是前福岛县知事佐藤荣佐久的女婿。因为核电站的安全监管和核燃料循环等事宜，佐藤荣佐久对东京电力、核能安全保安院乃至政府都持激进的批评态度，因而在政府内树敌不少。2006年，因水库发包受贿罪而被捕的佐藤荣佐久就此结束了其政治生涯。佐藤在名为《肃清知事——无中生有的福岛贪污事

件》（平凡社）一书中，披露了其岳父的所谓受贿案中的
不合逻辑性。对玄叶来说，对福岛和东京电力以及核电站
都有着很深的感情，不，更确切地说这些地方于他，是有
着如同骨肉之情一般感情色彩的地方。

在这天 12 时 8 分召开的第 3 次核能灾害对策本部会
议上，玄叶质疑道："堆芯熔解的可能性很大，之前确定
的 10 千米的灾民避难区域真没问题吗？"另外，在讨论这
个问题的当天，也就是 12 日 18 时之后，就是否向 2 号机
组注入海水的问题，菅直人也提出了质疑。有关再临界发
生的可能性，班目的回答模棱两可，因此一度推迟了做决
定。现在这两个问题叠合在了一起。

"一旦发生再临界事故，10 千米的避难范围是肯定不
够的。那是不是还必须再发一个 20 千米的居民避难指示
呢？"菅直人这样问道。对此福山的想法是"避难应该更
大范围地进行才行"，就此他已经向菅直人确认过，菅直
人也持同样看法。这是出于"以防万一"，而将避难区域
设定得稍大一些的考虑。但政府却迟迟得不到关键性的放
射线物质排放数据，唯一得到的只有基地周边的监测数
据，那时的数据还并不那么高。据此枝野判断说，这个数
据好像还不至于高到得"拔腿就跑"的程度。

是仍然维持原来的 10 千米避难范围，还是将其扩大
到 20 千米，或者干脆扩大到 30 千米？班目对于将避难范
围扩大到 20 千米的主张持慎重态度（消极论调）："虽然

防灾计划中规定的避难范围是 10 千米，但其实 5 千米就够了，顶多 10 千米就足够了、切尔诺贝利当时的避难范围也不过才 30 千米、总之，先用同心圆来减少危险吧"。

10 千米范围内避难的标准可以参考防灾计划，但关于 20 千米范围内的避难措施则既没有既定方针也没有计划。为了制定 20 千米避难范围的依据，决定活用国际放射线防护委员会（ICRP）和国际核能机构（IAEA）的相关规定。国际放射线防护委员会于 2007 年制订的建议中规定（"publication103"），普通人每年承受的辐射量上限如下。

● 紧急时：20～100 毫西弗。

● 紧急事故后的修复期内：1～20 毫西弗。

● 平常：1 毫西弗。

在参考这些方针的基础上，保安院提出了以下方针：

① 为防止受到 10 毫西弗的放射线辐射，20～30 千米范围内的居民进行室内避难；

② 为防止受到 50 毫西弗的放射线辐射，20 千米范围内的居民实施避难。

但这些都是根据事故刚刚发生后的情况制定的，事故如果拖延下去的话就得另想办法。最大的问题是：让哪些区域的居民、去哪里和如何避难？掌握不同区域的避难居民数量、确定避难居民的接收处、确认用于避难的交通、交通工具，这些都是必须火速推进的工作。

12 日 17 时 30 分，枝野对核能安全保安院紧急应对中心下达指令说"立即调查 20 千米范围内的街名和人口，并进行灾民避难的模拟演习"。身在危机管理中心的伊藤也针对范围扩大到 20 千米时的"应对方式"进行了模拟演习。完成 20 千米范围内的灾民避难预计将花费三天。

从模拟演练的结果来看，避难范围如果扩大到 20 千米也并非无法应对，但如果在实施避难期间发生新的爆炸的话，避难者和前来支援的人们就都有遭受辐射的危险。可尚在进行中的模拟演习却似乎被走漏了风声。

"部分地区已经开始避难了"之类的消息传到了首相官邸。据说当地居民认为扩大避难区域已是大势所趋已经开始自发行动起来，政府不能再迟迟拿不出决定来了。灾民避难、注入海水，以及福岛第二核电站的危机（将于后面详述），这三个刻不容缓的课题几乎同时摆在了面前。

枝野认为这三个当中"应该优先开始居民避难"，并进而做出了最终决断——把避难范围扩大到了 20 千米。后来说起自己当初的这个决断，菅直人说："即便因为核反应堆有什么突发状况，突然释放出大量物质（放射性物质扩大辐射范围）也需要一定的时间，所以 20 千米的避难范围应该是安全的。"

避难演习阶段里被泄露出去的还包括福岛第二核电站的信息。枝野在命令保安院以避难范围扩大到 20 千米为目标进行演习时，曾私下命令他们就福岛第二核电站是否也有必要实施 20 千米的灾民避难范围问题进行过讨论。

关于福岛第二核电站的问题始终都在"讨论"的层面，并没有付诸行动。而紧急应对中心却领会为"首相官邸已经决定福岛第二核电站也以 20 千米为灾民避难范围了。"当时身在官邸五楼的平冈听到这个消息后十分惊讶，于是给保安院的负责人打电话说："我们并没有考虑过福岛第二核电站以 20 千米作为灾民避难范围的问题。1F（福岛第一核电站）是 20 千米，2F（福岛第二核电站）是 10 千米。希望你们别误会了。"

伊藤听到保安院的这个说法也大吃一惊。立即跑到官房长官办公室对枝野说："长官，让居民进行避难就意味着让他们彻底放弃现在的生活。希望您能慎重考虑。如果反应堆真的处于危险状况，那让灾民避难当然无可厚非。可第二核电站的反应堆真的已经很危险了吗？"

枝野回答说："反应堆本身现在还没有危险。""那我想就应该暂时中止针对福岛第二核电站的 20 千米灾民避难计划。"最后，枝野决定将福岛第二核电站的避难区域维持在 10 千米。

10 千米范围的避难区域内所涉及的四个町的避难方向、路线和方法等都有防灾计划可供参考，可 20 千米范围内的町村避难却没有与之对应的防灾计划可以参照。原本被安排容纳 10 千米范围内的避难灾民就已经会引起混乱的地区里却被安排进了 20 千米范围的避难灾民，自然会造成混乱。而且，政府与地方自治体、地方居民之间的联络也不够充分，避难方法和避难场所都无法确定。在此情况下，就算让居民前去避难，关于灾民放射性物质的检测和生活支助方面的准备也都很欠缺，相关省厅和地方自治体并没事先给政府提供必要的避难相关信息。20 千米范围内都有哪些地区？这些地区又有多少人口？这些关键信息都无法确定。

大熊町的紧急事态应急对策中心里甚至连 20 千米范围内的地图都没有一张。后来不知道他们从哪儿搞来了一张，可上面连一处行政区域都没标注出来。

有关避难的不确定信息不断地被传到首相官邸，细野向秘书们提出了下述一系列问题："据说养老院中有人遭受到辐射了，去调查一下。""有消息说老人中心的 30 名职员扔下卧床不起的 60 名老人自己跑去避难，结果导致老人们受到了辐射。这到底是怎么回事？""特别养护老人之家的 100 人可能受到了辐射，厚生劳动省的人去确认一下。"枝野那边也传来了一些消息："自卫队有人告诉居民说反应堆要爆炸了，让他们赶紧避难。"

听说 20 千米范围内还有监狱，防灾担当大臣松本龙发愁了：这该怎么办？正在他抱肘苦思着时，又收到报告说"那是旧地图上的了。经确认新地图上并没发现监狱。"

18 时 25 分，政府下达了 20 千米范围内的居民避难指示。避难对象为两个市、五个町和一个村，灾民人数为177503 人随后，紧急应对中心立即着手拟定了负责运送碘剂和当地保健所负责人的名单。

从 3 千米范围内扩大到 10 千米、后来又扩大到 20 千米。政府仅仅在一天内接连发出了三次避难指示，可对于该从哪儿躲到哪儿去以及具体的避难范围等关键内容却语焉不详。许多灾民从便利店长那儿听说"上面说让避难"后就自行避难去了。据说核电站附近东京电力的员工宿舍在第一时间就空了，还有传言说福岛县的政府职员已经开始避难。大多数的自治体是在当天 20 时 40 分枝野召开的记者招待会上才得知政府下达的 20 千米范围内避难指示的。

20 时 40 分。在官邸记者接待室里召开的官房长官记者招待会上，枝野发言道："政府下达了 20 千米范围内的避难指示，并不代表放射性物质已经大量泄漏……该措施也不意味着 10 千米到 20 千米这个范围会对居民产生危险……只是以防万一，基于万全的考虑才将避难范围扩大到了 20 千米的范围。"

官房长官，30 千米的避难范围是不可能的！

13 日，大家开始对"20 千米的避难范围"是不是还不够保险产生了不安。因为继 1 号机组后 3 号机组也已开始告急。这天上午 9 时多，经济产业省官房询问了保安院两个问题。

① 3 号机组距离堆芯熔解还有多久？

② 是否有必要变更 20 千米的避难范围？

当天 17 时 40 分，枝野和海江田对保安院下达指示，要求他们对在"最坏的情况"下 20 千米的避难范围是否足够安全展开讨论，并尽快提出保安院的建议。这些讨论是想趁放射性物质还没有四处飞散，先考虑好万一发生炉芯熔融的情况下所需采取的必要措施。另外，周边居民避难的接纳地点仅限于福岛县内是无论如何都不够的。从 13000 人扩大到 15000 人，接纳点必须增加。于是，政府发动茨城县和栃木县接纳避难居民。13 日下午，茨城县和栃木县都同意接纳避难居民。但是他们的条件是要求政府提供避难所的物资和工作人员，还要对避难居民在福岛县内进行除染工作。因为政府发布了 20 千米范围内的避难指示，所以此地域内对地震和海啸受灾民众的救助活动就被迫中止了。

14 日清晨 6 时 10 分，东京电力的常务小森明生打来电话向平冈汇报说："我们正紧急协商 3 号机组的排气问题，同时也开始讨论是否有必要立即扩大避难区域的问题"。当天上午 9 时 53 分举行的第 7 次核能灾害对策总部会议上，菅直人如是陈述自己的看法说："我认为避难范围在 20 千米内是没有问题的。"玄叶反驳道："对此专家们持不同意见。"海江田汇报说："截至今天早晨，20 千米范围内的避难已经基本结束。"可事实上这个结论下得太早了点。政府后来确认，20千米范围内的灾民避难是在15日14时才结束的。但这个时间其实也是不准确的。正如下一章中将提到的那样，自卫队结束对被留到最后的大熊町双叶医院的重症患者的救援行动，已经是16日的凌晨0时30分了。此外，其他地区也有一些被落下的居民。例如，后来才知道，直到15日20时浪江町仍有尚未避难的居民。

当天上午11时01分，3号机组的核反应堆厂房发生了爆炸。13时30分左右，东京电力判断2号机组反应堆已经失去了冷却机能，也就是说继3号机组之后2号机组也陷入了危机。因此，有必要再次对20千米范围内这个避难区域加以调整。

当天18时之前，菅直人将班目、核能安全委员会代理委员长久木田丰以及日本核能研究开发机构安全研究中心副中心长本间俊充叫到首相办公室来听取他们的意见。菅直人问班目道：发生水蒸气爆炸的可能性有多大？如果发生爆炸应该采取什么对策？班目回答说："我认为先进沸腾水型反应堆（ABWR）发生爆炸的可能性不大。"久木田也赞同说道："应该不会到爆炸的地步。"

菅直人又问道："那从现在的情况来看，是否有必要将20千米的避难区域再扩大呢？比如扩大到50千米？"班目让本间来做说明。本间立即打开了笔记本电脑。作为公众放射线防护专家的本间同时还是核能安全委员会的专门委员。核能安全委员会原本只是一个建言机构，但目前已经直接被牵扯进了这场由首相官邸主导的危机应对中来，现场非常需要能助一臂之力的专家，于是本间就被叫了来。恰巧当天久木田也拜托本间和他一同去官邸。

菅直人此前并没见过本间。班目从没向菅直人介绍过，本间自己也没做自我介绍。打开笔记本电脑花了一些时间。菅直人原本就有些不高兴的表情看起来更烦躁了。他近似呵斥地问本间道："你叫什么？"在先为自己的失礼道过歉后，本间一边展示模拟图一边说道："在放射性物质的释放比例在 50% 的情况下，20 千米范围内所受到的辐射应该不会超过 100 毫西弗。因此，我认为没有必要将居民避难区域扩大到 20 千米以上。"班目也同意本间的观点，认为 20 千米范围的避难区域已经足够了。他再次搬出切尔诺贝利的例子说，"当初切尔诺贝利也才 30 千米，所以我认为我们没有必要扩大到 30 千米。"这时的班目想必做梦也没有想过，福岛第一核电站的事故级别最终会达到切尔诺贝利的程度。

会议的最后结论是：保持目前的 20 千米避难范围不变。他们的观点是：紧急情况下普通人每年所受辐射量的限度为 20~100 毫西弗。如果能将辐射量控制在最低限度的 20 毫西弗的话，就不必发出紧急避难指令，也就是行政上的避难指令。委员久住静代也认为，目前没有必要将 20 千米的范围再次扩大。久住是专门研究白血病等血液疾病的医生。她在3月8日到10日还曾参加了由在美国马里兰州罗克韦尔市北贝塞斯达万豪酒店召开的世界核能管制信息的年度大会，那次会议共有来自20个国家的2900多人参加。久住当时从酒店房间的电视中得知地震海啸的事后紧急赶回了日本，下飞机后就直接从成田赶到了霞关的核能安全委员会。她带过去的装有全套服装的行李箱在后来在安全委员会里的封闭生活中起了很大的作用。

久住与她的老朋友放射线防护核能安全研究所（IRSN）委员杰克连日发了数封邮件，杰克也坚持认为："目前20千米的范围足够了"。这也坚定了她的想法。而现阶段，20千米范围内仍然有许多居民还没有进行避难。当务之急是让他们先进行避难。如果将避难区域扩大到50千米范围，那么就很有可能延误核电站附近居民的避难时间。

班目提出了"影子避难说（如果对没有避难必要的灾民下达避难指示，会引起道路拥堵等过度反应，这样反而会干扰其他灾民的避难速度。）"如果让50千米范围内的居民也进行避难，他们将会采取什么行动？又会引发什么事态？对现在所进行的避难措施又会有什么样的影响？这个"影子避难说"在一定程度上意味着，在制定避难计划时必须将所有负面因素都考虑进去。

班目认为，如果事态继续恶化到必须将避难范围扩大到 50 千米的程度，那在时间上也还有余地。从"影子避难说"的角度考虑，其负面效果一定会大过正面效果。

15 日清晨，福岛第一核电站再次发生了爆炸。4 号机组方向发出了巨大的冲击声，接着燃料池发生了火灾，之后 2 号机组抑制室的压力表指针指向了"零"。"难道变成真空状态了？""是不是没有底了？"大家都被强烈的不安情绪笼罩着。枝野立即针对是否有必要将避难区域扩大到 30 千米范围内进行了商讨。当天清晨从东京电力回到首相官邸的营直人也倾向于将避难范围扩大到 30 千米。

不久，坊间就开始流传"官邸正在讨论将避难区域扩大到 30 千米范围的方案"的消息，据说此"方针"已经传达给了福岛县警察局。有人私下告诉伊藤说有可能下达扩大避难区域的指示，让他早作准备。

伊藤立即跑到五楼的官房长官室说："长官，30 千米的避难范围是绝对不行的！请取消此方案。如果避难范围扩大到 30 千米，避难人数会多达 15 万人，需要很多天才能完成避难。20 千米范围内的居民避难就已经进行得非常艰难了，医院患者的避难更是进展困难。最关键的是接纳体制。进行 20 千米范围避难工作时这都已经很成问题了，如果再扩大到 30 千米的话，工程将会非常庞大……"对于扩大避难范围这个方案来说，医院和患者的安置都成了一个难题。而且，厚生劳动省里也流传着应该慎重扩大避难范围的观点。伊藤将这些一并汇报给了枝野。"现在让 30 千米以内的居民避难，对他们来说反而会更危险。如果在避难中有大量的放射性物质被释放出来的话，就可能形成放射性烟云。所以，请让 20 千米至 30 千米范围内的居民进行室内避难"。枝野略有所思地说道："这样啊……"就走出了房间。过了一会儿回来后只是淡淡地说了句："知道了。"

室内避难：这么一来福岛县就不复存在了

15 日上午 11 时，政府对 20 千米至 30 千米范围内的居民发布了室内避难的指示。

菅直人在记者招待会开场时说道："想向全国人民汇报一下福岛核电站的相关事宜。"然后做了以下发言："今后，放射性物质进一步泄漏的危险很高。福岛第一核电站周围 20 千米范围内的大部分居民已经完成避难，希望在此范围内还未进行避难的居民尽快到其他地区进行避难。另外，考虑到反应堆今后的状况，希望 20 千米至 30 千米范围内的居民尽量待在家里或者办公室，进行室内避难。"但是，应该如何进行"室内避难"呢？枝野在记者招待会上对此进行了具体解释："20 千米至 30 千米范围内的居民请不要外出，尽量待在建筑物的内部。而且要将窗户关严，提高密闭性。希望大家不要开窗换气，洗的衣物也请在室内晾干。"

　　15 日清晨，菅直人在前往东京电力总部视察反应堆状况和商议居民避难对策时问道："20 千米的避难范围真的没问题吗？"清水则反问菅直人道："那就是说要扩大到 30 千米了吧？"菅直人回答说："如果有这个必要的话就必须商讨一下。"后来，据秘书透露，菅直人的将避难范围扩大至 30 千米的想法就是在当时产生的。但向 30 千米扩大的难度可要比 20 千米大得多，如果扩大到 30 千米，会让居民们认为事故已经非常严重，容易引起大家的恐慌。

　　伊藤向枝野汇报说，如果从 20 千米扩大到 30 千米，就必须让 15 万居民进行避难。20 千米范围内的居民避难大部分都是由自卫队来应对的，而对于 20 千米至 30 千米范围来说，自卫队的应对能力也很有限，选定和批准接纳地点也是一项很有难度的工作。

　　避难范围不是根据科学依据很快就能做出的。另外，需要花费多长时间进行避难？能否确保避难场所？避难时的气候和气温怎么样？有没有因为寒冷而出现伤亡的可能？这些都是必须要考虑的因素。以菅直人为代表的官邸政要们当时最害怕的莫过于氢爆炸和水蒸气爆炸了。如果让居民立即避难，万一发生爆炸的话，人们就有在室外遭受大剂量辐射的可能。

　　20 千米至 30 千米的避难工作预计需要五天到一周的时间完成。考虑到这期间发生爆炸的危险性，所以还是在室内避难比较好。而且还不得不考虑，一旦让居民去避难，等排除辐射危险之后，居民回家的手续会十分复杂。而居民可以回家的前提是反应堆恢复至低温状态。在不知道什么时候才能恢复之前，是不能让居民们回家的。这些都是必须考虑的问题。但即便如此，要求扩大避难区域的呼声还是很高。

15日16时，田中真纪子（新潟县人）、松本谦公（北海道人）、沓挂哲男（石川县人）等12名所属地区有核电站的民主党国会议员来到了官邸。他们在议员会馆田中的房间进行了会谈，互相交换了意见。大家一致认为"政权现在陷入了困境"。田中是田中角荣的女儿，曾任科学技术厅长官，对核能方面的问题十分关心。后来她还在小泉纯一郎政权时担任过外务大臣。

因为认为法国核能能源组织"既能提速，也能减速，在这两方面都同时做得很好"，所以田中对他们评价甚高，并主张应当向法国等国申请技术支持。她将此观点写成了书面文件，并为将此文件交给菅直人才在这天来到了首相官邸。但因为菅直人工作太忙无法确定会面时间，于是等不及的田中他们便自己去找菅直人了。

官邸内异常安静，平时总有人的五楼休息室此时竟空无一人，因为当天清晨刚刚在东京电力设立了对策统合总部，大家都去了那里。田中走进办公室，见到菅直人并呈上了自己的意见书。内容如下。

菅直人内阁首相大臣：我们系从核电站所在地选出的

国会议员。鉴于 3 月 11 日至今核事故的演变和政府的应对情况，希望政府在今后的工作中能够进一步公开正确的信息。同时，也强烈希望政府能强有力地推进以下措施。

① 优先确保地区居民的安全。以最坏情况发生为前提，迅速开展避难劝导工作。

② 紧急请求国际核能机构（IAEA）等国际机构以及国外核能专家的合作。

菅直人憔悴不堪地呆坐在沙发上。田中问菅直人："20 千米的避难范围真的没问题吗？是不是应该先设定在 50 千米，等事态平缓下来后再缩小范围呢？希望政府设想到最坏的情况，迅速开展避难劝导工作。"

菅直人提高音量说道："不是 20 千米、30 千米的问题！你说的这些我都知道！但是，如果扩大到 50 千米、100 千米，必然会引起恐慌！"

田中继续说："身在东京的美国人现在都逃命去了。"

菅直人："将来的日本恐怕连一个美国人都没有了！"

"如果事态发展到最坏的程度，也许日本人也不得不离开列岛。为了防止这种局面的产生，我们一直在努力着！"还是无法理解的田中继续追问道："那么，让浜通（福岛县太平洋沿岸部）的居民乘坐美国的航空母舰立即去冲绳避难怎么样？"

与此同时，玄叶打出了一个"守护 50 千米范围内的生命"的标语，打算制订一个 50 千米范围内的居民避难方案，可这不过是他"一个人的战斗"。他准备了一张距福岛第一核电站80千米范围内每10千米一个同心圆的地图。15日，玄叶直接向菅直人和福岛县知事佐藤雄平提出了自己的想法，可他们两人对此的态度却很消极。佐藤更是非常强硬地反驳道："那样的话，福岛县就不复存在了。"

当时，防卫省也开始进行应对避难区域扩大的准备了。当避难区域扩大时，会先要求自卫队出动。防卫省审议官铃木英夫建议防卫大臣北泽俊美下定决心扩大避难区域。北泽也十分赞成。但是，不久官邸就传来消息说"官房长官决定不扩大避难区域了"。

16日，官邸接到核能安全·保安院和东京电力的报告说，4号机组的燃料池中尚有冷却水。据细野回忆，这成了官邸判断没有必要扩大到50千米的依据之一。

难以承受的现场

在被接纳地，那些只穿了一身衣服就不得不跑出来避难的人们最先接受的就是放射线检查。所谓放射线检查，就是根据测出的人体和衣服上所附着的放射性物质含量来推测其所受辐射量的一种检测方式。

13日14时20分。紧急事态应急对策中心的当地对策总部长池田元久向福岛县、大熊町、双叶町、富冈町、浪

江町、栖叶町、广野町、葛尾村、南相马市、川内村以及
田村市的各领导发布了放射线量检查标准为 6000cpm 的
指示。

在发布此指示前池田征询了核能安全·保安院的紧急
应对中心的意见，紧急应对中心又征求了核能安全委员会
的意见。安全委员会认为：

① 应当将 6000cpm 修正为 10000cpm。

② 应当向被辐射量超过 10000cpm 的避难者分发稳定
碘剂。

但紧急应对中心的职员说："当地已经按 6000cpm 的
标准在实行检测，恐怕改不了了。"另一方面，福岛县本
来自行确定了 13000cpm 的放射线检查标准，可检查开始
后，又觉得有必要将标准提到更高才行。

放医研的紧急核灾医疗派遣队借着进入福岛市的机
会，与福岛县立医科大学的专家们针对放射线检查标准问
题进行了讨论。在放射线检查现场，也出现了各种呼声。
如果以通常的 13000cpm 作为检测的标准值，福岛县内的
多数地区就都得处于停水状态，无法为大量避难者的除染
工作提供必要的水源。夜间温度在零度以下，尤其是医院
的室外除染作业十分危险，必须由少数工作人员来迅速完
成才行。

考虑到这些因素，专家们建议引用国际核能机构的指
南，按照相当于放射线检查标准值的每小时 1 微西弗，也

就是100000cpm的标准来设定放射线检查标准。指南上记录着：对于初期人群来说，紧急状态下可以将身体表面的放射线密度检测量的标准值提升为100000cpm。

于是，福岛县接受专家的建议做出了以下决定：

● 在进行全身除染的情况下，放射线检查标准值定为100000cpm。

● 如果检测出13000cpm～100000cpm之间的数据，要进行部分抽样除染。

14日早晨四点半，安全委员会向紧急应对中心建议"不要将放射线检查基准值提高到100000cpm，最好继续现行的13000cpm。"

听说福岛县想提高放射线检查标准值，安全委员会召开紧急会议进行了协商。如果13000cpm全都是放射性碘所致的话，那就相当于儿童甲状腺等值辐射量的100毫西弗，这也是发放稳定碘剂的一个标准值。换言之，达到13000cpm的数值即需要服用碘剂，因此应该将此数据作为标准值。但福岛县却无视此行业标准，继续沿用自己100000cpm的辐射量标准。

18日，放射线医学综合研究所紧急辐射医疗研究中心的部长明石真言给安全委员会打了个电话，明石是向福岛县建议使用"国际核能机构标准"的专家团成员之一。他对安全委员会说："由于当地空间里的辐射率很高，放射线量检查十分困难，因此我认为最好还是将检查标准提高到 100000cpm。如果不这样做的话，现场难以负担。"明石听说福岛县内的民众已经开始躲避那些被检测出携带高辐射值的避难民众，而且医院也拒绝接受辐射值高于13000cpm 的病人。在福岛第一核电站受伤骨折的工作人员，在未进行除染之前都无法被送到医院，就连消防队的救援人员都不愿意接受放射线检测值在 6000～7000cpm以上的伤员。

由于被福岛县立医科大学拒收，自卫队的队员只好又被送到了放射线医学综合研究所，他们的放射线检测值为 40000～50000cpm。通常情况下，拒绝接收的理由都是"担心会引起次生灾害"，其实不过是他们害怕自己被辐射罢了。

——举出这些事例后，明石请求安全委员会道："能否由核能安全委员会来提出提高标准值的建议呢？"安全委员会针对这个问题进行商议后认为：即便提高了标准值，也无法从根本上解决拒收高辐射量患者的问题。如果检测出高辐射量，首先该做的就是进行相应的除染处理。并且应该让大家都知道，在进行除染处理后就不会再有遭受二次辐射的危险。同时，就运送急救患者的救护车问题，安全委员会提出了以下两点建议：

- 优先考虑被救助患者的生命问题；
- 尽可能在进行完应急和除染处理后再送患者去医疗机关。

一般情况下，运送患者的工作人员不可能遭受到来自患者的辐射，因此其健康不会受到影响。安全委员会将以上两点及后面这个内容一并发给了核能灾害对策总部。

　　100000cpm 的数据，相当于 400 贝克勒尔 / 厘米^2。而放射线管理区域内的适用标准为 4 贝克勒尔 / 厘米^2，因此 100000cpm 的标准相当它的 100 倍。福岛县沿用国际核能机构的指南而实施的 100000cpm 这个标准，而这个标准从来都是针对"初期应对者"，也就是说它是以操作者为适用对象的，而并非"普通民众"。一方面，福岛县已经启用了 100000cpm 这个标准。同时又不能忽视当地那些要求提高辐射检查标准值的呼声，最后安全委员会也只好默认了这个既成事实。

　　19 日，安全委员会向核能灾害总部建议说，鉴于实效性应该采用与福岛县相同的国际核能机构指南，将放射线检查标准值变更为 100000cpm。根据安全委员会的这个建议，20 日 23 时，当地对策总部下达指示，将放射线检查标准值确定为了 100000cpm。这样，如果没有达到 100000cpm 的话就可以不进行除染处理。福岛县放射线检查的结果显示：14 日以后，100000cpm 以上的居民有 102 人，13000cpm 以上的有 1003 人。

　　放射线检查标准值的修正是在十分紧张的状态下决定的，在此过程中，福岛县对来自政府的指令持基本无视的态度。在紧急事态应急对策中心执勤的来自中央政府的官员说："我们同当地对策总部（紧急事态应急对策中心）和（福岛县）县政府完全无法取得联系。县政府在测量辐射量、居民避难以及医疗等工作上都是交由各个组织在独立进行，各组织之间缺乏必要的联系与合作，当地对策总部和放射线医学综合研究所也几乎没有联系过。"

但是，问题不仅仅是国家、县、自治体以及医疗机关之间的应对、联络手续和过程不够完善，还有更深刻的结构上的问题存在：针对次生灾害和谣言的应对措施也很不充分。危急时刻，当地执行部队在必要的作战措施上反应迟钝；而且政府总是以"会引起民众恐慌"这种毫无根据的理由来回避行政上的风险。本身 13000cpm 的这个标准就是以假想的小规模核电站事故来设定的。所谓危机管理的关键，其实就是要尽快找到深处危境的人们。而提高放射线检查标准，可以尽早保护处于这些人，防止污染的扩大，从而达到保护其他人员的目的。

危机管理中，尤其是从"治疗类选法"的角度看，这种应急选择机制是必不可少的。可在日本，"治疗类选法"这种做法却常会被认为是"抛弃"，故而来自社会的抵触情绪也比较强烈。可能日本也的确存在这种想法得以形成的社会背景。但福岛县却并没向民众具体解释过将辐射检查的标准值提高到 100000cpm 的根据和理由。因为在提高数据时缺少说服力，调低数据时自然也就缺乏说服力了。

虽然是之后很久的事了，2011 年 5 月末，核能安全委员会建议将 100000cpm 的标准下降到了 13000cpm。最初 100000cpm 的标准里碘和铯的比例为 10：1 左右，但碘的半衰期只有 8 天，之后便会衰减。即便是 100000cpm 的标准，换算之后也就只相当于 13000cpm 铯。所以如果只看铯的话，100000cpm 的标准其实是目前污染允许值的 10 倍。

虽然安全委员会提出了这样的意见，但核能灾害总部（当地对策总部）却根本不予理会。核能难民生活支援小组（事务局·经产部）认为"降低标准值会引起当地的混乱"，于是强烈反对此主张。他们认为："如果将标准值改为 13000cpm 的话，恐怕会引起大家对已经接受过放射线量检查的人群中可能还存在着的污染者的怀疑和歧视。""至今医疗机构都是按 100000cpm 的标准在接收辐射病患者，如果变更标准的话，接收点的数量恐怕不够。""执行完任务的车辆、直升机等的放射线量都超过了 13000cpm，而能对它们进行除染的场地只有 J-VILLAGE。使用新标准将会对执行任务造成重大阻碍。""因为市町村的反对，所以除染场地只能定为 J-VILLAGE。如果变更除染标准的话，进入 20 千米范围内的所有车辆就都得除染，而 J-VILLAGE 却无法容纳如此庞大的数量。这样将会使 20 千米范围内所有必要工作的实施都变得十分困难。"汽车的除染处理会产生大量的污染水，所以各个市町村都不同意设置新的除染场地。安全委员会建议在不妨碍各项活动的前提下阶段性地降低辐射检查标准。虽然安全委员会的这个建议很温和，但当地对策总部和福岛县还是觉得难以接受。

6 月 4 日，生活支援小组以传真方式回应安全委员会事务局称（题为：对于变更放射线检查标准值意见的答复）：鉴于核能灾害总部和当地对策总部的意见还有进一步统一的必要，我们认为暂不适合向委员会咨询或接受贵方建议。

6 月 8 日，安全委员会的管理环境课课长都筑秀明前往福岛县政府召开了针对福岛县的说明会。关于降低放射线检查标准值的问题，福岛县认为存在以下几点问题。

- 会引起民众恐慌。
- 实际上正在使用 13000cpm 的标准。
- 除染设备不齐全。

此外，都筑还与核能灾害当地对策总部部长、经济产业省政务官（众议院议员、千叶县民主党）田屿要会了面。田屿这个月刚刚就任当地对策总部部长一职。都筑将安全委员会的回答文件递给田屿，并说明了下调辐射检查标准值的方案，接着两人便展开了激烈的辩论。田屿说："突然说要调低标准值，我们很难办。"都筑回应说："并不是要你们立即下调标准，只是想针对调低标准值这一问题讨论一下。等计划定下来后再逐渐实行就可以了。""具体怎么个'逐渐实行'法呢？""例如，我们可以先以13000cpm 为目标，将最终目标定为 13000cpm、也就是按5 贝克勒尔来逐步完成。具体期限，我认为应该视现场的情况来定……"

田屿打断都筑说："将包括这些内容的安全委员会的建议都拿给我，没有这些可不行"。"做决定的确实是核能灾害总部，但我们是外行。如果没有来自专业的安全委员会方面的技术上的建议，我们也不知道该怎么做"。"既然你们的工作是提建议，那就应该遵循我们的意向来提建议。"

都筑回应说："什么？外行？！你们可是当地对策总部啊！我们安全委员会只是个建言的机构，虽然可能比你们多少懂一些专业知识，可也不愿意听你们称自己为外行啊。也许你自己确实是外行，但当地对策总部中负责应对的人可不是外行，至少还有保安院呢。"

当时核能安全·保安院的职员也在场，他们都低着头不吭声。都筑继续说道："我以前也在保安院工作过。保安院的各位，被当地对策总部部长这么说的你们难道就不觉得难为情吗？"都筑曾担任过东京电力福岛第一核能保安检察官事务所所长一职。

返回东京后，都筑向大家传达了福岛当地的意思。安全委员会事务局虽然将关于放射线检查标准值的建议暂时搁置了一段时间，但最后，还是对附加了 100000cpm 的"暂定"标准表示了认同。

稳定碘剂

　　关于向居民分发稳定碘剂和服用的问题，也像放射线检查标准值的实施一样争议不断。

　　稳定碘剂是以不含放射能的碘为主要成分的药剂。在放射性碘被身体吸收的 24 小时前服用稳定碘剂的话，能够 90% 地抑制放射性碘汇集到甲状腺上。

　　之前核能安全委员会传达的方针是：如果预测到放射性碘导致儿童甲状腺的等价线量达到了 100 毫西弗、原灾总部开始执行服用稳定碘剂的指示的话，则必须确保周边居民确实并且及时的服用。

　　这种情况下，原灾总部要向核能灾害对策总部长、当地对策总部长、县知事和居民发出服用稳定碘剂的指示。但福岛第一核电站事故发生之后，紧急应对中心和核能安全委员会却主张"比起分发稳定碘剂，应该先进行居民避难"。

　　12 日清晨 5 时 44 分，在下达 10 千米范围内居民避难指示时，政府又一次面对是否应该让居民服用稳定碘剂的问题。明石认为："现在没有必要立即服用碘剂，应该先避难。"于是政府接受了他的建议，没有下达服用碘剂的指示。而就在 13 日的"传真消失事件"中，争议出现了。

　　13 日上午 10 时 40 分，安全委员会向紧急应对中心发去了一份传真，内容是关于放射线检查标准值超过10000cpm的情况下除染及服用稳定碘剂方面的注意事项等建议。安全委员会将发传真一事清楚地写在了记事板上，确认已经发送给了紧急应对中心，可紧急应对中心却坚称没有收到过这份传真。这件事被称为"传真消失事件"，引得大家议论纷纷。

12日13时15分，当地对策总部向福岛县及相关町（大熊町、双叶町、富冈町、浪江町）的町长发去了一份指示性文件，内容为："为应对稳定碘剂的分发，请确认搬往避难所的稳定碘剂的准备情况的同时，确保有足够的药剂师及医生。"

当时，福岛县自行决定将放射线检查标准值提高为100000cpm，而安全委员会建议的标准却是13000cpm。放射线检查标准值的提高与稳定碘剂的分发、服用有着密切关系。可以说，放射线检查标准值就是分发碘剂的标准。按照安全委员会的标准，当放射线检查值在13000cpm以上时，就应该服用稳定碘剂，但福岛县却无视安全委员会对于10000cpm就应该服用碘剂的建议。

14日上午11时01分，3号机组的核反应堆厂房发生了爆炸。14时左右，安全委员会接到消息说"现在当地有谣传说最好服用碘剂，许多人都在药店大量购买含碘的漱口水"。当天晚上，紧急应对中心又接到消息说，20千米范围内住院患者的避难工作还没有结束。于是，安全委员会建议，住院患者在避难时应该服用稳定碘剂。

第二天的 15 日，紧急应对中心即将此建议以传真形式发送给了当地对策总部。但由于忙于将紧急事态应急对策中心转移到福岛县政府的工作，直到当天晚上当地对策总部才注意到这份传真。而福岛县则以"已经确认 20 千米范围内没有需要服用的居民"为由，没有执行服用稳定碘剂的指示。福岛第一核电站周围的各自治体已经准备好了稳定碘剂，但政府和福岛县却迟迟不下达明确的指示。

福岛第一核电站周围的各个自治体都储备好了安定碘剂，但不管从中央政府还是县政府那儿，都没有得到任何明确的指示。浪江町按照居民避难指示进行了避难，但却没有得到关于稳定碘剂的发放和服用的任何指示。12 日前往津岛地区避难时，他们也携带着储备用的稳定碘剂，避难所里也配备了碘剂，可因为没有来自国家和福岛县的指示，只能将碘剂搁置在那里。

南相马市也考虑了向居民分发放碘剂这个问题，但却没来得及。因为，虽然在 12 日就决定向距离核电站最近的小高区居民发放碘剂并开始着手在准备，但由于避难区域扩大到 20 千米和 3 号机组的爆炸，大多数市民已经开始自行避难了，因此分发计划也无法实施。而在此期间，三春町町政府已经给来自大熊町和富冈町的未满 40 岁的避难居民发放了稳定碘剂，并让他们服用了。

岩城市和栖叶町虽向居民发放了碘剂，但并未让他们服用。16日上午，岩城市市长让市里的各窗口及各支部、避难所等开始向居民发放稳定碘剂。根据岩城市的发放政策，栖叶町于15日向未满40岁的居民发放了碘剂，但未就碘剂的服用方法做出指示。

三春町的决断

这些市村町中，只有福岛县田村郡三春町采取了自己的行动。

15日13时，町政府用防灾无线电指示其町民，要求在有药剂师在场的情况下，向95%的未满40岁的町民发放碘剂并让其服用。因为三春町中还有来自大熊町和富冈町的避难灾民居民，三春町政府决定将他们也纳为服用对象。

从3月12日清晨开始，浜通的避难居民就涌到了三春町。他们由警车开道，乘坐着自卫队的卡车和大客车、私家车，几乎都没拿任何行李就逃了过来。当时，福岛县警察局打电话来问町政府："能够接收多少避难居民？"町政府近乎条件反射地回答说："700人。"但逃来的灾民人数瞬间就超过了700人，后来又涌来了1500人。

三春町的町长铃木义孝是因为力主行政财政改革而当

选的，当时恰逢北海道的夕张市因为财政破产而被媒体大肆报道。他阻止了"消化"未完成的预算和聘请顾问这两件事。因为他认为："基层自治体就像中小企业一样，如果被要求只做政府规定范围内的事，就会影响其组织能力的发挥。不能过分依赖顾问，在发生特殊情况时，大家应该一起协同解决。"

三春町为了本町的建设而成立了一个自主防灾会，在防灾应对方面，三春町的组织能力和承受能力都得到了提高。这也在全町范围的难民救助中发挥了作用。日本红十字会支部和妇幼会在中小学体育馆里为避难灾民们做赈灾饭，町里的保健师和三春医院的医生们也开始在避难所里巡视。一天夜里，气温降到了 3～4 摄氏度。町里用无线电广播寻求町民们的帮助说："灾民们现在非常需要毛毯。"1000 床毛毯立即就被送了过来。

避难居民中有一个叫做石田仁的人，他在大熊町常年负责核事故发生时居民的避难工作。12 日下午，石田在大熊町政府里准备避难工作时听到了 1 号机组发出的巨大爆炸声。那一瞬间他以为自己可能没命了，于是，赶紧让居民们逃往另外两个市和町避难。13 日凌晨 1 时左右，他作为最后的避难者和剩余的避难居民一起逃到了三春町。在三春町避难的有大熊町和富冈町的灾民各 1000 人，合计 2000 人。石田做好了将年迈的母亲和妻子托付给在冈山的弟弟的准备，并带上了大熊町全町的稳定碘剂。

　　石田打开电脑，找到了关于核辐射云扩散状况的预测消息。挪威、奥地利和德国等研究所的预测模型都显示说核辐射云正往三春町方向扩散。当时，石田手中唯一的信息就是 12 日凌晨 3 时，东京电力发给大熊町的一张排气状态下核辐射云的扩散预测图。这是单位时间内气体排出量的预测，显示核辐射云正向南边移动。在这种情况下，国家紧急放射能影响迅速预测网络系统（SPEEDI）一定会公布检测数据及估算结果。但石田在网上拼命查找岩手县、宫城县以及茨城县等地的检测数据，却都没有找到。

　　15 日上午 8 时多，石田从新闻中获悉茨城县东海村的放射线量达到了每小时 5 毫西弗，是正常值的 100 倍。然而，位于中间点的岩城市的数据中，关键时间带的监测数据却消失了。石田有种很不好的预感。难道是谁在故意隐瞒着什么？让石田担心的另一点是，福岛县将放射线的检查标准值一下提高到了 100000cpm。

　　平时，放射线检查标准值为 1000cpm 时就已达到了需要提交报告的程度，而 100000cpm 这个数据不由得会让人产生是从反应堆里释放出来的东西的想法。福岛县已经开始解释是由于后台的放射线含量升高，所以才将放射线检查标准值提高的。还说由于除染体制跟不上，所以才提高了标准。石田心想，这些难道不都表明事态正在往更危险的方向发展着吗？

　　铃木将石田视作"参谋"，让他常驻町政府的二楼办公。在保健师竹之内千智等医生和药剂师的协助下，铃木收集到了许多稳定碘剂的功效及其副作用的相关信息。毕业自专门培养保健师的大专院校的竹之内，于 2006 年开始在町政府担任保健师。

　　14 日上午 11 时 01 分，3 号机组发生了爆炸。各区域的辐射量也开始持续上升。天气预报又是怎么说的呢？特别是明天（15 日）的天气会怎么样呢？14 日晚上，石田看到挪威等国外研究机构预测说含有放射性物质的云团会从三春町上空飘过。果真如此的话，居民就会受到辐射威胁。三春町在距离福岛第一核电站以西 45 千米处，这样的话额服用碘剂的时机就变得至关重要了。

　　如果在含有放射线的云团飘来的 24 小时前服用碘剂的话，效果不是很好。町里决定 15 日上午 9 时，在海拔 450 米处、也就是町里位置最高的高台上测定风向。高台上放着一个白色旗杆，旗杆顶部安上了风向标。从移之岳方向吹来了很强的东风。每小时都会拍照并将照片送去町政府，以此来确定风向。

　　15 日下午，天气预报说要下雨。根据福岛县地区防灾计划书上的规定："必须得到来自中央政府下达的可以预防性地服用碘剂的指示，并且由县知事作出判断才能服用碘剂。"据此表明，町一级的领导并没有指示居民服用碘剂的权利。但目前中央政府和福岛县都没有任何指示，以后也可能什么指示都没有。考虑到这种情况，町领导必须认真考虑对策才行。

14日中午，町政府的保健师竹之内千智与相关工作人员前往福岛县政府要求提供稳定碘剂。于是，县政府发给了他们12500片片剂和每粒49克的碘剂。后来，当得知婴儿需要碘剂的量更多后，半夜里他们又再次赶去县政府拿到了11000片碘剂。

14日21时，在町长办公室的隔壁会议室里召开了临时课长会议。已经回家的工作人员被紧急叫了回来，12人全部出席了会议。会议最核心的议题是，在政府和县里都没有下达任何指示的情况下，町里给居民发放碘剂让其服用是否妥当？经过近一个小时的讨论，最后大家一致认为应该下达发放、服用碘剂的指示，而最后的决定权还是在町长手上。

铃木担心服用碘剂后的副作用，但竹之内他们认为并不会产生多大副作用。竹之内于14日下午前往福岛县对策总部申领碘剂。取到碘剂后去往停车场的途中她突然想到："应该向负责人询问一下关于服用碘剂的使用方法、和注意事项。"于是又返回了对策总部。

负责人是位药剂师。竹之内问他："我想咨询下碘剂的使用方法和注意事项。"对方怔了一下回答说："这些事情我们也不知道。"竹之内又问道："但是，孕妇和儿童初次服用也没有问题吗?"对此他没有马上回答,过了一会才说:"嗯,应该是没什么问题的吧。"

竹之内将这些都如实地汇报给了町政府。町长铃木和总务课长桥本国春听说之后,感觉对策总部实在起不到什么作用,根本靠不住。于是他们下定决心,只能自己做决断了。铃木对课长们下令说道:"如果发生紧急情况,我们一定要担起责任。"

三春町将 15 日 13 时确定为服用稳定碘剂的时间,并制作了一份题为《致各位町民》的文件,背面写着碘剂的服用方法。为了将这份文件下发给每户居民,町政府将各区区长召集到八个集会处,准备向未满 40 岁的,约 3303 户(7248 人)居民发放碘剂。

15 日,町政府的近 30 名工作人员黎明时分就开始了往信封里装入碘剂的工作。儿童用碘剂需要将药丸碾碎后放入,然后将居民家的门牌号码、名字、年龄、碘剂的相关信息等打印成贴纸后再粘贴到信封上面,他们甚至还在信封里装了"为预防辐射而发放和服用的方法"的说明。上午 11 时,这项工作终于完成了。清晨 6 时过,新闻里播放了 2 号机组发出爆炸声的消息,町政府设置了两处确认风向的风向标。13 时,町政府下达了发放及服用碘剂的指示,并在集会处写着:"碘剂是供 39 岁以下人群服用的,40 岁以上的人群不需要服用。关于此药的服用方法,请参照宣传单上的信息或向发药现场的工作人员咨询。另外，收到碘剂后请立即服用。"

町政府向 3303 户中的 3134 户发放了碘剂。各区区长纷纷前往发放碘剂的八个集会处，确认前来领取碘剂的居民身份。

三春町隔壁的郡山市的市民也纷纷到三春町的发药现场来申领碘剂，但三春町以非本町町民为由拒绝了他们。由于市民不断询问服用碘剂的事，郡山市政府便来与医生会商量。医生会针对三春町发放碘剂一事咨询了福岛县，这才听闻此事后的福岛县灾害对策总部感到非常惊讶。

15 日 16 时，福岛县保健福祉部地区医疗课的职员打电话问三春町保健福祉课的课长工藤浩之："听说三春町给居民发放了碘剂，这是真的吗？"工藤回答说："是的。""你们应该遵照国家和县对策总部的指示。并且在服用碘剂时，必须得有医生在场。你们这样擅作主张是不对的。"

可工藤并没有觉得什么不对。他曾在网上查找过，并看了很多遍放射线医学综合研究所等权威放射线医疗机关发布的"稳定碘剂的使用说明"。三春町都是按照这些要求去做的。所以工藤说："我并无顶撞您之意。你们老在说'对策总部'、'对策总部'，可我们甚至都无法与对策总部取得联系。另外，他们的负责人不也无法做出判断吗？至于您说的必须要在有医生在场的情况下才能服用，使用说明里写的是'医疗相关人士'，那保健师和药剂师也都是医疗相关人士啊？我们都是遵循说明进行的，我不认为存在什么问题。"

可对方仍然一个劲地坚持让三春町要收回碘剂。工藤终于忍不住说道："我们必须保证居民的安全，在什么都没有的情况下我们只能这么做。没有正确的放射线量数据，没有对策总部的指示，在这种情况下，我们必须这么做。"对方最后用威吓的口吻说了句："总之，给我将碘剂收回来！"后便挂断了电话。工藤立即向总务课长桥本国春报告了此事。桥本听了后只说了一句话："事到如今你居然还跟我说这些！"

竹之内那边接到了四个来自灾民的关于服用碘剂后"不舒服"、"想吐"、"这是副作用吧"的咨询电话，但情况都不是很严重，并且对方还说了一些感谢的话。（石田在三春町町政府工作到 4 月 4 日，那天中午他打扫好办公室，与同事们打过招呼后便离开了町政府，于 4 月 5 日去了设立于会津若松市的大熊町临时政府。）

福岛县向距离福岛第一核电站 50 千米范围内、拥有行政区域的市町村都派发了稳定碘剂，但县知事的权力毕竟有限，所以并没有指示灾民以及各市町村必须发放和服用碘剂。按照放射线医疗指南中的相关规定，县一级的政府可以选择性地接受国家的指示，也可以自行做出判断。而福岛县好像恰恰忘记了"可以自行做出判断"这一选项。不仅如此，福岛县甚至还试图制止像三春町这种通过自主判断来保护居民不受放射线辐射的自治体。知事不行使自己的权力，是导致大多数市町村没有服用碘剂的一个重要原因。

前一阵子，针对福岛县政府的上述做法，紧急应对中心的核能安全委员会的防辐射专家评判说："县知事想规避服用碘剂所产生的风险，但也正是基于这个顾虑，使得他们对辐射所产生的危险视而不见。福岛县没有认真考虑辐射和吸收碘的危险以及服用稳定碘剂的风险这三者之间的平衡关系，一心想要保持稳定。避免一切可能产生影响的决定，以及极力避免颠覆历届知事做法的心理，很大程度上支配着他们最后的决策。"

2011年8月末，核能安全委员会才获悉三春町居民服用碘剂一事。在核能安全委员会召开的核能设施等防灾专门会议上，核能安全·保安院核能防灾课长松冈建志提及此事说："关于三春町和岩城市为居民发放稳定碘剂、特别是三春町让居民服用碘剂一事，我们已经确认过了。三春町大概有7000人服用了碘剂。这是当地对策本部与自治体确认后的数字。"

会议结束后，安全委员会管理环境课长都筑秀明对助手栗原洁说："三春町真是了不起啊！"栗原说："其实您是希望他们这么做的，对吧？"但三春町只是一个例外中的例外。核电站周边的市町村基本上都处于一直在坐等上面指示、却一直都没接到指示的状态。福岛县的理由是在等待来自政府和核能灾害总部（ERC）的指示，然而真相是否的确如此却谁也不知道。"为了自己不用对自治体和居民下达指示，就让政府也不要下达指示。"——也许，这才是更接近于事实的解释吧。

第 6 章

危机中的迷雾

应该让居民何时、用怎样的手段，去哪里避难？各自治团体不得不自行做出判断。东京电力职员的家属最先逃走，而避难灾民却遭受着核辐射物质烟雾所致的直接威胁。

浪江町·马场有町长

11 日上午，马场有町长（时年 62 岁）在某中学的毕业典礼上做了来宾致辞后，下午就一直待在了町政府。马场的家里有个由他祖父创立的一直以零售为主的酒铺，最近也开始提供为顾客送货上门的服务。2007 年 12 月，他当选为了町长。地震和海啸发生后，町政府成立了海啸对策总部，根据事前制作的海啸防灾预测图引导居民们进行避难。

浪江町在福岛县双叶郡，位于太平洋沿岸的滨通地区，人口 21434 人。114 号国道线沿着穿过浪江町的请户河向内陆部分延伸，每年前来产卵的鲑鱼都会在请户河中自东向西地逆流而上。这天海啸以骇人的气势冲进了这条河，待海啸退去后，町里 660 户人家的房屋也随之消失得无影无踪。町政府虽然得以幸免于难，但全馆断电，人们只能就着蜡烛工作。座机用不了，手机也打不通，只有 au（KDDI 及冲绳蜂窝电话系列的服务品牌）的手机还能接通。町政府里用 au 手机的职员只有 3 人，可这 3 部手机却起了相当大的作用，报平安的电话接二连三地打了进来。

晚上，海啸的余波继续将房屋朝河流上游方向推去。有人来报告说，有个房屋的屋顶上有七八个紧紧抱在一起的人在喊"救命"。町政府的职员大概共有 170 多人，听到这个消息立即全体出动赶去营救。

12 日清晨 5 时 44 分，马场在町长办公室里正一边看电视新闻一边打着盹儿。这时电视上出现了枝野幸男官房长官正在召开记者招待会、发布距离核电站事故发生地点 10 千米范围内避难指示的画面。"不得了了！"马场和町政府的官员们都是从电视报道中才第一次听说核电站发生了事故。在此之前，浪江町并没有从东京电力公司和紧急事态应急对策中心得到任何关于核事故的消息。马场心想，现在不是研究海啸对策的时候，而应该研究核事故对策才行，于是他在町长室西侧的会议室设立了核事故对策总部。清晨不到 6 时，他通过防灾无线电把核事故的情况告诉了町上的居民，并反复播放"请到 10 千米范围外避难"的警报。

浪江町政府位于距福岛第一核电站 8.7 千米处，全町面积近二分之一都在距核电站 20 千米范围内。根据核能灾害防灾计划，处于 10 千米避难范围外的有两个小学和一个养老院共三个地方。

马场指示，有车的居民用私家车、没车的居民用町里提供的校车避难。居民们一传十、十传百地相互转告。虽然在忙于应对居民的避难工作，但马场心里还是有种不祥的预感。他心里暗想：核事故会不会朝最坏的方向发展呢？他觉得避难区域设在 10 千米范围恐怕不行，应该到 20 千米范围外去避难——这样的直觉实在太敏锐了！

这样决定后，马场便用广播号召大家到距离浪江町 30 千米远的津岛地区去避难，町政府也转移到了位于津岛的办事处。12 日 15 时，把所有的职员都送走后，马场亲手关闭了町政府的大门，最后一个离开浪江町，开车向津岛方向驶去。

车子刚驶出国道 114 号线，就被卷入了异常严重的堵车队列中。平时 30 分钟能到的地方，现在竟然要花上 3 个半小时，马场到达津岛办事处时已经是 18 时 30 分多了。当天 18 时 25 分，上级政府发出了到 20 千米范围外进行居民避难的指示。此前，浪江町都没有从政府和福岛县那里得到过任何通知，町上一半的居民，大约 8000 人都逃到了人口只有 1400 人的津岛。

13 日是星期日。这天一扫昨日和前日的寒冷和阴霾，天气晴朗，温暖和煦。马场先后去了二十多个避难所，慰问了逃去那里的浪江町灾民们。看到那些可怜而无助的孩子们，马场心里很难过。

傍晚，一位前往距离第一核电站约 5 千米处的紧急事态应急对策中心的浪江町政府职员回来了。他说："现在紧急事态应急对策中心自身也处于混乱状态。"他从紧急事态应急对策中心得到的支援仅仅是一台卫星电话。马场回想起了以前防灾训练的内容。那是去年 11 月在大熊町政府后面运动场上进行的核事故防灾训练，经济产业大臣和福岛县知事也以电视会议的形式参加了那次防灾训练。当时假定的是某处的一个管道被截断了，自卫队的直升机也从东京飞了过来。当时核能安全保安院的负责人要求说："要掌握好紧急事态应急对策中心的动态，听从他们的指示。"可现在紧急事态应急对策中心自己却陷入了混乱。

这天，灾民们收到了新潟县送来的毛毯，这是浪江町第一次接收到救援物资，第二天又收到了日本红十字会送来的粮食。但当看到警察身着白色的核辐射防护服时，灾民们都感到有些不安和恐惧。正在津岛派出所执勤的双叶警察局浪江分局的警察们全都身着防护服。浪江町议会的吉田数博议长向警察们请求道："居民们看到防护服很担心，能脱下它吗？""那可不行！因为不知道什么时候又必须回到町里。""那就待在你们的驻地别出来好了。"白色防护服在人们心里深深地烙上了对核辐射的恐惧。"核辐射的污染已经到必须穿防护服的程度了吗？""为什么光是他们穿着防护服，而我们却没有任何防护设备？"

14 日上午 11 时 1 分，3 号机组的核反应堆厂房爆炸了。马场一边关注着电视新闻，一边召开了对策总部会议。1 号机组爆炸之后，3 号机组也发生了氢爆炸。他心想，其他的机组是不是也会发生堆芯熔解？

15 日早晨 5 时 30 分，马场又一次召开了町政府的对策总部会议。他对大家说："各位，这里已经不行了。我们只能去再远一点的地方避难了。"大家问："去山形县吗？还是去关东？"在和大家讨论了许多方案后，马场最后还是决定向二本松市求助。二本松市在距离福岛第一核电站约 50 千米处。

二本松市和浪江町的高中生上学共用一辆校车，马场和二本松市的市长三保惠一也认识。于是马场给三保家打电话请求见面并寻求帮助。因为马场 7 时 30 分还要召开灾害对策总部会议，于是三保说："那请你在那之前来吧。"清晨 6 时 30 分，天气寒冷彻骨，马场来到了二本松市的市政府办公厅。在市长办公室里，马场用他那双布满血丝的眼睛望着三保说："现在福岛发生了严重的核事故，这样下去会危及到浪江町居民的生命。能否让我们到二本松市来避难？给我们个能遮风避雨的地方就行，拜托您了。""有多少人？"三保问道。"8000 人。"听到这个数字，三保显然吃了一惊。三保说："我在当福岛县议会会长时，就曾经考虑过核电站的事情。核辐射污染是个很严重的事情，总之我们一起想办法努力吧。"

三保立即给市议会的议长和副议长打电话说："能否马上来一趟？"大概 10 分钟后两人就来了。3 人当场就决定接受浪江町居民的避难请求。与此同时，当得知因为地震，二本松市也有 2500 名不得不生活在避难所里的市民时，难以言表的感激之情顿时化作一股暖流涌上了马场心头。他深深地向三保他们鞠了一躬后告辞回到了津岛。

马场决定让居民当天午后就出发。政府在同一天上午11 时发布了 20～30 千米范围内居民进行室内避难的指示，而此前浪江町就已经作出了全町居民避难的决定。马场从新潟县预订了 20 辆公共汽车，但不知何故司机半路却都回去了。于是他只好又另外联系了 5 辆公交车，连续折返运送灾民去二本松市。

15 时 30 分，马场到了二本松市。这时下起了雨夹雪。当天清晨 2 号机组的抑制室（S/C）发生了爆炸。大量核辐射云随着风被吹往西北方向。下午，核辐射云抵达浪江町津岛地区、川俣町山木屋地区和饭馆村等地上空，并随着降雨落到了地面。

逃往饭馆村、川俣村方向的浪江町（还有南相马市）避难人群中，于 15 日 15 时以后开始避难的人们很可能都是在往核辐射物质飞散的方向逃。本书后面的第 18 章中将提到，预测网络系统的定时计算结果显示，福岛第一核电站释放出的核辐射物质当天的 11 时到 12 时是往西南方向、但从 13 时起到次日（16 日）凌晨 2 时则是从西面向西北方向扩散。也就是说，居民们是在辐射数字最高的热点地带盲目逃难。

2011 年 5 月 4 日，正逢黄金周的连休，二本松市的町政府里罕见地冷清。东京电力的清水正孝社长来向刚走出町政府的马场道歉。原来，根据浪江町和东京电力公司曾缔结过的安全协议，东京电力若发生事故必须及时向浪江町通报情况。马场责备道："核事故的事没有通报我们，你们这不是违反协定了吗？"清水无言以对。

6月14日，东京电力总部的职员带着点心等礼物又来拜访马场。就没通报核事故的原因，东京电力总部的人解释说："当时通信出了故障，所以联络不上。"马场非常气愤地大声责问道："真的仅仅是因为通信故障吗？即使电话打不通，坐车只有15分钟，步行也才1小时的距离，你们就不能来一趟吗？"事故发生前，像在核反应堆里落下个创可贴、掉了个扳手这样的小事故，东京电力负责宣传的人都要来町政府跑一趟详细说明情况。而发生这么大的事故时，浪江町却被丢到一旁[①]，连看都不没人来看一眼。

南相马市·樱井胜延市长

11日晚，南相马市的樱井胜延市长（55岁）在去市

[①] 在被政府纳入计划避难的区域后，浪江町就于5月23日将町政府转移到了位于二本松的男女共生中心。浪江町距离福岛第一核电站20千米范围内的区域被指定为警戒区域，20千米以外的所有区域被指定为计划避难区域（政府事故调查《中间报告》278页）。截止2012年4月，浪江町共有町民14000人在福岛县内、7000人在县外避难。

政府一楼时偶遇了一位市民。他说："核电站很危险。"据说他来这里就是为了向市长汇报这个消息的，还自称就在福岛第一核电站现场工作。他说："市长你也必须离开哦！"然后丢下一句："我现在跑路了！"后就走掉了。"一定是有人让他赶紧逃命他才这么说的。"樱井这么想。虽然有些不安，但他却并不是很紧张。

12 日下午，正在召开灾害对策总部会议的樱井接到了警察打来的紧急电话："刚刚收到了福岛第一核电站发生爆炸的消息。"樱井一边指示部下确认消息是否属实，一边抓起防灾广播的话筒通知道："来自警察局的消息说核电站发生了爆炸，请大家都待在室内"、"请在室内躲避"、"请留在原地别动"、"尽量不要外出。"过了三四十分钟，消防署发来消息说："没有确认发生了爆炸。"樱井又通知大家："刚才的消息是误报。"

18 时 30 分左右，防灾安全科的职员气喘吁吁地跑来说："20 千米范围内避难的指示出来了，NHK 正在滚动播出。"顿时天下大乱。对于南相马市目前所处的困境，有市民愤怒地骂道："市政府都是吃白饭的吗？"可即便是市政府，也没有得到过任何相关信息。手机信号也差，能联系上的就只剩福岛县的防灾电话。那个电话也只有 1 条线，30 分钟一次，能不能接得通都还不一定。防灾电话在 1 楼。一旦接通，樱井就会边喊着"等一下！"边从 3 楼的市长室冲下去。

南相马市是按 2006 年町村合并之前的町村划分的，从北边开始依次为鹿岛区、原町区、小高区三个区。距离核电站最近的小高区全区都在 20 千米的避难区域内，因此受海啸影响也特别严重，市中心的原町区的一部分也在避难区域内。樱井家就在原町区的江井，独身的樱井和父母生活在一起。樱井的家也受了灾，但所幸父母都平安无事，并安全地到了避难所。此后的 47 天里，樱井都一直在市政府担任前线指挥，晚上就睡在仅铺着毯子的地板上。

南相马市共有 71494 人、22898 户（截止 2011 年 2 月 28 日的统计数据），此次共有 3732 个家庭受灾，死者和失踪人数当时已经上升到了 638 人。被海啸全部摧毁的家庭多达 1165 户 [1]。

无论是从政府还是从福岛县那里，南相马市都没有得到关于 20 千米范围内居民避难指示的任何通知，唯一的消息来源就是 NHK 播放的新闻。樱井他们考虑是否将灾民安置到 20 千米外的一个市内小学里，但当时那里已经涌入了 6000 多名受海啸波及的灾民，因此必须在南相马市以外的地方寻找避难场所。樱井征求了福岛县的意见，却没得到对方的任何回复。

---

[1] 截止 2012 年 5 月 24 日，南相马市的居民中有超过 2 万人在市外避难（南相马市重建企划部《东日本大地震南相马市的状况》2012 年 5 月 24 日）。

14 日晚将近 22 时，5 楼的自卫队通信队队员急匆匆地跑下楼来。每跑到一层都高喊道："核电站爆炸了！大家快跑！自卫队已经要求去 100 千米外避难了！"地震和海啸后，因为自卫队希望征用 5 楼，所以 5 楼一直是他们在用。

听到这个消息的市政府职员们都面色铁青，甚至有人立马从市政府飞奔了出去。大家都对身着迷彩服的自卫队队员们有着高度的信任感，不相信他们会传播不确定的信息——樱井这么想。事后有职员说看见自卫队的队员们列队撤走了，还有传言说自卫队队员说"空中升起了蘑菇云"。市政府里人心惶惶。

不久，又传来消息说双叶郡的所有政府机关都集体避难去了。为稳住大家的情绪，樱井指示说："在得到来自福岛县政府的确认前，请勿轻举妄动。"后来福岛县回复说："并无此事。"樱井便用无线防灾通知大家说："请尽量不要外出"。

当天晚上较晚时，一位市民怒火冲天地跑来市政府吼道："市长在干什么呢！赶紧让市民们去避难，不然后果将不堪设想！自卫队队员说应该避难到 100 千米外才行！"类似的流言四起。于是，避难所里的灾民们也开始一起逃往更远的地方。

15 日上午 11 时，政府下达了 20～30 千米范围内"室内避难"的指示。南相马市被划分为了 20 千米范围内、

20～30 千米范围和 30 千米以外这 3 个区域。虽然樱井收到了来自北边的友邻城市相马市市长立谷秀清称可以接纳避难灾民的回复，但却没有可以用来运送灾民的交通工具，而且汽油也完全没有，于是樱井打电话求助饭馆村的村长菅野典雄。同为乳业农户的菅野和樱井都是福岛县乳业协同组合的成员，若论乳业方面的从业资历，菅野是樱井的前辈，两人的交情已长达 30 年之久。

樱井对菅野说："能不能借用你们的校车把我们的市民送去相马呢？"菅野说："今天看来不行了。"过了一会儿，菅野又打来电话说："如果能等到傍晚的话，我一定帮你解决。"于是菅野把村里的 7 辆校车都借给了樱井，每辆都是大巴。司机们在布满积雪的道路上，将南相马市的灾民们送到了相马市。

然而，和樱井预想的一样，20～30 千米范围内"室内避难"的影响立即显现了出来。会津若松市希望能给灾民们提供两万个饭团，但却只能送到 30 千米外；负责从东京往南相马运汽送油的油罐车司机在行驶到郡山市后就拒绝再向前行驶了；供下水道消毒用的氯气不足。因为都避难去了，自来水局的人手不够。如果饮水上再出现问题的话，那就真要无法生活下去了。这不是不给我们活路吗？樱井愤愤然地想。他对福岛县知事佐藤雄平推行的"室内避难"政策非常反感。

15 日晚，在 NHK 的采访中樱井如是呼吁道："现在食物、药品、医疗品和燃料都处于匮乏状态，而且灾民还被要求在室内避难。他们既不能去搜寻失踪的家属，也不能回家，只能听从政府的指示待在避难所里忍受。明明是灾民，却连赈灾饭都吃不上……政府只管发号施令，却不给我们提供准确信息，不问的话就没有人主动告诉我们。因为被划定为了核辐射污染区域，所以许多物资都送不到南相马市的避难所来，市政府的工作人员必须跑到 30 千米外去领。希望福岛县和国家能想办法帮助我们脱离这种困境，毕竟地震、海啸和核电站事故都不是南相马市的错。请政府与其他地区协调一下接纳我们的避难市民，希望能为他们准备好必要的交通工具和汽油。"

看到电视上樱井那愤怒的呼声，感同身受的新潟县知事泉田裕彦打来电话说："樱井先生，我们可以接纳南相马市的全部灾民。请别顾虑！尽管把灾民运到我们这边来吧！关东大地震时新潟县曾接受过 3 万余名来自东京的避难灾民，所以没关系，让我们来帮助你们！"[1] 尽管和泉田素昧平生，但他的话在让樱井感到莫大鼓舞的同时，也让他看到了一线生机，他完全不知道该如何感谢泉田了。

看到气象厅的天气预报以及德国发布的核辐射扩散趋

---

[1] 地震、海啸发生后，泉田即开始了"答谢中越地震中给予过我们关照的人们"的活动，表态说愿意接受 30 个市村町的避难灾民。危急时刻，新潟县共接受了 13000 名避难灾民（泉田裕彦，2012 年 5 月 7 日）。

势预测，泉田预感到"这下不得了了"！于是开始着手准备几十万甚至上百万避难者的接收方案。2007年中越海岸地震时，东京电力的柏崎刈羽核电站曾发生过故障。这次事故的教训是，因为日本各级政府都实行的是垂直管理，所以没有形成能够应对综合性灾害的组织结构。一旦核电站发生重大事故，必定是由地震所致，且很有可能是复合型灾害。

而核电站灾害总部的事务局不但没让核能安全保安院的紧急应对中心掌管大局，反而主张应该由与自然灾害和核电站灾害密切相关的福岛县政府来管理，即采取所谓"全部交给政府"的管理方式。2010年进行核电站灾害防灾训练时，泉田就向新潟县事务局发出过要针对这种复合型灾害进行演习的指示，因此事务局以地震强度为"强5级、弱6级"时发生核事故为假定条件征询了保安院的意见。之后事务局向泉田报告说："保安院指出，地震震度在强5级弱6级时，核电站的发电站是不会受到破坏的，因此这个演习计划不成立。"

"那把震度改为6级怎么样？""现在改计划的话，就赶不上今年的训练了。"大家意见不一。不仅事务局的态度模棱两可，市町村那边也一样。于是泉田只好让步说"那就不必设定那么严重的场景了"。最后以"雪灾"代替了"严重的"地震并最终达成了妥协：设定为雪灾和核事故造成的"复合型灾害"。就在泉田给樱井打电话前，福岛县知事佐藤雄平也给樱井来过电话。樱井对泉田说："您太及时了，真是太好了。""十分感谢！刚才知事打来电话只说了几句'加油，我这边也正努力着'。"结束与泉田的通话之后，樱井指示职员们："立即制订避难计划。告诉市民们先往新潟方向避难。"新潟县让核事故的避难灾民们免费使用县内的高速公路，在避难的体育馆内铺满地毯，并打开了地热供暖系统。

　　与此同时，南相马市的职员里也开始出现了去避难的人。灾害刚一发生，市立医院院长就对职员们说："想避难的员工可以去避难。"所以大部分员工都已经避难去了。市立医院事后才将此情况报告给了市政府。樱井对他说："这顺序颠倒了吧！你们可是市立综合医院，不同于民间的私立医院啊！有市民跟我们哭诉说，住院患者用的氧气没了、煤油也没了、柴油也不足了，哀求我们想办法。我们正在拼命想办法确保这些供给，这种情况下医院的员工们是不应该先去避难的。"针对这种情况，樱井决定工作人员"目前暂时不要转移"。市政府也会一直在这里，和大家一起努力。樱井认为，如果现在允许职员们避难，那南相马市就彻底毁了。

　　3 月 20 日，樱井当着全体职员的面发表了"市长训示"："针对福岛第一核电站事故的辐射危险，我们已经发布了避难劝告让市民们实施临时避难。""在接到国家下达的避难命令前，市政府要保证总厅和鹿岛区政府的正常职能，并尽全力保障剩余市民的生活。""现在，为支援避难者，正有计划地向避难地派遣政府职员。"听完樱井的话，职员们都对他怒目而视。现场气氛顿时紧张起来。樱井的话刚落地，素日里从不会向市长提问的一位女性职员率先质疑道："为什么让居民们避难，却不让我们这些职员们避难？"樱井拼命解释说"我们不能输在这里，一旦大家走出南相马市，就很难再回来了。到时一定有人会说'干吗必须回去'的话。"虽然大家并不同意樱井的方针，但樱井的决心已定。

3月22日，东京电力公司的当地对策本部长和福岛第一核电站发电站的副站长二人来到了南相马市政府。樱井对不停道歉的二人说道："如今南相马市都变成这样了，你们居然还有脸来？我们正在这个满目疮痍的城市里咬紧牙关坚持着，你们该不会是事到如今才来说对不起的吧？难道你们不应该当时就及时地来向我们说明情况的吗？现在最重要的不是道歉，而是应该重振南相马市民的民心，认真向他们说明情况。"

后来，樱井从远在三重县和秋田县的官员那里听说，11日开始就有南相马市的人到那边避难了，他们是从事电力相关工作的人。与此同时，还有传言说东京电力的员工住宅是最先变得空空如也的。一直强忍怒火的樱井对东京电力的做法简直忍无可忍了。不久，东电的员工们最早逃跑的消息在大雄町也传开了。有消息说，11日

16 时，东京电力和合作企业的员工们就都已经开始避难了。大雄町的生活环境课长石田仁，也就是之后在三春町避难、担任"参谋"的那个石田，他听综合体育中心的职员说"东京电力的核电站内已经发出避难指示了"。

大雄町的行政区长会会长仲野孝男在后来的"国会事故调查委员会"中留下如下证言："这些都是后来听说的。东京电力员工的妻子们早早就接到了丈夫们让她们去避难的消息。在避难所里我们几乎都是自己在烧饭生活，但当中却没有一个是东京电力员工的妻子，后来才知道东京电力员工的家属们早就接到通知已经去县外避难了。"

饭馆村·菅野典雄村长

核事故发生后，饭馆村的菅野典雄村长（64 岁）最先做的事情就是帮助从核电站附近市町村过来避难的灾民。为他们提供住宿的地方，给他们做赈灾饭并鼓励他们。

截止到 16 日，饭馆村的小学和"老人之家"等 6 处场所都开放为临时避难所，接纳了 1200 名避难灾民。人口约 6000 人的村子一下拥入了 1200 名避难者。菅野请求农协卖食物给饭馆村，货款事后由村公所承担。他还请一位叫做有志的村民提供了没脱谷的大米。村公所的职员们全体出动，在雨中连伞也不打地照顾着避难者们。

位于饭馆村草野的绵津见神社（八龙大明神）的宫司

多田宏也联合氏族总代表会和妇女会一起，援助了从浜通地区涌来的避难灾民们。神社附近的草野小学接纳了近300名避难者，以妇女会和氏族总代成员为主的人们热情地给避难者准备了饭食。位于偏远村子里的这个神社，追溯起来据说始建于大同2年（公元806年）。2006年刚举行过纪念供奉1200年的迁宫节祭神仪式，祭拜了生命中不可或缺的水之神、赐予我们清新空气并孕育清澈溪流的森林之神、自由操纵风雨的龙神、育儿之神和武将的守护神。饭馆村多达1200户的村民都是氏族子孙，占总村民的80%以上。多田家世世代代都是神社的神官，到多田这代已经是第8代了。多田曾经在石川县白山（海拔2702米）脚下的白山比咩神社担任过两年的宫司，后来就一直在绵津见神社任宫司，至今已经40多年。多田的长子也在绵津见神社里以神官的身份协助他。

地处阿武隈山系山区的饭馆村是个美丽的田园村庄。用麦秆、牧草和玉米等纯天然饲料喂养牲畜的村民们花20年才打造出了"饭馆牛"这个牛肉品牌。饭馆村的大部分区域都在距福岛第一核电站20千米范围外，因此没有避难必要。

3月15日这天傍晚开始下起了小雨，到晚上变成了下雪。当天15时，核辐射量开始上升，监测仪显示的数据为每小时3.44毫西弗，30分钟后上升到24.0毫西弗，到18时20分数据居然跳到了44.7毫西弗。当天晚上，距离第一核电站 60 千米处的福岛市内测出了每小时 23.88 毫西弗的高辐射量。这天，以福岛市和郡山市为主的大部分福岛县地区所遭受的核辐射量都已等同于辐射线管理区域内的量（每年 5.2 毫西弗）。

3 月 15 日上午 11 时时，政府向 20～30 千米范围内的居民下达了"室内避难"的指示。不久，成群的避难者驾驶的数百辆私家车和公共汽车就将部道原町川保线堵得水泄不通。白天里这一串串的车到了晚上便变成了一串串的车灯。正在饭馆村避难的灾民们说"这里也不安全了"便突然转移走了，这场景让村民们不寒而栗。他们也感到了恐惧，有的村民也开始自发外出避难。

19 日，菅野决定开始实施自主避难措施。县政府会给想去避难的村民提供公共汽车送他们去栃木县鹿沼市。可响应此避难计划的只有包括村外避难灾民在内的不到 600人，大多数村民们都留了下来。因为他们拿不定主意是该去还是留。

作为被称作"有 6000 人口、3000 头家畜"的畜牧业、乳畜业产地，饭馆村的村民们是不可能丢下家畜不管自己跑去避难的。而且，这里并不是 20 千米范围内的避难区域。企业在正常运转，商店也在照常营业，政府并没有向饭馆村下达避难指示。因此，如果匆忙跑去避难，不知是否能从政府那里得到补偿。

多田后来透露说："可能是因为当时脑子里想着枝野在

电视上说'不会立刻产生影响',就没有去避难。"枝野的发言成为大家做决策的主要根据。对于村民来说,电视报道是唯一的信息来源。

菅野出生在饭馆村,曾在北海道的带广畜产大学草地学科学习过家畜繁殖学。菅野的父亲当年从3头牛起家开始了乳牛产业。作为长子的菅野在给父亲帮忙的过程中,也逐渐成了拥有60头奶牛的奶农。前往美国参加大规模农业进修时,他痛感到农民必须成为经营者才行。于是后来购买了川俣町一个倒闭的奶酪厂,将其重振后自己在百货公司里卖自家产奶酪。

17日,文部科学省将饭馆村的长泥选为辐射量的三个测量点之一,每小时测量3次后的结果分别为每小时91.8微西弗、95.1微西弗和78.2微西弗。但他们并没有将这个数据告诉饭馆村。让人们饱受打击的是,3月21日国际核能机构发布了关于20日在饭馆村区域一带测量的大气和土壤中核辐射含量的结果,包括多田在内的大多数村民都是通过当地报纸的报道才得知此事的。

报道上说,饭馆村一带的辐射量为每小时161微西弗,相当于浪江町平时的1600倍。感到震惊的不仅是饭馆村村民,还有来自维也纳的国际核能机构的专家们。饭馆村土壤样本的测量结果显示,当地的土壤已经被严重污染了。维也纳总部接到的报告上说:"我们还以为测量仪器坏了呢!"就是否应该公布此数据,国际核能机构内部进行了讨论，天野之弥事务局局长主张公布。

　　因为菅野对国际核能机构发布的饭馆村"土壤污染"消息表示高度怀疑。于是国际核能机构又测了一次，并且这次还是和文部科学省一起测的。检测队去了饭馆村，但菅野却对他们大发雷霆道："开什么玩笑？马上滚回去。谁允许你们来的？"因为被禁止出入饭馆村，于是国际核能机构检测小组改去浪江町测试的。后来，根据美国能源部·国家核安全保障局（NNSA）公布的美军飞机的核辐射调查结果显示，高浓度区域正从福岛第一核电站向西北部的饭馆村一带延伸，于是，国内的媒体这才开始关注起了饭馆村的异常变化。

　　3 月 21 日，位于福岛县的核能中心福岛分所对饭馆村的简易自来水做了检测。检测出其中的核辐射物质中放射性碘的含量达到 965 贝克勒尔，已超过成人每千克 300 贝克勒尔的暂定标准值，因此不得不开始限制摄取饮用水。

　　NHK 的晚间新闻节目"news watch 9"马上就播出了这个新闻。3 月 25 日，朝日新闻的晨报也用一个版面报道了关于 20 日"饭馆村每千克土壤中含 163000 贝克勒尔的放射性铯 137"的新闻。报道中提到，京都大学核反应堆试验所的金中哲二助教（核能工学）说："饭馆村已经到了必须避难的污染程度了。福岛第一核电站还在持续释放核辐射，污染程度高的区域可以说已经达到了切尔诺贝利的等级。"建议避难。

看到这些报道，菅野不得不又与媒体开战了。NHK的主播大越健介在"news watch 9"节目中报道饭馆村限制摄取饮用水的消息时，菅野也正在看节目。他气得当场就打电话给 NHK 向大越抗议。"你们这是怎么回事？可以这么报道吗？还是 NHK 呢！既然你们昨天报道了辐射值升高的消息，今天为什么却不报道数据又下降了呢？对于地方上的事情你们东京就都这么无所谓吗？日本难道就只有东京了吗？"第二天菅野就收到了大量邮件。"说得好！""这下 NHK 慌了吧……""东京的观点并不代表全部"……都是支持菅野的声音。

政府建议特别养老院"温馨之家"全员避难，而菅野对此却表示反对，因为这里的入住者平均年龄都超过80 岁。菅野主张，如果只在室内生活和工作的话，核辐射量应该没到会危及健康的程度，所以入住者和工作人员都没必要强制避难。最后，政府同意入住者留在养老院，在每天检测核辐射量的前提下工作人员们继续工作。

之后"news watch 9"栏目组的工作人员前往当地听取了菅野他们的意见，并对菅野的观点进行了报道。大越也因此从饭馆村村长那里学到了一点：要贴近灾民们的心是件多难的事。正如他后来所写的那样：如何传达核辐射数据确实是件特别令人烦恼的事。当初政府也是冒险发布的这些消息，其中有些被指责说有失误也是在所难免。"不会立刻对健康产生影响"这句话被不断重复着。正因为我们对应对核事故也没有任何经验，只能将政府发布的信息以最快的速度传递给大家。即使是在向被请到演播室来的专家和嘉宾们提问时，我们也是一边确认来自官方的发言，一边说"总之我们要冷静"。这是我们始终在坚持的信息传递方式。

4 月 30 日，东京电力公司的皷纪男副社长等人到饭馆村中学的体育馆看望灾民，共有 1200 多名村民参加。在黑压压坐了一片的村民们面前，皷纪男等五位东京电力的高层跪坐着向村民深深鞠躬道歉。几个人提过问后，高中一年级学生渡边菜央（15 岁）举手说道："我是一名高中生。我的梦想就是将来结婚生子，组建一个温馨快乐的家庭。但是，现在我担心核辐射的污染会毁掉我这个梦想。"皷纪男只是默默地低头听着。一个看上去 30 来岁的男子对皷纪男大声喊道："你们是来干什么的，赶快给我们双手伏地道歉！"这时，村民中两个年长的男性同时对他喝道："别说了，让他们做那种事是对我们村子的侮辱。"菅野听到此话，心里不由地一震，心想"说得好"。心中充满了对两位村民的感谢之情。

大熊町·双叶医院

大熊町双叶医院的铃木市郎院长坐在 5 楼的院长室里。平常，在这里工作的有医生、护理人员、职业疗养师和事务工作人员等共 206 人。地震后，大多数职员都急忙赶回家了，全院的工作人员只剩下包括铃木在内的 65 人。铃木领导着双叶医院及其姊妹机构——老人保健院。它们分别是住院治疗机构和专门护理老年人的综合医疗机构。患者和被护理的老人共计 436 人。而这两个机构全都处于距离福岛第一核电站 4.5 千米处。

双叶医院的患者平均年龄近 80 岁，其中大部分是患有痴呆症和有精神问题的患者。东住院楼的 1 层还住着 49 位卧床不起的重症患者。重症患者随时会有被痰卡住咽喉而窒息的危险，因此必须经常用空吸泵进行吸引。

铃木今年 76 岁，梳着寸头，小麦色的皮肤，十分精神的样子。12 日，天气晴朗，气温却非常低。铃木从町里的防灾广播中得知，政府下达了半径在 10 千米范围内地区的避难指示。

居民们好像都聚集在了距医院 300 米处的大熊町政府里。铃木派去打听消息的医院职工带回来的消息是好像除了让患者避难外别无他法，因此现在需要准备的是避难用的车辆。

铃木让医院职员每小时去一趟町政府，请求他们安排避难车辆。中午 12 时过，町里派来了 5 辆旅游大巴。由于座位有限（每辆车准载 50 人），无法全员避难。因此让 209 名还可以正常起居的患者和 60 多名医院职工作为第一批避难人员先走了。大部分患者的年龄都在 80 岁左右，还有 95 岁的老人。此时医院还剩下 129 人，老人护理中心还有 98 人。医院的所有工作人员都陪护着第一批人员走了，只剩下了铃木。虽然他当时很想留下几名工作人员来，却终归没能说得出口。他想，町上可能会派个避难支援组来吧？

12 日傍晚，铃木向双叶町老人健康保健院的救援自卫队提出救援申请，要求他们救出双叶医院的患者和老人保健院的入住者。20 时左右，警察和自卫队来了。自卫队带来了大型卡车，他们是应福岛县的请求来的，可福岛县却没告诉他们双叶医院里有大量需要搬运的重症和卧床患者，这种情况必须得有很多救护车才行。

因为被告知"今天已经很晚了，我们准备明天上午和下午来救出患者们。"铃木只好再去寻求别的救援渠道。可他一直走到町的尽头，也没看见一个人，这里似乎已经变成了一座鬼城。他想"哪里有穿白色防护服的人呢？"因为只要看到身着白色防护服的人，就一定是自卫队和警察。终于，好不容易找到了警察。铃木跟他们讲了双叶医院目前所处的困境。傍晚，双叶警察局局长来了，但他却不确定救援部队什么时候能来。就在当夜，医院里出现了第一位牺牲者。

14 日凌晨 4 时 30 分，自卫队的救援部队抵达双叶医院，他们是从群马县赶来的陆上自卫队第十二旅团运输增援队。第十二旅团共有官兵 3000 人，陆上自卫队以郡山为驻地在整个福岛县内展开活动。因为不能让患者们不穿白色防护服就出去，穿防护服及搬运都花费了大量时间。等到老人中心的入住者和医院的34名患者都上车后车队出发了。至此，终于送走了第二批避难人员。但仍然还有剩下的患者。不久，3号机组就发生了爆炸。这时，医院里跑来了一名身着白色防护服的男子，他自称是在此等待后续部队的运输增援队队长。因为必须立刻赶往紧急事态应急对策中心，恳请借用医院的车。于是，铃木将老人中心事务课长的私家车借给了他。队长拿着钥匙急忙开车走了，之后就再也没回来。

此时，前去避难的患者和医院职工们的情况怎样了呢？第一批患者和职工们被辗转送去好几处避难所后，于19时30分左右终于抵达了距第一核电站西面50千米处的三春町中学体育馆。比起第二批避难者们来，他们其实还算幸运的。第二批避难人员的目的地是南相马市的相双保健所，患者们要接受保健所的核辐射量检查。为了将他们送去岩城的岩城光洋高中，保健所事先准备了福岛县帮安排的私营公共汽车。但保健所长估计让这些患重病和卧床不起的患者们换车是件相当困难的事，于是向运输增援队请求道："希望别换车了，就让他们坐自卫队的车去吧。"

因为接到了3号机组爆炸的消息，所以自卫队必须避开沿海地区，沿着内陆的福岛市和郡山市前往岩城市。将患者们送到岩城光洋高中体育馆时，已经是 14 日 20 时多了。看到从医院过来、历经了 10 个小时约 230 千米的车程的这些卧床不起的患者身边连陪护的医生和护士都没有，光洋高中的人们都感到非常吃惊。体育馆里没有医疗设备，根本无法接收这样的重症患者。于是光洋高中和福岛县灾害对策总部协商后，决定不接收他们。从地方台的广播中获悉这种困境的 2 名鹿岛医院的护士赶了过来，然而让他们也目瞪口呆的是这里却没有重症患者们的病历——他们的病历被忘在了双叶医院。

暂时中止行动

第十二旅团由堀口英利旅团长率领，他坐镇郡山驻地指挥作战。14 日 20 时 40 分，紧急事态应急对策中心的中央快速反应集团（CRF）副司令田浦正人打电话给堀口说："紧急事态应急对策中心的会上正在讨论 22 时 20 分可能发生的堆芯熔解。"

田浦因为没有直接参加会议，所以不知道具体是几号机的哪个部分会发生堆芯熔解。但他说目前情况似乎十分严重。几乎就在同时，NHK 的新闻节目的字幕上就跳出了"熔解"二字。14 日晚上 19 时 15 分左右，根据这些消息，堀口用无线电对第十二旅团的全体队员发布指示说："暂时停止灾区救援活动。引导附近居民室内避

233

难，请大家自觉严格地做好必要的防护准备。"这时已经无法持续供水了。郡山市的原正夫市长却给堀口打来电话抱怨。他气势汹汹地说："自卫队中止了供水。为什么要停水？我们希望不要中止供水。"堀口回答道："市长先生，您理解错了，现在已经不再是取水的时候。眼下最重要的，是将市民们都引导到安全的地方去，并且先帮助那些最困难的弱者们才是。"听他这么一说，原正夫也就不吱声了。

但让原正夫怎么也难以理解的是，身为郡山市灾害对策总部会员的自卫队队员竟然以"听从室内避难的命令"为由没参加当晚的会议。后来在郡山市的强烈要求下，自卫队队员才又出现了。他们身着防护服、戴着口罩和手套，完全是全副武装。堀口几乎得不到关于福岛核电站事故的任何消息。通过福岛县核灾害对策总部得到炉内水位和温度的消息时，已经是事发两天后了。在堀口的强烈抗议下，变成滞后一天收到消息。再次抗议后，才终于能在当天知道相关消息了。

什么是正确的消息？这些消息又来自哪里？这些是新消息吗？会不会都是已经过时的消息？"真像是战场中的迷雾啊！"现场负责指挥自卫队的司令官田浦和堀口等如此感叹道。现在的情况也许可以称作"危机中的迷雾"。

双叶医院的患者们因无法避难而被留在了原地的消息传到了首相官邸。14日晚上，继3号机组之后，2号机组也陷入了危险的状况。是否扩大 20 千米的居民避难区域以及是否转移紧急事态应急对策中心等问题已经迫在眉睫。其中，官邸的危机管理中心紧急集结小组向位于市谷的统合幕僚监部表示，很担心双叶医院的患者们会被遗弃。于是，东北方面的总监部接到统合幕僚监部的指示，决定派遣其直辖部队的仙台市东北方面卫生队（包括军医、护士等）到双叶医院进行营救。东北方面总监（灾害统合任务部队司令）君塚荣治给堀口打去电话说："双叶医院现在情况很严重，东北总监部已经派出救援部队，希望你们能一起进行救援活动。"堀口说："好的，我们会提供第二护航队。"

堀口决定解除暂时退避指示，再次从郡山驻地派出运输部队。当时，堀口将仙台的部队（卫生队）称作"第一护航队"，群马的部队（第十二旅）称作"第二护航队"。

15 日凌晨 1 时 30 分左右，由 5 辆救护车、2 辆大型公交车和 12 辆小型公交车组成的"第一护航队"经郡山驻地驶往双叶医院。15 日上午 9 时左右抵达后，以双叶医院的第三批患者为目标的避难行动开始了。但在营救过程中，队员携带的核辐射线测量仪器却连续发出警报声。原来，队里有 5 名女护士。育龄女队员的辐射量限度被规定为和女性放射线业务工作者相同的 3 个月 5 毫西弗，队里要履行对女队员实行生育保护的义务。队长说不能再继续行动了，随即中止了工作。

截止到上午 11 时左右，"第一护航队"只救助了 47 人后便停止行动开始了运送工作。几名紧急事态应急对策中心的居民安全组成员来到了现场，他们目送部队抬着患者们离开后也立即离开了那里。因为紧急事态应急对策中心要转移，当地对策总部的人也已开始撤离，必须和他们汇合的组员们急忙向福岛县政府赶去。此时，政府已经将 20～30 千米范围内指定为了"室内避难"区域。

没一会儿，田浦联络堀口说："紧急事态应急对策中心将于上午 11 时关闭。请尽快在此前撤走，初步的目的地是二本松的除染所。"所有的事项都在仓促中同时推进着。上午 11 时 30 分，全都由男性自卫队队员组成的"第二护航队"抵达双叶医院。他们到医院时，院长、医生、护士和居民安全组却全都不在，也没有任何接替他们的人员。搜寻了 A、B 病区的 1 到 3 楼以及屋顶后，自卫队共救出了 7 名患者。

凌晨 0 时 15 分左右，"第二护航队"开始搬运患者。之后他们向第十二旅团司令部汇报说："双叶医院的救助行动已经结束。"这是第四批患者的避难情况。

15 日 19 时左右，"第二护航队"返回了郡山驻地。经统计，两队救出的患者人数为："第一护航队"47 名、"第二护航队"7 名，总共才 54 名。不是说还有 95 名患者在里面吗？"数字合不上啊？""那应该还有被剩下的吧？"是不是在哪儿还有被漏掉了的患者？

　　然而，19时30分左右，从在福岛县当地对策总部执勤的自卫队联络军官那里传来了令人恐惧的消息。彼时刚刚转移过来的当地对策总部正在开会。这些在门外偷听的军官听里面说："已经快了。""是的，就在3时。"堀口心里纳闷。什么已经快了？3时又要发生什么？他咨询了关东补给处的化学部部长中村胜美："中村，你怎么看这件事？"当时，被以堀口的参谋身份被紧急送来这里的中村就在堀口身边工作。他曾在1995年的地铁毒气事件中负责指挥自卫队清除污染工作，是自卫队中数一数二的NBC（核武器、细菌武器、化学武器）反恐专家。

　　中村回答道："很有可能是因为核反应堆或者燃料池变空了，马上要发生堆芯熔解。3时指的应该是凌晨3时。"于是堀口推测，当地对策总部可能是在做针对第二天（16日）的凌晨3时，某一个反应堆的堆芯熔解做模拟实验。如果发生堆芯熔解，自卫队的全体队员都必须撤退进行躲避。

　　中村说："最恐怖的应该是水蒸气爆炸。"如果发生堆芯熔解的话，一旦熔化的燃料破坏掉下面的混凝土并与地下水接触，就会发生水蒸气爆炸，到时大量熔化的燃料就会飘散到空中。中村认为，目前即使避难的话，10千米范围外应该就可以了。但为慎重起见，堀口判断还是有必要让民众避难到30千米范围外的区域。

　　晚上20时多，堀口在向"第二护航队"队员们询问情况时得到了一个新消息。一名队员说他从田村町综合运动公园的核辐射量检查中心"第一护航队"的医生那儿听说了一件令人意外的事。他说双叶医院的另一栋住院楼里肯定还有被留下的患者。堀口从队长那里得知，A、B住院楼之间确实有一个像集会场地一样的建筑物，可能是双叶医院的另一个病区，里面应该还有其他患者。这么说来，就必须立即再派人前去营救才行。

堀口陷入了两难。万一次日（16日）凌晨3时发生爆炸的话，在30千米范围内活动的部队就必须撤退到30千米范围外。因此，是应该对他们说"待在这里别动"，还是应该命令他们"再去一次双叶医院"呢？"第二护航队"运输队的3名官员用一种"请让我们再去一趟"的眼神望着堀口。最后，堀口决定派人再次前往双叶医院营救。堀口说："好，那我们就再去一次！但条件是21时前给车都加满油，2小时到达、2小时搜救、2小时撤离，凌晨3时前必须回来！开始行动！"

晚上21时，由1辆大巴、2辆小型公交车、7辆救护车和45名混合队员组成的队伍从郡山驻地出发了。16日凌晨0时30分，混合部队从双叶医院的另一栋住院楼里共解救出了35名患者。这些患者是双叶医院最后被救出的第五批避难者。

但堀口要求的6小时内结束行动的命令却无法完成了。搜救患者所花费的时间远远超出想象，结束搜救时已经是凌晨 4 时了，凌晨 6 时将患者们送到二本松市，之后的核辐射量检查和除染又花费了很长时间。等回到郡山驻地时，已经是 16 日的 14 时 20 分了。

3 月 16 日清晨 6 时，当天报纸的号外被送到了驻地。两个标题分别是：《救出卧床不起的 35 名患者！》和《冒死执行的救援行动》。

15 日上午 11 时左右，在送出第三批患者后，双叶医院的铃木市郎院长就没待在医院里了。这期间他在干什么呢？直到 14 日晚上前，铃木和双叶警察局局长新田晃正都还在医院里。当天 22 时左右，新田接到了来自避难所双叶警察局紧急对策办公室的无线电通知："核反应堆现已处于危险状态，请马上撤离现场！"新田叫醒正在事务室里打盹儿的铃木后，新田让铃木和另一名职工一起坐警察的面包车去了川内村的割山岭，那里是距离福岛第一核电站半径 20 千米范围的边界线。不久，福岛县警察总部灾害警备总部又发来消息说："目前暂时没有危险了，请继续完成救助活动吧。"

因此新田和铃木他们又回到了双叶医院。可此时的大熊町已变成了一座空城，连自卫队的车也看不见了。新田说："在这里逗留太危险了。"便带铃木又回到割山岭避难。新田联络福岛县警备总部说："我们在割山岭附近待命，等待救助双叶医院患者的自卫队到来。"

铃木心想，必须在这儿跟自卫队会合后去医院营救剩下的患者。铃木很着急，但除了等待自卫队又别无他法。15 日黎明，新田接到消息说"好像第十二旅团已经从郡山驻地出发了"，但他们并没有看到自卫队的身影。事后才知道，原来，福岛县警备总部向福岛县灾害对策总部的执勤警察传达了新田的留言，但福岛县灾害总部却没将此消息发出去，于是"新田他们在割山岭"的留言就没有被通知给陆上自卫队的联络员。

铃木自己去了附近的川内村村公所。之后，新田打来电话说："救援部队已经在双叶医院开始实施救援行动了。"自卫队没有经割山岭、而是从别的路线到的双叶医院。16 日，距离福岛第一核电站 5 千米处的双叶医院患者的避难行动才全部结束。自卫队的救助队先后进行了 5 次救援活动。其具体的救助时间和所救助患者人数分别为：

【第一批】12 日午后 209 人；

【第二批】14 日凌晨四点半 34 人；

【第三批】15 日上午九点半左右 47 人；

【第四批】15 日上午十一点半 7 人；

【第五批】16 日凌晨十二点半 35 人；

15 日 14 时，政府确认 20 千米范围内的居民避难已经全部进行完毕，并认定是在确认避难结束后才把紧急事态应急对策中心转移到福岛县政府的，然而事实却并非如此。15 日 14 时之前政府并没有对双叶医院患者们的避难情况加以确认。期间，双叶医院和养老院的 436 名入住患者中先后有 50 人告别了人世[1]。

3 月 17 日，在当地灾害对策总部召开的全体会议上，福岛县针对此次（医院患者被遗留）事件汇报如下：这次避难的患者，是当避难区域从 3 千米扩大到 10 千米时，被认为与其移动到别的地方不如留在这里不动为好的患者们。当这一带的情况变得更加危险时，双叶医院的全体工作人员却都避难去了。我们认为这正是造成这一事态出现的原因之一[2]。

当天 16 时，福岛县在记者招待会上做了这样的文字

---

[1] 截止到 3 月 31 日的去世者有：从灾害发生到等待救援期间，在医院里、救援时以及后来在避难所中去世的共有 25 人；转移到别的医疗机构后去世的有 25 人，共计 50 人（其中双叶医院 40 人、老人中心 10 人）。（《民间事故调查·报告书》，223 页："最终报告"，234 ～ 241 页。

[2] 2012 年 7 月 20 日，福岛县给福岛县医生会会长高谷雄三发去了题为《关于双叶医院名誉损害查证和见解的请求书》的文件。文中就 17 日福岛县在记者招待会上发表的不当言辞致歉道：3 月 15 日，去双叶医院救助灾民的自卫队队员联系县灾害对策总部说，医院没有留下任何工作人员。县灾害对策总部没有掌握铃木院长他们当时在川内村待命的事实，因此便误认为从 3 月 14 日到 15 日期间，在自卫队实施赴双叶医院实施救援行动时医院里只剩下了患者。在没有掌握 3 月 15 日前往救援的自卫队实际上是错过了铃木等人，并在未与双叶医院确认的情况下，便在 3 月 17 日的记者招待会上发布了那些言辞，此举实在是不恰当和欠考虑的。对给相关人员带来的巨大困扰，在此表示深深的歉意。

表述：因为当时双叶医院里一名工作人员都没有，所以救援活动是在一点也不了解患者状态的情况下展开的。对此，当天铃木就向福岛县打去电话表示了强烈抗议："3月14日明明我还在医院里呢！"

第 7 章

3 号机组的氢爆炸

3 号机组的氢爆炸会破坏 2 号机组存储容器的降压装置。在多重危机的连锁反应中，预测距离 2 号机组存储容器受损的时间大约还有 3 小时。东京电力的领导们很绝望地说："我们已经无计可施了。"

3 号机组也快发生爆炸了

13 日凌晨 4 时 13 分，福岛第一核电站的负责人在电视会议上向总部转达了他们认为高压注水装置很难修复的预测。那样的话就只能用消防车的高压水枪向反应堆内注水，但消防车的高压水枪和高压注水装置不同，因为喷水的压力很弱会被反应堆内的压力顶出来，因此必须事先放掉主蒸汽，并为了减压打开必要的阀门（SR 阀）。吉田他们正在商讨如何实行此方案，电视里传来了与会人员激烈的讨论声："如果有电池的话……"有人认为不能放弃高压注水装置的重启工作。"不可能！不行！再怎么努力，去做不可能的事情也只是徒劳罢了。"有人大声嚷嚷道。

清晨 5 时 58 分，吉田判定 3 号机组的现状符合核能灾害法第 15 条第 1 项里记载的特定事象并向政府通报了此事。吉田收到了估算 3 号机组状况的数据。数据显示，一个半小时前燃料棒就已经开始露出了。这个消息仿佛给了吉田当头一棒，他惊讶地说："那时候就已经露出了吗？"

　　为了打开 SR 阀门，现场总部打算通过工作人员的车辆来筹集电池，可此时基地的核辐射量正在不断上升，防护面罩已经不够用了。打开 SR 阀门需要 120 伏特的电压，如果把 10 个 12 伏特的专用电池串联起来的话就可以勉强维持所需电压。可那天（13 日）却连 10 个电池也没能凑够。于是，从紧急对策办公室里传来了广播声："各位，我们想征用一下大家私家车里的车用电瓶。现在数量还不够，请驾了车来的员工将车钥匙……"不久，广播声又响了起来。"现在我们要去购买电池，但现金不够。能拿出现金来的人拜托一定先借给我们。"

　　后来将从工作人员的私家车里卸下的 20 个电瓶送到 3 号机组和 2 号机组的中央控制室里，分别与 SR 阀门控制盘背面的接线头连接起来。同时，核电站的工作人员到位于茨城县县界的岩城市去买电池，可转遍了几个大卖场也才买到 8 个。总部原本于 12 日上午在东芝订购了 1000 个电池，但由于其中部分运送的车辆被禁止驶入高速公路，路上颇费了一番周折。直到 14 日晚上将近 21 时，320 个电池才被送到了福岛第一核电站。

　　在应对"电池"的同时，吉田也在忙于应对"首相官邸"。清晨 6 时 43 分，吉田对部下说道："官邸建议注入海水的结论是不是为时过早了些？一旦注入海水就意味着离废炉不远了吧？所以希望你们还是尽量考虑注入过滤水或者淡水。"吉田的部下说："那就按照你这个指示，从过滤水能够注入能的地方开始注水，虽然那样的话供水会减慢，但却可以循序渐进地来。"

与吉田联络的是在官邸执勤的东京电力核能质量·安全部长川俣晋。川俣是以联络员身份被东京电力派去官邸的武黑一郎研究员的助手，而川俣向吉田转达的正是武黑的意见。所以，这里吉田所说的"官邸"，其实就是指的武黑他们这帮来自东京电力的官邸联络员。这时，情况如吉田部下所担心的那样，3号机组的供水延误了，也就是说海水注入得太晚了。吉田在电视会议中向总部求助道："不知道是不是因为昨天（12日）的原因，3号机组的氢气出现了问题。我认为现在最重要的是别像1号机组那样发生爆炸。希望总部能和我们一起想办法解决。"一小时后，总部指示吉田说："1F（指福岛第一核电站）请注意。刚刚保安院发来指示说，PCV排气（耐压强化排气）附近的辐射量一小时前开始上升……考虑到有可能像1F-1（福岛第一核电站1号机组）那样发生爆炸，请研究若出现排风板断裂等状况时的对策。""好的。"吉田答道。总部说："那你们讨论一下吧，我们这边也会继续研究的。""意思是总部会和我们一起想办法的，对吧？"吉田确认道。

当主蒸汽的管道破裂时，核反应堆厂房和涡轮发电机房内压力会急剧上升，这时排风板可以起到像窗户一样的作用。打开排风板，就可以防止厂房和机器的损伤和破坏。

下午，总部的修复组终于得出结论说：要打开 3 号机组的排风板，无论在物理和安全上都存在着困难。于是他们告诉吉田："总部也在考虑排风板的事，要打开排风板确实非常困难，我们绞尽脑汁也没能想出对策，实在抱歉……"吉田说："那用直升机从顶部用东西撞破它呢？虽然可能会碰到一些乏燃料……""总部也有类似想法，但还是担心会不会因为碰撞产生的火花而引起爆炸。"这时，身在紧急事态应急对策中心的东京电力副社长武藤荣插话道："别打那些主意了！那样的话现场的工作人员们就更难办了。"来自总部的东京电力研究员高桥明男也说道："是啊，更别说还有避难等其他问题了。"

最佳解决方案和替代方案都没能想出来，于是只好向社会上的专家们寻求帮助。他们给出了向核反应堆厂房内装入氮气和用排风机抽出氢气等建议。但有人指出，电源车很难接上。所以结果还是没得出任何结论。

大约一小时后，吉田询问总部说："最后讨论出来的办法是什么呢？""涡轮发电机房里有核反应堆厂房的排风机，将它接上电源，用强制送风的方式来清除氢气……""用电源车？""是有点问题，好像得需要很长时间才行。""很长时间？现在哪还有那么多时间！就没别的办法了吗？"

13 日 15 时 16 分，现场通过电视会议发来报告称："12 毫西弗。"意即负责监测 3 号和 4 号机组的中央控制室（中操）内的核辐射量已经上升为了每小时 12 毫西弗。中操工作人员身上佩戴的个人随身放射线测量计"哔、哔"地叫个不停，叫声的间隔时间也越来越短。吉田站长对总部说："3 号机组现在的情况相当不好。""SR 阀门已经打开了。经过商量后我们决定让'老年敢死队'过去。"

喷水器

13 日清晨，东芝的技师总长前川治正在位于横滨市的矶子工程中心（IEC），这里是世界反应堆制造商东芝引以为傲的研发基地。东芝制造了福岛第一核电站的 2、3、5、6 号机组。其中 2 号机组和 6 号机组是和美国通用公司（GE）联合制造的（1 号机组是通用公司单独制造，4 号机组是日立制造所制造）。前川于 1981 年进入东芝，之后便开始了他的反应堆研发生涯，现在，他已是东芝技术团队里顶级的技术人员了。

这天是星期日，因此前川没有穿工作服，而是穿着毛衣在工作。这时东京芝浦的总部社长佐佐木则夫打来紧急电话说："能不能立即来趟总部？上午 11 时首相要召见我们，一起去吧！首相说想听听你们这些实际操作反应堆人员的见解"。1972 年进公司的佐佐木第二年就以实习生的身份参与了福岛第一核电站 3 号机组的设计、配管及空调等相关工作，之后又担任过核能机器设计部部长一职。

第7章　3号机组的氢爆炸

为了能回答出首相提出的所有问题，最后商定会同系统、控制、燃料以及堆芯等方面的6位负责人一起前往首相府。他们本想从研究所出来后跳上出租车就走的，结果却一直要不到车。焦急不已的他们只好跑步去总部换上了工作服，后来才发现脚上穿的却是运动鞋。这个样子去首相府虽然很难为情，但也实在没法了。

13日上午11时，首相办公室里。佐佐木他们先跟菅直人首相、枝野幸男官房长官及福山哲郎官房副长官等一行人打了个招呼。看见枝野也穿着运动鞋，前川心里稍微放松了些。他们注意到，办公室里还有一个看起来像个大学教授的人。菅直人介绍说："这位是日比野靖老师。"日比野靖是北陆先端科学技术大学院大学的副校长。之后话题就立即转移到了3号机组的状态上。

佐佐木说："这样发展下去，2号机组和3号机组都会发生氢爆炸。"根据东芝矶子工程中心的堆芯模拟实验显示，3号机组的存储容器里已经充满氢气，正处于十分危险的状态。他继续说道："为了防止爆炸，我们已经想了很多解决办法。"菅直人问："在反应堆的顶棚穿孔，将氢气放出去不行吗？""如果产生火花就会有爆炸的危险。最好的办法是用高压水枪将其切断。"菅直人说："如果有万全之策，请一定要去做。政府也会想方设法做些事情，请你们一定要帮忙。"

佐佐木刚才谈到的模拟实验，是在福岛县小名滨的一个东京电力呼叫中心里秘密展开的一项工作。呼叫中心指的并非电话呼叫中心，而是煤炭储存场地，距离福岛第一核电站约 50 千米，和 J-VILLAGEA 一样也是一个事故应对支援基地。

11 日地震刚发生后，东芝就开始向那里运送大量的电池和抽水泵。他们在那儿秘密地商量了两个办法。一个是修复普通空调后利用它来排气，也就是"空调作战"；另一个是在核反应堆厂房的屋顶穿孔来排出氢气，即所谓的"屋顶穿孔作战"。

他们还商讨了用直升机在核反应堆厂房的屋顶上放置挖掘装置后快速撤离的办法。挖掘装置像集装箱一样表面有框架，放在屋顶上后它就会自己吸在上面开始钻孔。但将一个像锯子一样的东西放在反应堆屋顶上钻孔，如果产生火花的话将会非常危险。于是，最后决定还是试试用高压水、也就是用喷水器冲开屋顶的办法。

东芝已经制作出了一个实物模型。这天早上东京电力总部和现场人员讨论的"用什么东西将反应堆撞破"的方法，指的其实就是用东芝的这个喷水器。但问题是现在无法向福岛第一基地内运送东西。12 日 18 时 25 分，政府对距离福岛第一核电站 20 千米范围内的居民下达了避难指示。打那之后，位于小名滨的呼叫中心就不能将物资送到核电站基地了。

这天 13 时，再次来到首相办公室与菅直人会面的佐佐木提出了这个问题。"送来的物资在 20 千米境界线上被盘查并卡在了那里。您能否想想办法?"福山接话道:"我们会尽快处理的。"然后,佐佐木又提到了东芝团队在福岛第一核电站的一号门被拒之事。为了修复福岛第一核电站的 5、6 号机组,东芝成立了一个由 25 人组成的修复团队,据他们估计如果能在那里连续工作 2 昼夜的话,应该就能完成修复,但抱着这样的想法而去的修复团却因为在福岛第一核电站一号门被拒而不得不撤了回来。即使他们出示了东芝的员工证也不行,说是只有事前登记过、且有徽章的人才能进去。但修复团成员都没有事前登记过。他们感到难以理解。难道是因为福岛第一核电站现场发生了事故不愿意让外人进防震重要楼,所以我们才被拒的吗?

自从 2007 年东京电力的柏崎刈羽核电站因为中越地震被关闭后,东芝就在矶子工程中心里建造了防震重要楼,这是日本的首次尝试。之后东京电力紧随其后也在福岛第一核电站建起了防震重要楼。

佐佐木向菅直人提出请求:"这样下去我们根本帮不上忙,请政府出面与他们说一下吧。"从首相办公室出来后,佐佐木指着前川对福山说:"福山先生,我们把他留在这里了,他是我们公司最好的技术人员。"前川之前并没有从佐佐木那里得知此事,所以吃了一惊。就这样,前川在 15 日早上之前一直待在官邸,菅直人去东京电力总部之后,他也跟着去了东京电力。

在佐佐木去官邸前约一个小时（上午 10 时多），政府召开了第 5 次核能灾害对策总部会议。经济产业大臣海江田万里在会上发言说："今天早晨，3 号机组已经发展到了所有注水功能都无法使用的状态，目前正在进行电源和注水功能恢复及实施排气的工作。"菅直人祈祷般地想着："1 号机组既然已经爆炸，现在无论如何也要保住 3 号机组啊。"

　　这天早晨 8 时左右，首相辅佐官细野豪志将记录拿给菅直人看，上面写着：上午 8 时后，燃料熔解。上午不到 9 时 30 分时，细野再次来到首相办公室，这次报告的是个好消息，他说："3 号机组成功排气了。"气压已经被确认降低了。

　　当时，1 号机组爆炸后，菅直人就曾下令说过："无论如何不能让 3 号机组发生氢爆炸。""是的，如果阻止不了，将会是日本的耻辱。"细野也随之附和道。佐佐木因此被叫到官邸来想对策的。

　　佐佐木走了之后，菅直人将经济产业省资源能源厅的节能·新能源部长安井正也叫了过来，只问了一个简短的问题："3 号机组有没有可能发生氢爆炸？"安井的回答也很简洁："请您这么想：1 号机组所发生的事情，3 号机组也有可能发生。"

　　13 日 13 时 13 分，东京电力开始向 3 号机组反应堆内注入海水并加入了硼酸。13 时 52 分，福岛第一基地的监测仪器记录显示核辐射量为每小时 1557.5 微西弗。这是事故发生后的最高值。

15 时 28 分，枝野在记者招待会上警告说："3 号机组有像 1 号机组那样发生氢爆炸的可能。"晚上 21 时 35 分召开的第 6 次核能灾害对策总部会议上，海江田发表见解说："3 号机组从 13 时 12 分开始注入了海水，但是堆芯已经露出，恐怕会有发生燃料损伤的危险。"他认为事态正在进一步恶化，"这个结果显示，反应堆内有可能还有氢气滞留，应该想办法防止氢爆炸。我们正在研究将氢气排出反应堆的方法。"

13 日的这个夜晚，前川是在五楼度过的。首相府里的他几乎陷入了信息孤岛。完全无法与福岛核电站的东芝员工们取得联系，东京电力送来的一张关于炉压和水位的 A4 纸的报告，可能就是他能收到的所有信息了。留在这里真是大大的失算。但让前川更不可思议的是，东京电力没有向官邸提出诸如"请想想办法"、"这件事拜托了"之类的任何请求。让前川感到纳闷的是：东电他们是否也已经不知道怎么办才好了呢？

13 日晚上，东京电力总部讨论，能不能使用消防或者自卫队的云梯车，从外面将核反应堆厂房钻个孔。同时，吉田建议在 2 号机组反应堆的辐射量还没上升之前，打开它的排风板。

3 月 14 日早晨，3 号机组的存储容器压力上升。同日清晨不到六点，吉田就给紧急事态应急对策中心的武藤荣副社长发去警告说，发生氢爆炸的可能性正在增大。武藤说："请再研究一下现场工作该如何开展等问题。"吉田回答道："从这是危险作业的角度来说的话，向场地内派人是件异常困难的事。"到反应堆厂房附近的现场工作，正在变得越发地不可能。

早晨 6 时 40 分，吉田就 3 号机组燃料区水位下降一事向总部发出了警告："6 时 10 分水位开始降低（已经降低到低于燃料棒下端的位置）。说得极端点儿，这都已经达到虚拟事故的水平了。""这样下去，设备周围有相当多的工作人员，我这里也有这么多工作人员，比起现场作业，总部是不是应该先考虑一下他们该怎么办？"

好黑的烟啊！"

上午 11 时 01 分，橙色光[①]放出的一瞬间，伴随着巨大的声响，3 号机组的核反应堆厂房爆炸了。随机喷出了大量瓦砾和粉尘，粉尘一直飞扬到了约 500 米的高空。东京电力总部的操作室里响起了听起来像是吉田的喊声："总部！总部！不好了！不好了！""怎么了？""可能是水蒸气的原因，3 号机组刚刚爆炸了。""听着，紧急联

---

① 关于'橙色'可以理解为，因为含有爆炸性气体的一氧化碳没有完全燃烧而产生的颜色。（国会事故调查《报告书》，167～168 页）。

络！""11 时 01 分。""与 1 号机组一样的状况？""是与地震明显不同的左右摇晃，而且也没有地震那种余震。所以我想很可能是发生了跟 1 号机组一样的爆炸。"可能是因为紧张，吉田的声音听起来都变调了。总部的常务董事小森明生在电视会议里说："现场的人马上撤离！撤离！"于是，吉田用镇定的声音指示部下道："首先撤离和进行安全确认。请仔细测量并报告核辐射量。"

上午 11 时多的首相办公室里，菅直人正在和公明党的代表山口那津男、干事长代理齐藤铁夫进行党首会谈，这时首相辅佐官寺田学却突然冲了进来。"爆炸了！快看日本电视台，4 频道！4 频道！"电视上正在播放 3 号机组爆炸的场景，画面上浓烟滚滚。菅直人自语道："这烟很黑啊！从爆烟上升的样子来看，可能压力容器都已经被炸飞了。"1 号机组当时是从侧面喷出的白烟，而 3 号机组却是从上部喷出的黑烟。

正在召开记者招待会的枝野也收到了递过来的纸条。他看了一眼说："正如大家所见，我刚刚收到消息说 3 号机组发生了爆炸，或者是有发生爆炸的可能。现在正在确认是否属实。"这样来发布消息的枝野已经在竭尽全力了。不管是官房长官也好，还是在场记者也好，大家都仅凭借着日本电视台的画面在进行着这场记者招待会。

菅直人命令寺田："将相关人员全给我叫过来！"于是，海江田、枝野、福山及核能安全委员会委员长班目春树，这些核能灾害对策总部的主要成员都来了。菅直人问："现场到底发生了什么？"没有一个人能回答上来。3号机组的什么装置发生了爆炸？哪个部分发生的爆炸？这些关键的信息全都没有。

过了一会儿，前川的手机接到了佐佐木打来的电话。"电视上播出来了。"据说电视上正在播放3号机组爆炸的画面。首相官邸二楼的大房间里，保安院和东京电力的人一起注视着电视画面。这时不知道谁用沙哑的声音说："哦！大家都在啊？！"

刚一看到电视前川就在想，哎呀，存储容器也坏了！这太严重了。同时他也很懊悔，要是当初那么做就好了。他指的是"高压喷水作战"的事情。东芝连模拟训练都已经完成了，结果在向东京电力正式提议前就发生了爆炸，最后没能派上用场。不过，就算是用上它，又会起多大作用呢……即便把它拿去了现场，也必须有人去进行操作，而这项工作伴有的风险无疑是巨大的。但佐佐木深信，只要是东芝的员工就一定能够做到。因为1999年茨城县东海村发生JCO临界事故时，由于严重缺乏核辐射管理方面的优秀技术人员，东芝曾让驻守福岛核电站的几十名东芝员工坐公交车赶往东海村救援。这件事一直让佐佐木引以为傲。可作为一家企业，能承担得了如此巨大的风险吗……

一名事发时忙于现场处理的东芝技术人员事后回顾

说：当时即便自己的上司发出指示，但东电高层能否做出决断也是个问题。当初在听到东芝的提议时，武黑也认为在基地里进行"高压喷水"基本是无法操作的。他认为除了远程操作以外其他办法都不行，只有用导弹将核反应堆的屋顶炸开才行。

前川有种强烈的失落感。3号机组是自己亲手制造的，是我们的品牌。虽然已经是别人的东西了，但却是我们修好的。1号机组发生爆炸时，细野还在想"怎么可能？"可当3号机组爆炸时，他的感觉已经变为"终于还是发生了"。大家都在相互加油说怎么都得阻止3号机组的氢爆炸，可最后到底还是失败了。

14日上午11时30分，在东京电力总部与现场之间的电视会议上出现了下面的讨论。高桥发言时，清水正孝社长正候在旁边。高桥说："现在3号机组的爆炸原因被说成和1号机组的一样。虽然还不知道究竟是什么原因，可政府和保安院那边就已经得出结论说是氢爆炸了。那就算是这个原因吧又有什么关系呢？"有人附和道："刚才在电视上，保安院也说是氢爆炸。我认为应该和他们保持一致。"高桥又说："首相府也已经在使用氢爆炸这个词了，应该和官邸一致吧。"清水也赞成道："好，这样说就行……我们现在是在和时间进行赛跑。"

过了一会，有消息传来说，福岛县知事佐藤雄平请求东京电力福岛事务所说，"希望能在要发表的报道文章里加入'因为正在刮西北风，所以不用担心核辐射对健康的危害'这句话。"之所以他想在东京电力的官方发言稿里插入这句话，其实就是想让居民放心。告诉他们西北风吹向太平洋而不吹向内陆，所以不用担心。但东京电力以"说得太绝对，有风险"为由拒绝了他。

因为受到3号机组氢爆炸的冲击，防震重要楼的个别地方出现了裂痕。虽然立刻进行了除染，但窗户附近的核辐射量还是升高了，于是现场人员在楼内贴出了"远离窗户""不要睡在窗边"等警示语。东京电力甚至还一度讨论过是否需要在防震重要楼里戴防护面罩的事。因为不知道2号机组和4号机组什么时候是否也会发生爆炸，那样的话就会有巨大的瓦砾从天而降。

熔解穿透

随着3号机组的爆炸，2号机组的情况也进一步恶化。2号机组刚刚被打开的排气阀门因电路偏离自动关闭了，反应堆内的压力超过了消防泵的压力，所以无法向炉内注水。下一个发生爆炸的可能就是2号机组了。

14日下午将近13时，东京电力总部打电话给吉田说："为了防止2号机组氢爆炸，我们想实行在排风板上用喷水器穿孔的方案。"吉田问道："现在已经很难进入反应堆内部了。事态紧急，不能考虑用直升机等从外部进行穿孔吗?"吉田想要说的是,由于核辐射量上升,在基地的反应堆内外都已经无法进行工作了。总部回答说:"我们正计划用云梯车安装喷水器。但由于海啸警报,必要的重型设备在运送中被卡住了。"不久,总部的高桥联络吉田:"官邸打来电话说,事态紧急,先不要管核辐射量的事情,500 毫西弗的量没有关系的。"

总部与武黑他们这些在官邸的东京电力联络员们一起,都在努力和政府沟通,因此他们希望现场的员工们也要努力,不要因为辐射量升高而泄气。他们还说出"如果可能的话,能不能从反应堆内部穿孔",这种"激励"员工的话。

过了一个小时左右,总部就核辐射量的事下达了"紧急修复操作人员的受辐射上限从 100 毫西弗提高到 250 毫西弗"的指示。14 日 13 时 20 分,在官邸的讨论中确实商量过将东京电力操作人员的受辐射上限从 50 毫西弗调高为 250 毫西弗的事,这是武黑发动核能安全·保安院和核能安全委员会提出的。而且,当时班目也发言说"可以将上限提高",于是便作出了调高到 250 毫西弗的决定[1]。

下午 15 时前如果能够注水的话,有效燃料顶部(Top of Active Fuel,TAF)就不会降低。但这似乎不太可能。

---

[1]　提升到 500 毫西弗的计划最终没有实现。关于这点参照第 11 章。

下午 16 时，吉田询问了刚结束的 2 号机组模拟实验的结果：预计到下午 17 时 30 分左右，水位会降低到有效燃料顶部。

吉田来到防震重要楼的一楼走廊，操作人员们正挤在那里小睡。他对他们说："谢谢大家。虽然我们已经很努力了，可情况并没有好转。如果大家想要离开的话我不会拦着。"没过多久，就有二百多人离开了现场。剩下的东京电力职员和相关企业的员工，总共有 70 人。

下午 16 时 15 分，吉田通过电视会议咨询了 2 号机组减压方式问题："大家注意，总部也请注意：刚刚安全委员长班目先生打来电话说，比起解决存储容器的通风问题，是不是应该先给反应堆降压注水呢？"吉田一边接着班目的电话一边在征求搞技术的部下的意见。"安全部，那样没问题吗？"电话那头，班目建议说："比起用存储容器（PCV）排气管，是不是应该优先降压（打开 SR 阀门 = 释放主蒸汽）注水？如果压力降下来了，就能够注水了。我认为应该尽早注水。"

当时，现场正在进行排气的准备。现场人员判断的情况是：因为压力控制室的温度很高蒸汽无法凝聚，因此可能无法进行充分降压。这样，在水位急剧下降的同时，如果反应堆内的压力降不下来就无法注水，那样会发生危险。技术负责人也支持这个判断说"我们想按原计划实施排气"，并向班目说明了之前的计划。结束电话时技术责任人报告说"他接受了这个计划"。但过了几分钟，从现场传来消息说："插入电源后排气阀没有反应，目前需要再次进行确认，压气机明明在工作却没反应。"

清水在电视会议中听到这样的交谈，急忙插话对吉田说："请采纳班目先生的方法，实行那个计划"。吉田说："好，知道了。"但是，即便在这种情况下，吉田还是想听听武藤的意见，可武藤当时正在回总部的直升机上。于是，吉田只好听从清水的建议，打算打开 SR 阀门进行降压操作。但是，由于打不开 SR 阀门，注水依然无法进行。

东京电力向保安院通报了对反应堆的状况预测：

18 时 22 分　燃料可能会露出；

20 时 22 分　可能会开始堆芯熔解；

22 时 22 分　反应堆的压力容器可能会受损。

吉田担心，这样下去反应堆内的冷却水会被烧干并发生堆芯熔解泄漏。随着堆芯熔解的继续，核燃料也会熔化，由于高温，反应堆内的压力容器和存储容器的内壁发生溶化，核物质就会外溢，也就是所谓的堆芯熔解泄漏。如果 2 号机组发生熔解泄漏，就无法向 1 号和 3 号机组的反应堆和燃料池内注水，那岂不是会陷入所有反应堆都发生熔解泄漏的局面么？——这正是吉田所害怕的。

但晚上 20 时左右，2 号机组又能够注水了。晚上 20 时 01 分，吉田在电视会议中说："五分钟之前好像开始注水了。去现场的人也说看见水泵开始运转了。"过了一会儿，吉田判断消防泵的压力可能不足，于是停止了对 3 号机组的注水，将消防泵的压力都集中到 2 号机组这边。20 时 44 分，吉田向总部报告说："刚才，2、3 号机组一起注水，但水泵中途被卡住了 2 次，第 2 次卡住的时候，一侧关闭后另一侧就会加压。在这种情况下无法给 2 号机组注水，所以只好中途暂停了对 3 号机组的注水。"高桥高兴地说道："好，知道！好，知道了！"

过了晚上 21 时，防震重要楼的紧急对策室里突然传出了很大的欢呼声和掌声。电视会议中的总部那边问道："是谁过生日吗？""刚刚终于恢复水位了！"原来，压力容器注水成功，经确认水位已经恢复。听到这个消息，总部的人们也欢呼道："太好了！""祝贺！"

但没想到最终还是一场空欢喜。之后再次出现了无法注水、压力上升和水位下降的情况，而且福岛第一核电站正门处测到的辐射量又开始上升了。"21 时 37 分时，正门处的数值为每小时 3.2 毫西弗。"吉田追问道："等等！是毫西弗吗？……那可不得了啊！"每小时 3.2 毫西弗的话，也就是说每小时为 3200 微西弗。

14 日晚上 23 时 30 分后，2 号机组的干燥排风机（D/W）仍然不能运转。所有人都有种走投无路的感觉。电视会议中的讨论还在继续着。总部的顾问早濑佑一（原副社长）插话说："如果能排风了就马上进行排风！我们这边想让现场做的事情，现场都说不能做。这两三个小时一直处于这种状态。"

吉田因为正在和武藤说话，所以没有立刻做出反应，于是顾问峰松昭义喊道："吉田站长！吉田站长！""在。""总部说干燥排风机如果坏了的话就不得了了。所以，哪怕只打开干燥排风机的小阀门也行。"不知道吉田是不是假装没听见，他没有回答，只是对部下说："赶快集中精力工作。"

因为没有直流电源，排气操作系统失去动力，现在正用汽车的电瓶连接着。现场正拼命地进行着操作试验，总部能做的也只有催促他们实施排气作业了。

平行危机

菅直人将白板分别拿到官邸五楼的办公室和隔壁的接待室里，把福岛第一核电站每个反应堆的状况都写在了上面。菅直人把"平行思考""把所有危险都写上"这几句话挂在嘴边。每当有新危险出现时，都会马上把它们写在白板上。

刚过 13 日凌晨零点，菅直人对保安院下达指示：简单总结福岛第一、第二核电站所有反应堆的情况，包括：

1. 现在的状态；

2. 必须采取的措施；

3. 必须在什么时间之前采取什么措施。

最开始，关于反应堆情况的报告中，并没有写 4 号机组反应堆停止的原因。但是，中途意识到乏燃料池也存在着巨大危险，于是便写上了。

菅直人和秘书官们将所有反应堆现在的状况都进行了实时更新：福岛第一核电站的 1、2、3 号机组和 1、2、3、4 号机组的乏燃料池以及 5、6 号机组的反应堆和乏燃料池，还有福岛第二核电站的 1、2、3、4 号机组的反应堆和乏燃料池。其中，首要的就是要平行应对福岛第一核电站的 1、2、3 号机组的反应堆和 1、2、3、4 号机组的乏燃料池这 7 个危险。其中，1、2、3、4 号这几个机组的平行连锁危机正在不断加深，用海江田的话就是："1～4 号机组就像 4 个孩子。现在这 4 个孩子同时说着'我感冒发烧了''我拉肚子了''我骨折了''我流鼻血了'，妈妈一个人左奔右突地疲于应对——这就是我们所面临的现状。"这几个危急既相互关联着，同时每天又都发生着变化，危机正在进一步加深。

哪里是危机的最中心？判断它的数据准确吗？如何决定应对的优先顺序？怎样分配有限的资源和人才？选择哪个？牺牲哪个？如何评判每个风险之间的相互关联？必须在认识、评估以及应对的所有层面综合把握后进行行动。应对危机是项极为复杂的工作。

11 日晚上，本来东京电力和政府最担心的并非 1 号机组，而是 2 号机组的堆芯熔解，但结果发生堆芯熔解的并非 2 号机组而是 1 号机组；同样，15 日那天，让东京电力和政府最担心的不是 3 号机组，而是 4 号机组燃料池干烧的问题。当天 18 时，东京电力总部还指示，把即将派往第二核电站的高压排水车分配到第一核电站的 4 号机组那儿去。同时，清水正孝社长指示："今天给福岛第一核电站的 4 号机组注水。"但从 14 日晚上到 15 日早晨，东京电力总部一直接到东芝公司的警告说，5、6 号机组的状况也十分糟糕。截至那时止，东京电力总部基本没有掌握任何有关 5 号机组、6 号机组的情况。其实 5、6 号机组的炉压也一直在上升。

　　5 号机组、6 号机组还残存了一个内燃发电机，利用它可以抽出存储容器里的压力。但和别的机组一样，5、6 号机组的海水泵也停止了工作。压力容器内的蒸汽会跑到存储容器的抑压池里，因此随着时间流逝，存储容器里的压力也会上升。而且，这样下去，燃料池迟早会沸腾……

　　因为要修复 5、6 号机组的电源，东京电力总部将第二核电站的 20 台电源车都紧急派往了第一核电站。15 日早晨 6 时多，现场向东京电力总部报告说："2 号机组发出了爆炸声。"后来才知道，那是 4 号机组反应堆发生的爆炸声（当时大家以为是2号机组的存储容器破损了[①]）。但17日并没有向4号机组注水，而是优先向3号机组的燃料池注的水。因为16日晚，东京电力判断4号机组的燃料池里还有水。就这样，状况在时时刻刻地变化着，因此对策也不停地改变。到处都需要权衡资源的分配。

现场的电池十分紧缺。尝试给3号机组反应堆降压时，电池是必需品；进行消防注水时，必须用电池打开阀门，将压力容器内部的水蒸气释放到存储容器底部的抑压池内，但所有电池却都用在了1号机组测量仪器的修复等工作上。因此，只能征用了停车场里员工私家车上的电瓶，才总算打开了阀门，但却浪费了很多时间。

如果在应对一个危机时失败了，就会连锁反应地引发出新的危机来，从而导致整场危机加深。这就是所谓的"平行连锁危机"[②]。菅直人将此称为"负面连锁的恐慌"。

由于12日下午1号机组的爆炸中有人受伤（东京电力职员2人、协作企业2人），在反应堆厂房外为注入海水和修复电源所准备的设备也受到严重损坏，因而停止了

---

① 东京电力后来确认了当时发生爆炸的不是2号机组而是4号机组（东京电力《福岛核电站事故调查报告书》116～117页）。另外，政府事故调查的《最终报告》里提到，"很有可能2号机组并没有发生氢爆炸"，同时指出"压力控制室（S/C）可能出现损伤"（政府事故调查《最终报告》，64页、67页）。

② 民间事故调查里，以福岛核电站危机的分析视角运用了这一概念。（《民间事故调查·报告书》最后一章）

注入海水等的准备工作。爆炸后，1 号机组附近四散着辐射量很高的瓦砾。爆炸导致的飞散物把临时安设的电缆也破坏了，因此，使用高压电源车来提供电源的计划也被迫暂停。

3 号机组那边于 13 日黎明手动中止了高压注水系统（HPCI）。但因为现场没有准备有可以进行替代注水的消防车，所以注水工作曾中断了六个多小时。导致反应堆内的水位持续下降，并开始露出燃料棒。接着，14 日上午 3 号机组发生了爆炸。爆炸中断了对 1～3 号机组堆芯实施的注水工作，一直作为 1 号、3 号机组水源使用的 3 号机组涡轮发电机房前面的逆流阀坑，由于散落着高核辐射的瓦砾也无法再使用了。

而从 3 号机组逆流到 4 号机组的氢气气体可能会引起 4 号机组爆炸。因为在构造上，3 号机组的排气管道中途与 4 号机组的排气管道汇合，所以从 3 号机组相继排出的大量含氢气的气体就逆流到了已经停止运行的 4 号机组，并积留在那里的核反应堆厂房内①。

---

① 关于这点，政府事故调查的《最终报告》里，得出结论如下："因为 4 号机组乏燃料池（SFP）里的燃料没有露出，确保了乏燃料池的水位，所以乏燃料池内发生水蒸气爆炸的可能性被否定了"（政府事故调查《最终报告》76 页）、"由于 3 号机组堆芯损坏，锆和水发生反应后产生的反应物可能会顺着 SGTS 配管流入 4 号机组的 R/B 里"（政府事故调查《最终报告》，80 页）。

3月15日清晨4号机组的爆炸对班目来说是万万没有想到的事情。班目后来表示，在爆炸前，自己脑子里丝毫没想过燃料池的事情。班目想，会不会因为4号机组的爆炸打开了水门，才导致燃料池内被灌进了水的呢？他向菅直人报告了这个想法。菅直人听了后训斥他道："为什么不早说？"即便如此，班目还是接着说道："最可怕的是水门没被顺利打开、燃料池里的燃料开始熔化时。那时将没有任何存储容器可用，后果将不堪设想。所以，即便只是碰下运气试试看，也应该实施注水。"班目后来回忆说："当时同时存在着2号、3号机组、福岛第二核电站、排风、再临界和避难等一系列的问题，非常忙乱。"

吉田后来也流露出过类似想法："2号机组那边已经准备得差不多时，3号机组发生了氢爆炸，为1、3、4号机组注入海水做准备时，又受高辐射的瓦砾阻碍而不得不停止。这也不行，那也不行。大家都处于慌里慌张的状态……"

班目说"非常忙乱"，吉田感到"慌里慌张"，这都是因为"平行连锁危机"的缘故。由于1号机组和3号机组的危机应对失败，2号机组也陷入了危机。

2号机组尝试用电源盘连接电源车，利用原有的注水系统向反应堆内注入淡水。而就在连接完成，准备开始注水时，1号机组发生了氢爆炸，于是一切又回到了起点。不过，也因了1号机组爆炸的冲击导致2号机组的排风板脱落，氢气得以排除从而避免了氢爆炸。

之后，虽然开始准备给 2 号机组注入海水，但是，因为 3 号机组的爆炸导致消防车和消防水带损坏，因此注水无法实施。而且 3 号机组的爆炸破坏了用来打开 2 号机组压力控制室排气阀的电路（电磁阀激磁电路），因此，2 号机组存储容器降低压力的功能失灵。由于 2 号机组的应急冷却装置功能无法使用，事态正朝着堆芯熔解的方向发展（3 月 14 日晚上 23 时左右发生了堆芯熔解）。

2 号机组因为处于 1 号机组和 3 号机组的中间位置，所以受到了两次爆炸事故的全面破坏。在福岛第一核电站危机中，2 号机组的危机导致了决定性危机[①]。

让我们把思绪拉回到较早前。

13 日清晨，从发生过爆炸的 1 号机组核反应堆厂房内冒出了白烟。厂房已经爆炸了，这个白烟是什么？难道是因为乏燃料池的水位正在大量下降而释放出的水蒸气？有水蒸气的话就说明乏燃料池还没有空烧？这样下去的话，一旦乏燃料池里的燃料棒露出就会引起二次爆炸，那样的

---

① 　后来的估算结果表明，福岛第一核电站中，释放出最多核辐射物质的就是 2 号机组。15 日上午 9 时左右，发生炉芯熔融的 2 号机组，反应堆存储容器里的压力突然下降。2 号机组被证实释放出大量的核辐射物质。2 号机组里约四成的核辐射物质都集中在 15 日当天被释放了出来。因为 2 号机组的潜入压力控制室进行的水中排气失败了，所以放射物质就直接跑了出去（朝日新闻《福岛污染 2 号机组是主要原因》，2012 年 5 月 24 日）。

话核辐射物质有向空中飞散的危险。大家马上意识到了需要应对燃料池这个紧急课题。其中也包括4号机组的燃料池。

从2010年11月末，东京电力就开始更换4号机组的压力容器堆芯围板了，他们将压力容器内部的燃料全都取出放入了乏燃料池内。安装在存储容器旁的乏燃料池位于核反应堆的最顶层五层，里面注满了冷却水。燃料被浸泡在乏燃料池的底部，燃料上端位于7~8米深的地方。4号机组的燃料池里放着1331个使用过的乏燃料和204个正在使用的燃料，远远多于1号机组的292个、2号机组的587个和3号机组的514个。4号机组燃料棒的数量相当于同样大小的二到三个核反应堆内的数量，而且一直运行到去年的11月末，残留温度非常高。通常燃料池的水温应该被控制在40度以下，而12日以后4号机组的燃料池水温却一直在上升，到13日上午11时50分达到了78℃，到14日凌晨4时18分已经达到了85℃。

如果水温这样一直上升，水分蒸发导致的水位降低会使燃料棒露出来，甚至会发生氢气和核辐射物质充满核反应堆厂房的危险。燃料池被安装在核反应堆厂房的存储容器旁，因此，将燃料池与外界隔开的"屏障"只有核反应堆厂房。如果高温的燃料从燃料池中露出，就会和锆、水持续发生反应并释放核辐射物质。另外，燃料熔化成黏稠的物质和混凝土墙接触后，核辐射物质就会从破损的屋顶裂缝中直接释放出去。

当天中午 12 时 44 分，吉田在电视会议中说："如果不尽快想出乏燃料池的对策，后果将会非常严重。"当天 14 时 13 分，现场人员通过电视会议向总部报告道："4 号机组的燃料池正在冒热气，大概有 100℃。"

看来不行了！

14 日下午 18 时多，首相官邸办公室的细野接到了吉田的电话。吉田说："我是东京电力的吉田。我们已经将 2 号机组的 SR 阀门打开了，但是由于存储容器内的温度太高，蒸汽无法凝结。而现在炉内水位正在下降，情况非常不好。特向您报告这个情况。"因为此前细野曾打电话问过吉田现场需要什么东西、需要什么帮助等，所以吉田知道细野的手机号码。

18 时 40 分左右，吉田再次给细野打去电话说："细野先生，对不起！可能撑不下去了，2 号机组已经注不进水了。"细野无言以对。吉田说："虽然原因不明，但是这样下去的话，燃料棒就会全部露出来。"

听了细野传达的这个消息后，菅直人对细野说："鼓励他们加油！"细野想让菅直人亲自跟吉田他们说，于是将手机直接递给了菅直人。吉田说："我们还可以坚持，只是'武器'不够，请想办法给我们'武器'。如果有在炉内高压状况下也能注水的水泵就好了!"挂断电话，沉默了片刻后，菅直人无力地说:"已经到无法控制的地步了吗?""大概没办法了……"之后，两人陷入了长久的沉默。

晚上19时多，吉田他们商讨了除必要人员留下外、其余人员撤离的计划后，他决定让合作企业的工作人员和女性先撤离，自己坚守到最后。他脑子里闪过一念"不知道一起共事多年的那十几个人能不能和我一起死守到最后的最后呢?"吉田对工作人员们说:"我想是时候开始避难了。"说完后他继续坐在紧急应对室里。但当时却没有一个人站起来离开，250名员工都和吉田一起留在了那里。

晚上19时50分，吉田收到福岛第一核电站技术科发来的2号机组损坏的预测报告:

晚上20时22分　堆芯熔解;

晚上22时22分　反应堆的压力容器损坏。

只剩三个小时了。晚上19时30分，东京电力总部和现场之间的电视会议继续进行着。小森说:"发电站的人也无法确定中央控制室(中操)是否还能持续工作，情况很严重。请继续研究撤离的标准。"武藤说:"明白了!我们马上搞。"于是武藤向总部的负责人发布了指示。高桥对旁边的胜俣会长说:"已经没招了。"胜俣只说了句"啊?!"便没再说话。总部向现场传达了避难的前提:"若排气没解决的话不能避难，因此请务必完成排气工作。"14 日晚上 21 时 20 分，2 号机组存储容器的压力再次上升。这样持续下去的话，容器会有爆炸的危险。

14 日 22 时左右，总部向吉田询问每个反应堆内的注水量。但当时脑子里只有 2 号机组的吉田大声说："现在我们这里基本没有一个思路清晰的人，突然问这些问题，实在难以回答！"

这期间，官邸的工作人员正在为寻找高压水泵而四处奔波。吉田在向菅直人请求的"武器"中，最迫切需要的就是这个"高压水泵"。吉田说："最好有 50 气压的水泵。"于是菅直人下令说："应该有！大家赶紧去找！"接到命令的官邸工作人员开始和东京电力的派驻联络员们一起去找水泵的生产商。后来其中一名官邸工作人员回忆道："我们看了很多商品目录，像买家电一样一个一个地找。但最高只有 10 气压的，根本没有 50 的。"

15 日零点多，存储容器的排气降压工作已经准备妥当，可几分钟后阀门却关闭了。总部接到来自现场的报告说："堆芯如果在高压状态下受损，距离存储容器被损坏就没几个小时了"。"我们想回家！"面对开始骚动起来的合作企业的员工们，吉田呼吁道："大家冷静些！"

此时，东京电力总部陷入了恐慌。"如果可以排风的话——喂，吉田！如果可以排风的话，马上排风！赶紧！"早濑佑一顾问在连接总部和现场的电视会议里（原副社长）拿着话筒这样吼道。和早濑一样，核电站技术科的峰松昭义顾问也催促道："如果存储容器的上部坏了的话那就不得了了，哪怕只是打开上部的小阀门也好！"可能是已经受不了他们的催促了，吉田以很快的语速回应道："别再问那么多了！我们正在给存储容器排风，请别干扰我们！"

东京电力不得不重新制定撤离的标准。15日凌晨三点多，按照新制订的撤离计划，除紧急对策的成员外其他人都撤离现场。就在以为事态似乎刚刚有所好转时，情况又恶化了。在位于首相官邸五楼的接待室里，海江田、细野等和东京电力的联络人员武黑等人坐在一起，正在听取来自东京电力的消息。

前一晚的20时03分，NHK报道说："2号机组的核燃料可能会全部露出，不能否认有发生堆芯熔解的可能。"看到这个报道的寺田感到不寒而栗。武黑和川俣也开始悲观地预测说："这样下去，工作人员可能就无法进行现场操作了。"两人都无力地垂下头，并且说出了"已经无计可施了"这样的话来。整个官邸弥漫着一种悲观的气氛。

这时，国家战略担当·内阁府特命担当相玄叶光一郎出现在了五楼的接待室。海江田小声对玄叶嘀咕道："东京电力已经提出撤离了。"看到低垂着头的武黑和川俣二人，听闻此说后已经倍感讶异的玄叶越发愕然了。

细野对武黑说："武黑先生，你可是东京电力派驻官邸的负责人！现在还没到沮丧之时，请一定想想办法啊！"

可武黑依旧瘫坐在那里毫无反应。看到武黑这副模样，心里阵阵发紧的福山心想：这种情况下，如果现场工作持续下去的话可能会出现牺牲者。那样东京电力就会撤离，可如果他们撤离了的话事态又会怎样呢……

福山听说了和细野通话时吉田说"还可以再干下去"的消息。虽然东电总部弥漫着悲观的气氛，可现场的状况却似乎并非如此。这让福山感到很费解。既然现场都觉得还有办法，可为什么东电总部却说要撤离了呢？

深夜，当海江田和久木田等为数不多的几个人聚在首相接待室里时，海江田催促川俣道："请再说明下 2 号机组的情况。"不知何故，武黑此时却从五楼消失了。川俣讷讷地开始说道："我们做了很多努力，但情况却怎么也无法扭转，无论怎样也无法修复冷却系统"，"实在抱歉！"川俣一边这么说，一边却泪如雨下。

之后当去到二楼大房间的大久木田看到还在不合时宜地闲聊着的几个东电的年轻员工时忍不住被激怒了。他愤怒地冲他们吼道："你们这些外行在说什么呢？！"川俣袒护道："您别生气，真对不起！其实他们并无恶意。"

第 8 章

命运之日

开始时还不停打电话的东京电力清水社长后来干脆亲自来到官邸，期望得到"撤离"的许可。绝望的官邸只好向现场的吉田站长确认状况，得到的却是"还可以再加把油"的答复。于是菅直人亲自来到了东京电力总部。

深夜来电

3月14日19时55分，东京电力总部的紧急灾害对策室（操作中心）里，高桥明男研究员正和坐在旁边的武藤荣副社长搭着话："几点开始撤离啊？据说已经让制订撤离标准了？武藤先生，大概什么时候全体人员撤离核电站啊？"武藤没有作答。这时，总部通过电视会议向现场喊道："如果待会儿能排风了的话，问题就解决了。"

当天晚上20时左右，现场开始向2号机组注入冷却用水。离开了现场一会儿的胜俣恒久东京电力会长刚一回到自己座位上便问高桥道："怎么样？开始注水了吗？""是的，一两分钟前开始向2号机组注水了。""但会不会已经晚了点？"因为注水是在往水泵里填充了燃料之后才开始的。之前福岛第一核电站站长吉田昌郎再度给首相辅佐官细野豪志打来电话说："知道无法注水的原因了，是因为没有燃料了。""为了进行注水的准备工作，我们反复演习的结果，却把燃料用光了……"

20时16分，高桥在电视会议中宣布："现在，现场

278

的所有人离开 1F（福岛第一核电站）到 2F（福岛第二核电站）的外来人员大厅避难。"第一核电站的工作人员谁都没有说话。这时，第二核电站的站长增田尚宏插话说："我们准备将紧急对策室分为两部分，一个是 2F 的 4 设备紧急应对室；另一个是从 1F 来的人员可以使用的旧紧急应对室。总部请分别使用这两个紧急应对室。"防震重要楼中的紧急应对室是事故应对的指挥中心，增田的意思是将它暂时转移到福岛第二核电站。

此时，清水正孝社长正将手机从兜里拿出来又放回去。可能是不拿着手机心里就感到不安，于是片刻也不离手。他对吉田说："现在请先明确一点：上面还没做出实施最终避难的决定。""正向有关部门确认该做哪些事"、"至于设备的状况……我会边确认边做决定的……"清水不得不艰难地做着决定。但即便要撤离，也必须得到"有关部门"也就是首相官邸的同意才行。

这天晚上，清水自己也记不清到底打了多少个电话了。晚上 20 时左右，在与核能安全·保安院院长寺坂信昭的电话中清水说道："2 号机组情况严峻。如果事态进一步恶化的话，我们可能会考虑撤离。"寺坂不得要领地想：到底他想说什么啊？即便如此，但寺坂仍本能地保持着警觉。后来他突然反应过来：莫非他是想试探我们这边的想法？如果没回答好可就麻烦了……他对清水说："情况复杂，你们自己考虑好吧！"便挂断了电话。不过，寺坂从清水的语气里听出来他的意思似乎是在说：好歹现在还没到工作人员撤离，现场无人值守的状况。

清水又给细野打了电话，但细野没有接。之前细野听说过清水给经济产业大臣海江田万里打电话的事，现在听秘书说清水又给自己打来电话。他想：这个电话肯定不是找我，而是要让我给首相带话的，所以没让秘书接。随后细野向官房副长官福山哲郎报告了这件事。细野对福山说："我觉得他并非想和我通话。"的确，清水想找的是海江田。

从 14 日晚上 18 时 40 分左右到 15 日凌晨 1 时 30 分左右，清水和他的秘书给经济产业大臣秘书官佐胁纪代志打了好几次电话[1]。每次清水的留言都是："我想直接和大臣通话。"快到 19 时时，清水终于和海江田通上了电话。

清水简短说道："我们可能不得不考虑撤离的问题了。"

---

[1] 国会事故调查的《报告书》中记载："根据东京电力的电话记录，清水社长在 14 日 18 时到 15 日 3 时之间，自己和秘书一共给海江田经济产业大臣的秘书打去 11 次电话。接通的电话为：14 日 18 时 41 分开始的 133 秒；14 日 20 时 2 分开始的 50 秒；15 日 1 时 31 分开始的 276 秒。"（国会事故调查《报告书》，278 页）但是，国会事故调查中，关于清水和枝野的通话写道："清水社长和枝野官房长官的通话时间没有严格记录"（国会事故调查《报告书》278 页）。关于这点，枝野和他的秘书官都证明枝野确实接到过清水的电话。当时打的不是手机，而是打到了官邸的座机上（枝野幸男、民间事故调查，2011 年 12 月 10 日；官邸政务秘书官，2012 年 10 月 10 日）。

本以为清水会说个不停的，没想到说完这句他就不说了。感觉总得说点什么才行的海江田接了句："啊，是吗？"清水又说："请务必谅解。"海江田听后扔下一句："那怎么可能！"便挂断了电话。

凌晨 1 时多，海江田和首相秘书官寺田学正在官房长官室里和枝野幸男官房长官谈话，海江田的秘书官进来说："东京电力打来电话找您。""不接，那件事我已经拒绝了。"海江田回答说。之后他向枝野报告了刚才和清水通话的事情："东京电力说要撤离。"枝野一点也不惊讶地说："他给我也打了电话。"寺田劝海江田道："您还是接电话吧。""嗯，也是。"海江田说完便出去接电话了。电话里，清水口气生硬地向海江田报告说 2 号机组的状况愈加严重。他说："这样下去的话，我想只好让工作人员撤离了。""现在福岛第一核电站还有 700～800 名工作人员，我想让他们从第一核电站撤离到第二核电站。"海江田听完喘了一口气说道："清水先生，撤离是不可能的，务必请你们再努力一下。"随后他又加了一句"这是个重大决定，我会和首相商量的。"挂断电话后，海江田心想，从社长打来电话这个意义上来说这还真是个重大的决定啊！

之后，海江田对秘书官佐胁纪代志说："东京电力跟我说了件不得了的事，居然说要撤离到福岛第二核电站去，怎么可能呢？！"同时他也告诉了细野"东京电力说要撤离"的事。细野也是这时才刚刚知道此事。虽然在跟清水的电话里海江田条件反射般地措辞严厉，但他确实答应了清水要"向首相转告此事"的。

海江田向旁边的经济产业省资源能源厅节能·新能源部长安井正询问道："如果东京电力福岛第一电站现场的全体员工都撤离了会怎么样？"安井答道："如果那样的话，发生堆芯熔解的就不是只1到4号机组了，5、6号机组也将无法冷却，每个机组的燃料池都会彻底完蛋。"听完安井的回答，海江田心想，如果工作人员全体撤离的话，1到6号机组就会全部报废。那样整个东京都的居民就都必须实施避难才行了。想到这里，他不禁毛骨悚然。

在给海江田打电话之前，清水也给枝野打了电话，表达了想商量下从福岛第一核电站撤离之事的意图。枝野一直很注意和东京电力保持"距离感"，枝野的秘书们也很注意这点，所以东京电力根本无法直接给枝野的手机打电话，13日14时，清水因1号机组爆炸等事去官邸拜见枝野时，枝野的一位秘书正用手机在和东京电力的社长通话。这天晚上清水打到官邸来的电话并不是打给秘书官的手机而是官邸的座机。

枝野对撤退这件事显现出很为难的样子，但是清水并对于撤离，枝野面露难色，可清水却并没死心。他说："无论如何也无法留在现场了。"枝野反问道："如果因为人员撤离现场而导致情况失控，事态不就更恶化了吗？"清水支支吾吾地说不出话。枝野命令道："这不是我说可以就可以的事情！总之，请你们尽全力去努力。"然后便挂断了电话。只凭东电总部的话，官邸难以判断现场到底是个什么情况，因此必须再次确认一下东京电力和福岛第一核电站现场的真正想法。

之后枝野去了首相接待室。海江田、福山、细野和寺田都在那里。枝野用细野的手机给吉田打了个电话，电话里吉田表态说："还可以工作，我们会继续努力的。"挂断电话后的枝野异常愤慨："总部为什么说要撤离？难道没有和现场人员进行沟通吗？"那晚，包括福岛第一核电站的紧急灾害成员在内，东京电力的大约四百名员工以及合作企业的工作人员，总共七百人都在现场奔波着。

转移紧急事态应急对策中心

当时，有件让经济产业省和核能安全·保安院的高层焦心的事，那就是究竟是否转移紧急事态应急对策中心。设置在紧急事态应急对策中心的核能灾害当地对策总部并没发挥什么作用。

20 时 40 分，在紧急事态应急对策中心的全体会议中，当地对策总部的池田元久部长（经济产业副大臣）阐明了将对策中心向福岛县政府转移的方针，他向海江田经济产业大臣报告说，他们已经决定"向福岛县政府转移"。他们想离开这里，将当地对策总部转移到福岛市的县政府。

应该如何应对这个请求？负责这项工作的是保安院的企划调整课长片山启，他是经济产业省的知识型官员，去年夏天刚刚调来保安院。

紧急事态应急对策中心的燃料、水和电都已开始出现供应不足的问题，负责补给这些物资的是保安院内的紧急对应中心。就算是允许紧急事态应急对策中心的职员转移到福岛市，也必须确保运输车辆和汽油的充足。

片山根据现在的情况判断，也许不得不转移紧急事态应急对策中心了。他分别向保安院次长平冈英治和院长寺坂信昭汇报了这个想法。在和寺坂交谈时，寺坂向他提及东京电力想要撤离的意向。听到这个消息后的片山很吃惊，他有一种很不好的预感：这下麻烦了。

2号机组正陷入危机。无论是现场也好还是紧急事态应急对策中心也罢，作为工作之地无疑都将逐渐难以待下去。可如果流露出这个想法的话，事情就会变得更麻烦。而且，东京电力"撤离"后，工作人员也有可能必须留在紧急事态应急对策中心。也许不得不一边对东京电力说不能撤离，一边却又决定让紧急事态应急对策中心转移。既然对现场的东京电力员工说得坚持到最后，那是不是也应该对紧急事态应急对策中心的保安院职员说请务必努力到最后呢？

还有一件事，那就是必须确认距离福岛第一核电站半径20千米范围内的居民避难是否已经完成。核灾总部事务局的紧急对应中心联系福岛县政府后，得知虽然已经迅速安排了居民避难，但目前为止还没完全结束。并且有消息说，双叶医院的住院患者还没有避难。

深夜，平冈从官邸回到了保安院。凌晨 2 时多，他从片山那里听说了"东京电力好像在考虑撤离"的消息。片山接着说："现在我们正在考虑紧急事态应急对策中心该怎么办的问题，如果东京电力撤离了，恐怕会对此产生影响。次长，您能不能跟东京电力确认一下？"

什么？东京电力要撤离？这怎么可能？平冈很惊讶。于是决定给东京电力的老朋友小森明生常务打电话了解情况。正在紧急事态应急对策中心执勤的小森说："紧急事态应急对策中心的情况现在更危险了。"平冈说："小森先生，我听说东京电力的员工要撤离 1F？你们这是计划干什么？""我们正在研究此事。核辐射量正在上升，2 号机组的状况也形势逼人……室外作业已经很难进行了。虽然有几十人正在防震重要楼里继续工作着，但室外作业已经无法进行。因此，我们正在讨论向 2F 转移。"平冈又问道："现在马上转移吗？""我们正在对反应堆的状态和 2 号机组排风进行模拟实验工作。现在距离爆炸应该还有几小时的时间，不知道明早会怎么样……""不是现在撤离对吧？"不会是金蝉脱壳吧？平冈这么想着，心里稍稍放心了一点。小森继续说道："我们会在发生紧急情况前的两三个小时撤离。""小森先生，如果东京电力做出了决定请马上通知紧急事态应急对策中心，因为那样的话紧急事态应急对策中心也必须转移。所以，如果决定撤离，请务必提前告诉我。"平冈反复叮嘱了最后那点之后便挂断了电话。

东京电力在努力奋战，而政府却撤走了，这一定会引起纷争。但是，如果东京电力擅自撤离了，也是件很严重的事情啊。平冈十分担心。

片山接下来要争取让大臣同意转移紧急事态应急对策中心。为此派寺坂去了官邸，然而海江田却没有给他一个满意的回答。于是寺坂拜托经济产业省事务次官松永和夫去说服海江田。

14日深夜，松永来到官邸，却没看到海江田的身影，便在首相接待室里等了两个多小时。期间，松永听到经济产业省的一个官邸政务秘书官说，东京电力好像要"撤离"。他听到这个消息感到很惊讶，虽然很想问个清楚，但他并不是为了这件事而来，他是为紧急事态应急对策中心的转移能够得到海江田同意而来的。作为事务次官，他既肩负着保安院职员的职务和使命，也有责任维护大家的权利和安全。他认为现在2号机组正陷入如此严重的危急中，除了让紧急事态应急对策中心转移之外没有其他办法了。

见到海江田后，松永表达了自己的这个想法。但海江田却慎重地说："让我再想想。"海江田很犹豫。他想：一方面我们不同意东京电力提出的"撤离"，另一方面却又允许紧急事态应急对策中心的职员们"转移"，这样合理吗？他转念又想：是不是当初东京电力提出"撤离"之时，就已经预见到紧急事态应急对策中心会转移了呢？

细野也意识到了转移紧急事态应急对策中心是件麻烦事。海江田只是小声对细野嘟囔道："（转移紧急事态应急对策中心的事）必须得开始准备了吧！"但如果菅直人知道了，很可能会愤怒地叫停并介入此事。除了不告诉首相、让这件事成为既定事实外，应该再没别的办法了吧？细野这么想，而且觉得海江田应该也是这么想的。

15 日清晨，在 2 号机组和 4 号机组出现新危机的情况下，政府终于决定转移紧急事态应急对策中心。海江田和菅直人一起去了东京电力总部之后就一直留在了那里。上午不到 8 时，海江田给松永打电话说："我们已经同意转移了，请与池田联系，并告诉他我等他电话。"松永马上给池田打去电话说："可以转移了。"可上午 9 时左右，海江田再次给松永打来电话："不是跟你说可以转移了么？怎么好像你们还没有动啊？好不容易同意转移了为什么你们还不行动？"口气里有明显的责怪之意。"因为 20 千米范围内的医院患者的避难好像还没有结束。"听完松永的解释，海江田似乎明白了，说道："那就是说这个区域的居民完成避难后就可以开始转移了，对吧？"之后，海江田与池田直接通话，决定一得到居民避难结束的确认后就将紧急事态应急对策中心的当地对策总部全体成员转移到福岛县政府去。

15日，池田将当地对策总部长的职务移交给了经济产业副大臣松下忠洋后便返回了东京。在任职当地本部长期间，池田觉得自己不仅完全没有得到首相官邸和经济产业大臣的认可，甚至还被忽视了。

一些官邸政要对池田"居民避难结束前不应该进行排气"的主张有所不满，因为他们对池田说法中的话外音——因为菅直人去东京电力现场才耽误了排气——非常敏感。池田与海江田、菅直人的关系都很紧张。以前海江田和菅直人就曾讨论过更换池田的事，后来还是因为防卫大臣北泽俊美的介入他才得以勉强留任的。

御前会议

五楼的首相接待室里，海江田倚向沙发，话也少了起来。2号机组也有像1号机组和3号机组那样发生氢爆炸的可能，核辐射量已经开始慢慢上升了。海江田若有所思地说："应该让东京电力的员工留到最后吗？""要不要出动自卫队呢？但是，出动自卫队的话，居民避难那边又怎么办？"难道还是得撤离么？屋子里弥漫着沉重的气氛。"话说回来，从11日到现在，大家在一起这么拼命，还一张合影都还没照过呢。一起来照一张吧！"听海江田这么一说，细野、寺田、伊藤及委员长代理久木田丰以及秘书们都围了过来。"这个人打算干什么啊？未免也太放松了吧？""这位海江田先生该说他豁达吗？这种时候居然还有心思搞这些名堂。""海江田先生是不是觉得此情此景也许就是最后一次了？""首相官邸可能也得去避难了"在场的每个人都思绪万千。细野脑海里浮现出"玉碎"这个词，有可能真要全军覆没了……

14 日深夜，地震后首次回家的班目却只在家里待了差不多两个小时。凌晨两点刚过，他就被久木田叫回了官邸。久木田说："刚刚照了告别世界的纪念照。"听他这么一说，班目感到非常吃惊。久木田问班目："你知道干式排风吗？""不知道。"久木田说："好像他们正要这么干呢。"

由于存储容器的压力过高，压力控制室已经无法使用。压力控制室是使存储容器里的水蒸气穿过内部的冷却水后、除去其中所含放射性物质的装置。如果压力控制室无法使用的话，含有高浓度放射性物质的水蒸气就会被排到外面。这样可能就只能坐以待毙了。

过了一会儿，也来到首相接待室的枝野和福山问班目、安井等人："请讲实话，这样下去将会怎样？还能坚持多久？""目前还可以勉强支撑，但随时都有失控的可能。""几周是肯定坚持不下去的，到候我们也将束手无策。""打开排气阀、注水，再打开阀门、再注水，这样反复操作的结果，是排气阀早晚会无法使用的。"专家们道出了这种悲观的结果。

现在自然还不能撤离，可当辐射量达到人们无法靠近的程度或发生爆炸时也不撤离吗？福山说："这些不应该由我们来决定，这难道不是该由首相来决定的事吗？"福山害怕再这样拖下去，最后除了同意撤离外别无选择。他认为应该召开正式的会议，让首相来下"圣断"，兴许会改变事情目前的发展方向。对此枝野和寺田也没有异议。于是，官邸的政要们决定召开名为"御前会议"的会议。寺田叫人整理了接待室里那些堆积如山的关于辐射量的资料，收拾干净桌子准备开会。

凌晨 3 时左右，菅直人正在首相办公室被称作"内殿"的最里间的房间里打盹儿。冈本健司来叫醒他说："首相，海江田大臣说有事相商。"睡眼惺忪的菅直人很不情愿地起来了，头上顶着一头乱发。海江田、枝野、福山、细野和寺田，以及内阁危机管理监伊藤哲朗都坐在首相办公室里，安井和班目也被叫了来。菅直人右侧沙发上坐的是海江田和枝野，正对面是伊藤，左边是福山。刚才还迷迷糊糊的菅直人，看到大家后似乎突然间就精神了起来。也许是因为刚才小睡了一会儿的原因，与一直没怎么睡过的海江田和细野他们相比，只有菅直人的脸色显得稍微有些活力。

海江田率先开口道："东京电力提出想要撤离核事故现

场，怎么办？核电站现在的情况非常严峻。"菅直人心想，什么？他们竟然想着要撤走！就是因为这个把我叫到这里来的吗？他的怒火顿时被点燃了："撤离？想什么呢他们？怎么可能？！""是啊！但又不能对东京电力员工说让他们死也要留在那里之类的话来。"海江田和枝野有些怯怯地说道。如果让工作人员继续留在福岛第一核电站，不久他们就会因遭受大剂量辐射而死亡。心里虽这么想，但细野却没说出来，而福山则对此事一言不发。房间里笼罩着阴郁的氛围。

"作为政治家怎么能不发表观点呢？恐怕得由我来说说了。"这么横下心一想，伊藤于是正视着菅直人说道："我觉得应该让东京电力再努力一下。""如果允许他们撤离，就意味着放弃所有的事故处理工作，这是绝不可能的。""就算是成立敢死队，也应该再努力努力。"菅直人听完后说："我想知道核电站的现场人员是怎么想的，问问吉田。"说完便拿起桌上的电话给福岛第一核电站的吉田站长打去电话。他把话筒放在耳边，时不时地点头。放下电话后，他有点兴奋地说："吉田说还能继续坚持。你们看，现场的人都这么说了，根本不可能撤离。"听到这话的伊藤松了一口气。

枝野、福山和寺田三人都认为这是个很重要的决定，需要召集所有政要前来商量。于是，除菅直人外的全体人员从首相办公室来到了首相接待室。秘书们联系了正在危急管理中心执勤的防灾相松本龙。凌晨 3 时 30 分，在首相接待室里召开了"御前会议"。

加上迟到的松本，出席会议的有菅直人、枝野、海江田、松本、福山、细野、寺田、寺坂、安井、班目、久木田、还有藤井裕久和泷野欣弥（事务）两位官房副长官等共计 13 人。会议由枝野主持。他说："东京电力的清水社长说：因为我们已经无法确保吉田站长及其全体员工的生命安全，所以想让他们撤离现场。东京电力说已经没有办法了想撤出来。虽然不知道他们究竟是怎么考虑的，但目前的情形似乎的确已超出了他们的能力范围。"

枝野真是个笨拙的主持人啊！寺田郁闷地想。这时，菅直人大声说道："如果他们撤离了，谁来应对现在的状况？ 6 个反应堆和 7 个燃料池难道都不管了吗？他们知道事情有多严重吗？"现场的空气一下子变得紧张起来。菅直人继续说："那样的话，东日本就全完了。绝对不可以！即使死几个人，也绝对不能撤离现场。""对自己国家发生的核事故都置之不理，这不可能吧？""绝对不允许撤离！""如果东京电力撤离现场，1、2、3 号机组的反应堆怎么办？ 4 号机的燃料池怎么办？最坏的情况是组成敢死队，让 60 岁以上的人去现场处理。"他又补充一句："到时我一定去打头阵。"说完这些豪言壮语后的菅直人转向班目问："你怎么想？"

此时的班目紧张得像只小动物一样全身发抖，在场的

292

人似乎已经听到了班目那紧张的心跳声。班目说："撤退什么的根本不可能。""那样 1、2、3 号机组就都完了。"安井补充说："不仅如此。这样下去的话，5、6 号机组的燃料池和共用燃料池也都会回天无力的。正因为还有燃料池的问题，所以更不能撤离现场。"

班目继续说："一旦撤离，再想回去就很难了。如果让东京电力撤离，再让自卫队或者美军来帮忙，那肯定就更不合适了。""从防震重要楼的构造来考虑，现场应该是可以继续工作的。"1 号机组虽然爆炸了，但存储容器却还是好的。3 号机组爆炸后，它的存储容器也没坏。现在不是只剩下 2 号机组了吗？为什么不再努力一次，却要撤离呢？虽然班目心里是这么想的，却没能把这个意思很好地表达出来。但安井却表达了和班目相同的想法。

菅直人指着寺坂、安井、班目和久木田一个一个地问道："你怎么认为？""不可能撤离吧？"如是确认了三遍。菅直人的确有把一件事反复说 3 遍的习惯。

看到这番情形的寺田心想，这怎么行？本来应该让顾问们听从技术人员的建议做决策的，现在却让他们被迫服从出于政治角度的判断。在这种高压问法下，答案多半也不是其本人的真实想法。寺田对参会前和枝野、福山他们讨论时安井说的话印象很深刻。当时安井说："撤不撤离、允不允许撤离，对这些政治上的决策，我们根本没有决定权。"于是，寺田转向 4 位专家说道："请客观地从技术方面谈一下这个问题吧。"但菅直人仍然问他们:"能撤离吗?那现场怎么办?"

会议快结束时,寺田提出了一个问题:"既然不允许撤离,那怎样才能阻止想逃走的员工呢?法律上有什么规定吗?"枝野接话说:"法律规定?这和法律没什么关系吧!"寺田心想,居然还说这种话,难道你不正是最应该考虑法律问题的人吗?但他忍住了没说出口。

菅直人说:"现在完全不了解现场的真实情况,这样可不行。必须在东京电力设立一个统合总部。"大家都对此感到很意外,因为此前官邸的政要们从未讨论过这个想法。昨天菅直人的脑子里才闪现出,刚才就一股脑地说了出来。之后大家转到首相办公室继续探讨。菅直人当场给清水打电话让他来官邸。

清水答应了。菅直人的情绪依旧激昂:"这样从现场撤离逃跑的话,局面将会怎样呢?""这么做的话会被别国侵略的!"和刚才一样,菅直人开始一个一个地指着出席会议的人逼问:"我要去东京电力,你去吗?""你去吗?""你去吗?"福山、细野、和寺田他们都无语地点着头。

现在就必须想好清水来官邸时怎么对付他。菅直人又问道:"我进驻东京电力是不是比较好?"寺田说:"按理说政府是可以介入民间企业的管理的,但必须得有法律上的保证才行吧?"可枝野却强硬地说:"这跟法律无关!"寺田也不肯罢休，"但是这可是内阁首相大臣进驻东京电力，必须得有法律上的保证。"寺田向坐在旁边的泷野耳边小声说道："请副长官考虑一下法律方面的依据。"寺田和枝野的争论形式上是关于法律的，但实际却并不仅限于此。

如果这次再进驻东京电力的话，那就是自 12 日清晨乘直升机访问东京电力福岛第一核电站后首相第二次去东京电力了。这次可不能像上次那样饱受众人非议，必须权衡了实务、法律和政治上的得失后才能成行。虽然枝野当时对菅直人 12 日前往东京电力视察核电站之举是持反对态度的，但这次却没阻止菅直人去东京电力总部。菅直人也意识到那次去当地视察遭到了大家的非议。他之所以一个个地逼问福山、细野和寺田他们"你去吗"，也是想先把他们的想法统一一下。

之后，枝野指示所有于 14 日深夜刚回到家的秘书们说："首相官邸决定在东京电力公司设立能与政府保持沟通的对策统合总部，请大家马上回官邸。"

我们不会撤离！

凌晨 4 时 17 分，清水来了官邸，同行的还有国会负责人和宣传负责人、两名东京电力的领导。清水他们从官邸正门进来后乘电梯来到了五楼的首相接待室。进去之前寺田问清水是三个人一起进去还是一个人进？清水说他一个人进去，于是另外两人便在休息室里等着。

　　清水一个人进了接待室，在菅直人右侧的沙发上坐下。菅直人左侧的沙发上坐着海江田、枝野和福山，正对面则坐着伊藤和安井。

　　菅直人冷静地说道："呃……清水先生，撤离是不可能的。""啊"清水有气无力地回答道。菅直人又说："不可能撤离的！""当然不能撤离。"清水说道。菅直人说："只能继续努力。""确实如您所说"菅直人见清水回答得如此之快，准备了一肚子的话似乎顿时没了用武之地。看到这个场景，海江田心想，这跟清水在电话里说的大相径庭啊。感觉他好像一下就没了干劲一样。海江田甚至有些担心，清水现在说不撤离了，那现场的人就很有可能受到爆炸引起的核辐射影响。这么重要的决定，他到底考虑清楚了没呢？安井也在想，怎么觉得事情有点奇怪呢。

　　清水刚进接待室时，伊藤还在想，看来在关于东京电力全面撤离的问题上，菅直人和清水要展开一场对决了。而现在他却闹不明白了，这是怎么回事？清水原来想的不是无论国家变成什么样子都要让员工撤离的吗？这不是身为社长的他冒死做出的决定吗？这么重要的决定就如此轻率地说出来了吗？

　　此刻的菅直人心里却松了一口气，但他马上意识到必须转换一下局面。只有清水的话是不够的，必须将东京电力的决策层和政府统一起来，如果存在分歧就麻烦了。于是菅直人说："之前官邸和东京电力分别都有各自的对策总部，在信息共享和传递速度上存在着一定的问题。因此我想对此加以整合后，在东京电力总部设立政府和东京电力的统合总部，可以吧？""具体我的想法是，让胜俣任会长、清水社长或者海江田大臣担任副总部长，细野辅佐官担任事务局长。"听了此话的清水脸上虽然浮现出了惊讶的表情，但他的回答却是："很好。"

菅直人说自己也打算去东京电力并问道："需要准备多久？""需要作些什么准备？几个小时后可以成行？一小时？两小时？""我们没有那么多时间了，30 分钟后就走。只要有桌子就行。"他又转向细野说道："现在我把这件事交给细野。清水先生，请你协助细野。细野，你和清水先生一起回东京电力。"清水沉默着，菅直人催促道："那么，就拜托了！"派细野去东京电力这件事，是在清水来之前菅直人和细野商定的。

这时寺田阻止了打算起身的清水，提醒道："东京电力同意建立统合总部这件事情吗？""同意。"清水点头说道。之后，细野和清水一起走出了屋子。3 月 15 日早晨 5 时 26 分，政府在东京电力总部设立了"福岛核电站事故对策统合总部"。这成为政府和东京电力对应核电站危机的指挥部。

与此同时，接待室隔壁的秘书官办公室里，菅直人的几位秘书山崎史郎、贞森惠祐和桝田好一他们正抱着六法全书不断查找关于进驻东京电力和设置对策统合总部的法律依据。寺田同时对泷野也下了同样的指示，所以是两条线并进地加紧查找着。

在官邸政要的秘书当中享有盛誉的寺田很自然地担任了协调菅直人工作的角色。有些秘书觉得对菅直人难以开口的事，寺田都能很快察觉出来并主动承担下来。因此秘书们都觉得，只要有寺田先生在事情就还有救。

关于进驻东京电力的法律根据，最后依据的是核能灾害对策特别措置法的第20条第2项："总部长对关系指定行政机关、地方公共团体的领导人以及核能运营商可以进行必要的指示。"也就是说，身为总部长的首相是有权指示核能运营商（东京电力）设置对策统合总部的。

细野和秘书的车跟随清水的车离开了官邸。细野与秘书二人以先遣部队的形式进驻了东京电力总部，并且事先没有通知东京电力总部的其他人，这让细野有种对东京电力进行突然袭击的感觉。

他们到东京电力后马上去了二楼的紧急灾害对策室。包括会长、社长在内的二百多名东京电力员工，都穿着白色的衬衣，上面套着绿色、黄色和红色等各种颜色的网状马甲在忙碌地工作着，员工的蓝色工作服上分别贴着政府联络组、保安组、技术·修复组及信息组等9个小组的所属标志。东京电力规定，紧急时刻要调遣9个小组的233名工作人员到紧急对策总部。

　　前方大屏幕的画面被切割成了六块，上半部分分别是"柏崎刈羽（原）防震技术支援 C"、"福 2 防震重要楼 3F 紧急对应室"、"福 1 防震重要楼紧急对策总部"。下半部分则是"总部紧急灾害对策室"、"福岛紧急事态应急对策中心"，最右下方的那个画面是黑的，什么都没有显示。

　　"福 1 防震重要楼紧急对策总部"的位置出现了福岛第一核电站防震重要楼里紧急对策室的画面。屋子里摆放着长方形的桌子，穿着蓝色工作服的男员工们面对镜头坐着，画面和声音都是同步传送的。看着这些细野心里愤愤地想：比起这里得到的现场的一手资料来，官邸危机管理中心和当地紧急事态应急对策中心里因地震而中断了的线路简直是天渊之别。

　　细野从进来之后就一直没有人接待他。而且，这里似乎有种"虽然有很多人，但感觉他们什么都没在做，只是待着"的感觉。细野大声喊道："首相马上就来了，请准备一下位置!"过了一会儿，东京电力会长胜俣恒久、副社长武藤荣和核能品质·安全部长川俣晋他们走了进来。

　　细野让他们拿来话筒后再次宣布道："首相一会儿就到，这里将成立政府和东京电力的对策统合总部。"于是，东京电力立即为首相等人员安排了座位，并将走廊对面的房间设置成了接待室。

　　同时，官邸里的菅直人也开始着手准备前往东京电力的事。因为他的司机有些状况没法马上跟着，便紧急叫来了别的司机，而且用的车也不是平时的雷克萨斯而是丰田世纪。因此出发时间稍微晚了些。菅直人近乎执拗地对秘书冈本健司说："我必须得最后再去一次现场。"他的意思是要再次奔赴福岛第一核电站。"做好 SUPER PUMA 降落官邸的准备。"说完，菅直人便下楼了。

进驻东京电力

15 日清晨 5 时 35 分，菅直人的车队从官邸出发了。外面天还是黑的。先导车不是警车而是警护官车（日本警视厅警备部的警护车），后面紧跟着的是菅直人的坐车。菅直人坐在后面的座位上，右边是寺田。紧接着是秘书（山崎史郎、贞森惠祐、前田哲）的车，后面依次是海江田、福山的车。班目也被要求同行，但由于司机的时间问题，他便同核能安全委员会事务局长岩桥理彦一起徒步前往东京电力。

因为担心与清水会面后菅直人的情绪会太激动，寺田觉得自己有必要待在首相身旁让他保持冷静。便要求道："首相，能和您坐一辆车吗？""可以。"于是两人便同坐在一辆车里。对于菅直人来说，寺田和自己儿子的年龄差不多，个子高而挺拔，容易亲近的性格更是让菅直人喜欢。

寺田还注意到一点，就是菅直人去东京电力之前与冈本说过的"做好准备"。这个"准备"就是"到最后，东京电力如果撤离了，我要再去一次现场"，也就是说再次去现场视察。不知道这番话是为了阻止东京电力撤离，还是为凸显政府职能而特意表现的决心。这是冈本悄悄和寺田说的："首相跟我透露了这件事。那么，是应该再次准备 SUPER PUMA，还是怎么办？"寺田现在都还清楚记得 12 日清晨和菅直人一同去当地视察的冈本、桝田和警备部人员们那惴惴不安的表情，当时他自己也十分害怕。

寺田心想，既然他们都不敢直接跟首相说那就只能由我来说了。于是，寺田对菅直人说："首相，您一直冒着生命危险在努力，这点我比谁都清楚。我还听说您在考虑再次去现场并已在安排直升机。相比之下，就我像个没事人一样，这么一想内心真是羞愧难当。可我害怕核辐射。我已经结了婚，冈本、桝田和我都还很年轻，我们还想生孩子。警备部的工作人员也一样。如果首相您还要去再现场的话，那实在抱歉，可能只能让您一个人去了。"菅直人只嘟囔了一句："这样啊……"便没再说话。

转眼间就到了东京电力。信息传递的速度那么慢，确认情况的速度也那么慢，相比之下，物理上的距离却如此之近。不禁让人想到，如果让通信员来传递信息的话可能都会快得多啊！之前官邸与东京电力的那种距离遥远的感觉忽然没有了。在东京电力总部前，有大堆的媒体记者正等着菅直人他们。夜色中，相机的闪光灯一阵噼里啪啦。

他们一行径直去了二楼的紧急灾害对策室。大屏幕后面已经整齐地摆好了椅子，中间的位置是给菅直人准备的。警备人员们戒备森严地站在菅直人的右后方。东京电力公司内响起了广播声，要求部科长级以上的员工全部到这里集合。技术修复组的一名员工问政府联络组的负责人道："发生什么事了？"得到的回答是："首相来鼓励我们了。"

　　清水从官邸回来后，认为菅直人对自己"不撤离"的回答十分赞成和满意，而且在设置对策统合总部一事上他们也很顺利地达成了一致。似乎正是在清水这种乐观想法的影响下，出现了"首相是来鼓励我们的"这一说法。

　　大屏幕的对面是东京电力人员的座位，胜俣和武藤他们已经落座。细野催促道："那么，请首相入座……"但菅直人却站在那里，瞪着对面坐着的武藤大声说道："你们到底清不清楚现在的状况？""这里这么多人，竟然什么问题都解决不了，你们是干什么吃的？"菅直人没有想到这里居然有二百多人。"谁来跟我解释一下？"清水刚说："我来……"便被菅直人打断了："你是技术人员吗？怎么回事？"这时，旁边的武藤说："我是技术方面的负责人。"菅直人又说道："我们有必要在这么大的地方谈吗？"

　　细野似乎想要遮盖住菅直人的怒声，单手握着话筒宣布说："那么，现在请核灾害对策总部长菅直人内阁首相大臣讲话。"

菅直人迫不及待地从细野那里夺过了话筒。他右手握着话筒，左手叉在腰上，站在那里开始质询："到底是怎么回事？电视里都播放了12日1号机组的爆炸事故，可首相官邸在之后的1个小时里却没收接到过任何消息。""现在不只是2号机组本身的问题，如果放弃2号机组，1号、3号、4号机组一直到6号机组乃至福岛第二核电站的基地会变成什么样子你们知道吗？""如果现在从福岛第一核电站撤离的话，1号机组到4号机组以至5、6号机组全都会发生爆炸。而且不仅是福岛第一核电站，福岛第二核电站也会发生爆炸。""那样，日本的一半领土都会消失，日本这个国家就不复存在了。所以，无论如何要全力控制住现在的局面。""我不能对撤离这件事坐视不管。当日本对自己的核事故无能为力时，美国也好，俄罗斯也好，他们会不行动吗？不会什么也不管吧。他们会等几十天或者几百天吗？他们很可能会说他们来处理。到时日本就会被别国占领。""你们就是当事者。给我拼命努力！东京电力想逃也逃不掉。无论花多少钱都没关系。国难当头，是绝不可能允许撤离的。如果撤离的话，东京电力百分之百会被关掉……""会长、社长们你们也得给我做好准备。希望60岁以上的官员都做好去现场甚至牺牲的准备。我也会去，这些只能由我们来做。""我再说一遍，绝对不允许撤离！如果你们撤离了，我一定会把东京电力给关了！"

菅直人的这番气势逼人的演讲进行了接近十分钟。讲完之后他也一脸疲态。当他说到"做出甚至牺牲的准备"时，东京电力高层们的表情都僵住了。

　　寺田朝屏幕方向看去，身着福岛第一核电站防护服的工作人员们正一动不动地盯着这边。寺田突然想到，大家都在听演讲，工作不就停止了吗，这样可不行啊。而且在这种地方开这种会什么都决定不了。于是，他给旁边的福山递去了张纸条：结束吧。可能是因为首相的演讲太过激昂了，福山当时的表情很严肃。

　　虽然已经坐了下来，可一旦想起什么菅直人就又会站起来继续讲。中途细野想递给他话筒也被他推开了。最后他说道："为什么要叫这么多人来？重要的事情五六个人就可以决定了。这不是开玩笑么？！给我准备个小房间！""东京电力谁最了解现在的情况？我要问他情况。技术人员都给我留下！"

　　于是技术人员留在了座位上。每个人都要做自我介绍。轮到安井了。安井是资源能源厅（节能·新能源担当）的部长，是13日被寺坂仓促促相求、作为"保安院有关人员"刚刚来东京电力的。他既没有得到任免令，也不知道自己的正式职位名称，所以在做自我介绍时，很困惑该如何介绍自己的职务。他刚说了句"我叫安井。"就被菅直人大声呵斥道："你的所属部门！"大家都被那声怒吼吓得不敢再吱声了。过了一会儿房间准备好了，大家都集中到了走廊对面的会议室里。胜侯、武藤还有东芝和日立的官员都进去后会议室就变得拥挤起来。

清晨 5 时 35 分，官房长官在官邸的记者接待室里召开了记者招待会。"早上好！真是不好意思，这么早把大家叫来。刚才首相让我向大家汇报下关于设置福岛核电站事故对策统合总部的事。现在我来说明一下。""2 号炉经过冷却操作后情况已经有所好转，但并不一定能一直保持这种稳定的状态……有鉴于此，政府和东京电力需要进行物理地点上的一体化，保证能同时接收到来自现场的相关信息、做出联合应对并发出指示。相信政府的这个决策对稳定局势，控制事态发展以及减少民众不必要的担心等都有非常重要的意义。因此，我们成立了综合联络总部。"接下来是记者提问环节。

记者："现阶段 2 号炉像 1 号炉和 3 号炉那样发生氢爆炸的可能性有多大？"

官房长官："我们认为在 2 号炉厂房上方排气是极有可能实现的。氢气是很轻的气体，这样它就不会滞留在厂房内，因此发生大爆炸的可能性很小。以上是政府根据专家意见做出的判断。"此时，枝野还不知道菅直人在东京电力做的那番激情演讲。

让我们把视线再次回到东京电力总部二楼的会议室。长条桌的两边分别坐着东京电力人员和政府的官员。政府官员有菅直人、海江田、福山、细野、寺田等政务人员、班目以及经济产业省和保安院的官员们。东京电力方则有胜俣、清水和武藤等人。墙边的椅子上还坐着其他工作人员，总共有将近三十人。

东京电力方面出示了预测 2 号机组事故发展的模拟演示图。那是当 2 号机组堆芯的 20% 受损，瞬间向外界释放核辐射物质情况的演示图[1]。清水解释说："虽然放射性物质有广泛扩散的可能，可根据这个演示图，避难控制在距离第一核电站 20 千米范围内就行了。"

菅直人问道："这只是 2 号反应堆在运作中发生爆炸发生核泄漏的情况吧？加上已经爆炸的 1 号和 3 号反应堆，情况应该就又不同了吧？另外，4 号机组的乏燃料池真的没问题吗？"

清水回答说："是的。那就留些余地，将避难范围扩大到 30 千米吧。"

"这种表态未免也太轻率了！"，在座的包括福山在内的几个人心里不禁有些焦躁和生气。菅直人说："既然有必要那就必须商量下。"（实际上，政府在当天 11 时就已经发出了要求 20 到 30 千米范围内的居民进行室内避难的指示。）菅直人又追问道："如果 6 个反应堆都爆炸了怎么办？"谁也答不上来。菅直人问胜俣："你怎么看？"胜俣

----

[1] 后来（4 月 17 日），东京电力向美方传达堆芯损坏的推测，1、2、3 号机组分别为 70%、30%、25%。（美国核能研究委员会，2011 年 4 月 17 日）

只支吾了一声"呃……"就再没说话了。

巨大的声响

这时，困倦的菅直人忍不住开始前后摇晃起了身体。寺田不想让菅直人的这副模样暴露在大家面前，便小声提醒道："首相，振作起来！"

房间里的人越来越少了。菅直人将脸凑近胜俣，像要吃掉他一样对他说："你！给我拼命干！"胜俣答道："好！没问题。我们会让子公司继续努力。""子公司！？"这让寺田非常惊讶。房间里的电视是直通现场的，所以对着桌上话筒讲出的话现场的人也都能听见。同样，吉田站长说的话这边也能听到。

清晨 6 时 10 分刚过，吉田就喊道："有巨响！"似乎想看看所有人的反应，坐在左边座位上的吉田突然转过身来面向电视会议里的人。之后，吉田戴上头盔、开始有些慌张地忙碌了起来。他通过广播说："此事非同小可，请无关人员撤离现场！"听起来似乎发生了很严重的事。

"2 号机组附近有爆炸声""是压力抑制室周围发出的声音""是那边发生的爆炸""2 号机组的炉压为 0.612 兆帕斯卡，炉内水位为 -2700 毫米"消息相继传来。好像是核反应堆厂房发生了爆炸，但还不知道是 2 号机组还是 4 号机组。因为有消息说看到 4 号机组的燃料池上方冒起了白烟。信息错综复杂。

看来菅直人还没了解到现场的状况，仍在讲着什么。吉田打断了他："首相，不好意思。现在发生了紧急状况，我可以离开一会儿吗？"菅直人好像还没反应过来。于是吉田又一次说道："实在不好意思。还有好多事等着我去指挥，我先走了。"说完又加了一句"能否让人员暂时撤离现场？""我们会留下必要人员，然后让其他人员撤离。"这时菅直人和海江田等人才意识到这是现场爆炸的实时消息。

来自现场的请求说想留下 70 人，让其余人员撤往第二核电站。紧急对策室收到了来自 3 个中央控制室的一个接一个的报告。菅直人心想"2 号机组爆炸了吗？如果 2 号机组爆炸了，那该怎么办？""三鹰的母亲家里也不能住了吧？"那一瞬间他脑子里甚至还冒出了这个念头。菅直人给枝野打去电话说："发生了非常严重的状况。事态紧急！"

此时天色渐亮。6 时 25 分，从现场接连发来报告称："压力抑制室的压力已经一点都没有了。我们会继续努力注水，并减少其他不必要的人员。""这里非常黑，正在用手电筒工作。""我们想进入反应堆，但入口全被炸坏了。""我们想使用临时电源，可刚要打开开关放入硼酸就发生了余震，临时电源也被损坏了。""2 号机组需要约五千吨的水。""忘了拿照相机，我马上去取。"他们用相

308

机拍下了被炸飞了一部分的 4 号机组厂房，不一会儿，这个场景就出现在了大屏幕上。

紧急灾害对策室里，东京电力的高层正在用幻灯片讨论一份为"暂时撤离"而准备的文件。就此文件的内容清水已征求了各总部部长们的意见。之后，文件又被送到了清水对面房间的菅直人那里。

6 时 37 分，来自吉田的紧急事态联络信被送到了总部（71 报）："2 号机组于 6 时 00 分至 6 时 10 分发出了巨大的爆破声。为防万一，除留下必要的现场操作人员外，一旦做好准备，将让负责应对的一部分主要人员暂时撤离"。之后，吉田来到防震重要楼大厅下达了撤离命令："全体人员转移到福岛第二核电站。"当时，那里共有 700 多名操作人员。

清晨 7 时左右，除了负责设备监视和修复工作的主要人员约 70 人外，其余的 650 人乘坐客车或私家车转移到了南边约 12 千米处的福岛第二核电站体育馆。体育馆里很冷，"这儿好冷啊！"有人说。

上午 9 时，东芝的技术人员收到来自东京电力当地对策总部的消息说："请你们东芝公司的人马上回来，有工作。"于是东芝的工作人员又回到了福岛第一核电站。（后来他们回忆说："那时，包括我们在内，大概有 50 人留在了福岛第一核电站。"）

清晨 6 时 45 分，官房长官再次在官邸的记者接待室里召开了记者招待会。官房长官："就核电站的相关事宜，根据首相再赴东京电力最新了解到的情况，刚才的记者招待会中未能掌握到的一些情况已经得到了确认，现在第一时间向大家汇报如下。第一核电站2号炉中有一个与存储容器相连接、叫做抑制燃料池的装置，它是可以将水蒸气冷却成水的稍微突起的部分。现在那里看起来出现了破损……但目前并没有发现附近的核辐射浓度检测值有急剧上升的迹象。"

有记者提问道："那可以理解为，东京电力一直隐瞒了此事。对吗?"

官房长官："关于这点目前还不清楚。是首相在抵达东京电力了解情况期间发生的事情还是之前就发生了，这个问题还有待查证。"

清晨6时45分，东京电力的操作中心里，清水交出了一份"关于总部转移"的文件，上面写着"留下最低限度的工作人员，其余人员撤离。"菅直人看到文件后，询问是否可以"留下实施注水作业的工作人员"。他想将"工作"修改为"注水工作"。清水回答说："好的，可以。"那天，清水像个秘书科的科员一样一直在东京电力二楼忙活着。官邸的一名政要小声对菅直人说："我总算明白东京电力的结构了。决定权都在胜俣手中，清水不过像个梦游症患者样地在这里东转西转罢了。"

此时，总部不断收到来自现场的消息。东京电力总部二楼的房间里，进驻的政府人员不停地询问东京电力公司："存储容器的底部熔化了吗？""堆芯熔解的可能性有多少？"官房副长官補佐西川徹矢对胜俣说道："绝对不要认为有我们在这里就没问题。""是的。"胜俣回答道。西川是伊藤在"御前会议"后派到东京电力的。当时伊藤从官邸五楼的接待室回到地下一层的危机管理中心时，仓促地对西川说："我不能和首相一起去东京电力，必须留在这里。你能否代我去？"

清晨 7 时多，"情况已经十分糟糕，请允许我们撤离现场。"东京电力想征求政府的同意，但菅直人却再次叮嘱："必须继续注水。"刚才还那么疲惫，这种时候却能如此坚持——寺田十分钦佩菅直人这点。7 时 45 分，菅直人找胜俣谈了话。菅直人说："我希望你们不要只忙于一个系统的作业，至少要两个系统同时操作。"胜俣说道："是的，谢谢您的指导。""现在不是谢不谢的问题。是你们能做到吗？不要等状况出现了再行动，要设想到最坏的情况事先采取措施才行。""是……"这时，细野插话道："如果撤离的话，1、2、3 号机组会发生堆芯熔解吗？""这个，我不知道会到什么程度……"胜俣的回答始终让人不得要领。细野说："事到如今，请务必坦诚地跟我们交换意见。"

负责人送来了核辐射的扩散预想图，上面没有标示比例尺。问他们比例尺是多少也答不上来。胜俣小声说道：

"没想到 4 号机组也被牵连进来了。"菅直人的秘书们希望他能尽早回到官邸。因为 15 日是星期二，是召开内阁会议的日子。秘书们商量着："跟首相说，不管怎样必须先参加内阁会议，让首相快点回官邸吧。"于是，菅直人于 8 时 40 分左右离开东京电力，8 时 46 分回到了官邸。

此时，东京电力的小房间里剩下了海江田、福山、细野和寺田，但福山也决定马上要回去。他离开时对细野吩咐道："细野，你可别被他们拉拢了啊。"意思是提醒细野要小心东京电力。寺田说："我们被留下了，对吗？"细野回答说："这些事只能由我们来做了。"海江田说："对啊，是这样！"海江田曾在一瞬间犹豫是否该去出席内阁会议，但很快他就果断决定，留在东京电力指挥才是自己现在最重要的工作。过了一会，菅直人给寺田的手机打电话说："你在那儿干什么？赶紧给我回来！"于是寺田便跳上出租车回了官邸。

官邸五楼办公室隔壁的秘书室里，女职员们全都戴着口罩。这在以前是从来没有过的情形。警卫们的表情也十分不安。虽然他们只谈论与警卫相关的事，但看得出来他们还很想打听点儿别的事。

上午 9 时多，福岛第一核电站的测量组用十分沉重的声音报告说："上午 9 时，正门附近的辐射值为每小时11930 微西弗。""11930！？"东京电力二楼的紧急灾害对策室里传来了哀叹声。

- 凌晨 6 时 00 分 73 微西弗；
- 上午 8 时 50 分 2208 微西弗；
- 上午 8 时 55 分 3509 微西弗；
- 上午 9 时 00 分 11930 微西弗；
- 上午 9 时 35 分 7241 微西弗；
- 上午 10 时 15 分 8837 微西弗。

测量组以 10 分钟一次的频率向对策统合总部发送着报告。至此，控制核辐射的计划彻底失败了。

2011 年 3 月 15 日这天，成了决定性的一天。

中午，寺田的手机响了，是细野打来的。他说："现在涉谷的核辐射量是平时的 100 倍。"听到这里，寺田被吓得身上起了层鸡皮疙瘩。他想："东京最中心的地方也正发生着可怕的变化。"他立即注意到了风向的问题。像在确认窗户关了没一样，他将目光望向了窗外 [1]。

---

[1] 2011 年 5 月 23 日，京都大学反应堆试验所的助教小出裕章作为知情人被参议院的行政监督委员会请来，做了以下证词："3 月 15 日，东京的碘、铯和碲等核物质被检测出 1 立方米为数百贝克勒尔。这个浓度是在 1986 年的切尔诺贝利核事故时，飘到日本核辐射量的几百倍、几千倍。但是，当我们想将这个数据公布时，上司却说这会煽动恐慌。"《参议院行政监督委员会会议记录》第四号第 177 回

第 9 章

对策统合总部

保安院没有培养出熟悉安全规则的专业人士，由班目出任委员长的核能安全委员会也因班目的信用丧失而失灵。在这样的情况下，经济产业省的技术官员安井正也临危受命。

海江田万里

经济产业大臣海江田万里代表政府出任政府和东京电力共同设立的对策统合总部副本部长（首相为本部长），事务局长是首相辅佐官细野豪志。东京电力方面的副本部长本来由社长清水正孝担任，但因其身体状况不佳，4月1日起改由会长胜俣恒久代任。

联络官们相继从政府出发聚集到了一起。因为考虑到17日将向3号机组的核燃料池喷水，因此还增加了警察、自卫队和消防厅的联络官。统合总部是24小时工作制，为此，各省都派出了2名以上的联络官。最多时派自霞关的人数甚至超过了100人。

海江田穿着经济产业省的深蓝色防灾服，细野穿着内阁官房的淡蓝色防灾服，而自卫队则是迷彩服。海江田通常会以一种舒服的姿势坐在紧急灾害对策室最里面的座位上，一动不动地凝听着本部和福岛第一核电站现场之间的电视会议对话。他不停地抽烟，周围经常灰蒙蒙地笼罩着烟雾。细野经常在不同地方和不同的人会面，几乎从不现身。协调的角色由东京电力的研究员武黑一郎担任。

屏幕对面，中间是海江田，他左边是细野，然后分别是保安院、核能安全委员会、外务省、防卫省等；他右边则是武黑，再旁边并排坐的是清水、胜俣、武藤荣副社长。细野的座位最初是在后面，但几天后就被安排到了海江田的左边。

东京电力方面另外还有西泽俊夫常务、高桥明男副社长以及此前在武黑手下的官邸联络官、核能质量·安全部长川俣晋都占据了上座。其中，高桥辅助武藤，川俣辅助武黑。武黑则担任全体会议的主持人。

从东京都选出的 62 岁的海江田共当选过 5 次，在参议院议员野末陈平手下任秘书后投身政界。1993 年的众议院选举中，他以日本新党候选人身份首次当选国会议员。来自东京都第 1 选区的他以天生的"市民派"自居。他先后在 2010 年 9 月组阁的菅直人政权（第 1 次改造内阁）中出任过特命担当大臣（经济财政政策、科学技术政策）、宇宙开发大臣。2011 年 1 月 14 日，菅直人第 2 次改造内阁时平调到现在经济产业大臣的位子。

11 日下午，在出席首相官邸首次召开的防灾会议时，海江田已经迅速地穿好了防灾服。"啊？居然衣服都已经换好了！"一名阁僚惊讶地说。海江田担任经济产业省大臣时准备了 2 件防灾服，办公室和家里各放了 1 件。"刚就任经济产业大臣时我就在想，如果发生核事故就糟了。"

防灾服就是因此而备下的，但做梦都没想到的是担心却真的变成了现实。

海江田11日晚在官邸地下1楼的小房间里熬了个通宵，12日晚则在首相办公室旁的接待室里小憩。"大臣，在沙发上睡吧……"秘书佐胁纪代志的建议也被他拒绝了："嗯，不用。就睡地上就好。"说罢这个大个子就那样躺了下去。不过，太冷了确实睡不好，他便用报纸当做薄被盖在身上。佐胁急忙从经济产业省的大臣室拿来几条毛毯递给了海江田。

11日下午，福岛第一核电站全部电源断掉之后，海江田没让菅直人首相根据15条事态紧急发布核能紧急事态宣言。结果"晚了一个半小时"公布宣言，海江田对此后悔不已，菅对此也记恨在心。

在12日一早的福岛第一核电站的排气问题上，身边的人也察觉到了菅和海江田之间的分歧。12日凌晨，海江田就排气问题召开了记者会。然而，官邸却从当日下午开始由官房长官野枝幸男来进行统一通报。自此海江田原则上就没再出现在媒体面前了。

海江田还反对菅直人在这个节点去福岛第一核电站视察，认为还不如他自己去。打从那时起，经济产业省的官员中就开始出现了"首相和大臣之间不睦"的说法。

当天傍晚，海江田根据《炉规法》(《反应堆等规则法》第64条)命令注入海水。但在随后的会议中，菅直人提出这么做有可能发生"再临界"问题，于是作为经济产业省大臣的海江田发出的命令就被束之高阁了。稍后，在首相办公室讨论喷水一事时，海江田想向菅说明核反应堆的情况，却被菅用右手制止道"已经知道了！不用说了，不用说了。""不，首相，这件事……"同座的经济产业事务次官松永和夫非常吃惊地正想反驳，菅直人却说"不，已经知道了，不用再说了。""嗯，这件事会由相关大臣决定的。"枝野接话道。

菅最初就觉得海江田"上不了战场"，现在他的这个想法就更是写在了脸上。海江田方面也一直觉得菅"不适合做领导"。同样都是从东京选区选出来的、又都是市民派的政治家，年纪也相仿。但两个人的性格却不合，不在一个频道上。

菅、枝野、福山哲郎官房副长官都在事故发生后对东京电力感到强烈的不信任，连海江田也有这种感觉。那是从海江田进驻在东京电力时候开始的，东京电力方面提供的盒饭他一概不碰。

海江田是阁僚，所以不得不出席每周2次的内阁会议。那段时间他常常往来于对策统合总部和经济产业省。实质上这里的事都由细野全权处理。霞关官员每2周轮换着去对策统合总部工作，其中也有到9月2日菅直人首相辞职为止的近半年时间里一直在这里工作的。

菅在担任科学技术政策担当大臣（兼任副首相）时的

秘书是文部科学省的官员生川浩史，后来生川被派往位于横滨市鹤见区的理化研究所（简称"理研"）做研究推进部长。理研是日本基础科学研究的最前沿。

15日14时，菅直人把生川叫来官邸说："这次成立了对策统合总部，你能不能和齐藤、有富一起来研究下状况呢？"齐藤、有富是指菅直人的母校东京工业大学反应堆工学研究所的齐藤正树和有富正宪两位教授。

菅直人说："以下两点请你记住。首先，现场的消息不能模棱两可地报上来，希望把你们认为正确的消息马上报告给我。其次，要确认专家们所说内容的正确性。我就氢气爆炸的可能性询问班目先生（核能安全委员会委员长）时，他说'绝对不可能发生'，但实际却发生了。对出谋划策的专家们到底该相信到什么程度？对此我深感不安。我想查实他们所说的话，希望能在这方面得到你的帮助。"

生川最早发送的邮件日期是17日15时42分。"机动队的车辆已经到达福岛第一核电站。"这预告着警察准备开始实施喷水作业了。每天早上7时，都会有第一手报道被发至菅直人的手机。在和生川的对话中，菅曾经把1、2、3、4号机组称作大女儿、二女儿、三女儿、四女儿来谈论核反应堆的状况。生川留意到了菅直人的这个说法，也会用"今天千金们的心情都很好"之类的方式来报告核反应堆每天的状况。就这样，生川每天单方面地不断地写和发送着邮件。到菅首相辞任的 2011 年 9 月 2 日为止，发送的邮件总数已达到了 1000 封。

2011 年 9 月 1 日 18 时 48 分。生川发送了最后一封邮件。"堆芯喷淋系统针对 3 号机组的喷水开始了。""据说阿海珐的设备漏水，在泵壳上发现有孔。"堆芯喷淋系统，是指水从上面而不是下面注入的方法。泵壳，是指水泵的外壳。对此，菅直人发来了他的第一封、也是最后的一封回信说："辛苦了，谢谢！"

话又扯远远了。让我们回到 3 月 15 日。15 日傍晚，"来汇报一下今天的情况吧。"细野就这样被菅直人召回了首相官邸。大约 2 小时后再回到东京电力紧急灾害对策室时，细野感觉气氛一明朗。"诶，这小子回来了呀？""已经没有官员了，政治家回来常驻是超出他们想象的。""得表明自己的立场才行。"细野心想。细野拿过麦克风来宣布道："政府已经发布了紧急事态宣言，首相是有指挥权的。我就留在这里，不再会回官邸了。"像是要炫耀自己的存在感一样，细野叫来了临危受命的民主党年轻众议院议员们当自己的帮手。他们分别是熊田笃嗣（大阪府）、石井登志郎（兵库县）、冈田康裕（兵库县）、绪方林太郎（福冈县）。

对策统合总部其实是个抽象的松散组织。政府、官邸进驻一个企业的总部，和经营团队一起工作并监督他们，共同进行危机管理。《核能灾害对策特别处置法》（核灾法）

即是为了赋予首相较大权力而设置的超出法规的处理措施。

设置对策统合总部的构思，是菅直人在前一天（14日）想出来的，因为如果东京电力的信息不能顺畅地传达到官邸的话是无法进行危机应对的。日渐加深的危机感，以及14日晚到15日凌晨的东京电力撤离问题，都促使政府必须要进驻东京电力。在此过程中，设立对策统合总部的必要性越来越被明确。对此枝田和福山都很后悔。"应该早一点设立的。"一位政务秘书后来坦白道："为什么我们没想出那个主意呢？这实在是暴露官员们缺乏创造力和想象力的一个例子。"对策统合总部的设置，意味着在面对危机时终于有了一个指挥中心，这个指挥中心首先要解决的问题就是针对燃料池的喷水作战。刚开始东京电力方面难以接受这个统合总部是必然的。

3月20日，成为细野秘书的冈素彦在交付了任免书后，在统合总部跟细野打招呼时的第一印象是"东京电力这家公司该不会阳奉阴违吧？"

这也促成了日美共同会议①、甚至是项目组的设立。随着细野的主导权日渐得到明确，"东京电力起码在形式上开始变得慢慢听话了"。

_____

① HOSONO程序（日语：ホソノ・プロセス，英语：HOSONO Process）：2011年3月福岛核电事故发生后，为了防止日本和美国各部门间个别进行情报交换导致混乱而新设立的日美间情报交换一体化的会议。——译者注

总部和现场的全体电视会议每天两次，分别于早上（9 时或 10 时）和晚上（18 时），在紧急灾害对策室召开。海江田、细野、胜俣、武藤出席核心成员会议。经济产业部资源能源厅节能·新能源部长安井正也屡次出席（随后，在 3 月 29 日就任内阁官房参与的多摩大学大学院教授田坂广志也成为其中一员）。

海江田在统合总部首先对东京电力作出的一项指示就是希望在福岛第一核电站内设置摄像头。因为每每就从民间电视台播放的某个画面一询问现场"现在怎么样了"，得到的一定是"马上去外面看看"的回答。"安装点监控吧！"海江田这样要求后的二三天现场就安上了摄像头。"这样做难道是为了电视会议时尽量避免外人看到除了本部外的紧急对策室外的现场？"海江田这样揣测着。

官邸的一名工作人员称，东京电力最初给人的感觉是连紧急对策室里的场景都不愿意让人看的。他说："东京电力开始好像是不想现场和总部争论的情形被看到。可能是对官邸不经总部而直接获得现场第一手信息以及做出判断的做法感到不满吧。他们只会提供最小限度的必要消息。也就是说东电是不会给我们第一手信息的，他们习惯于不管发生了什么都先隐瞒起来再说。但统合总部成立以后他们要再想隐瞒就难了。"

话虽如此，据赶来参加统合总部的厂商们反映，进驻的政府职员是官员，东京电力员工其实也跟官员们是相似的："双方都是官员的世界。""总而言之，这是一个形式感很强的世界。"

每晚的电视会议上都会对当天情况进行"温习"，各部代表也要报告各自的工作进展情况。每次海江田列席的时候武黑最后总会让他说上两句，"那么，请大臣说几句吧。"拿着话筒的海江田用浑厚的男中音说："我是刚才介绍过的海江田万里"。"什么？为什么说全名？他难道是在宣传政见吗？"坐在后排的厂商们中传出了这样的声音。

散开后再也合不上的瞳孔

如果要成立核能灾害对策本部的话，按规定应由核能安全·保安院长担任事务局长。事务局的所在地，就是保安院建筑物中的紧急应对中心。那里的事务局职员多数是保安院的职员以及来自各部的负责官员。

11日傍晚，菅直人在首相办公室召见了保安院长寺坂信昭。此事在第2章里曾有所提及，这次会面导致了悲剧性的结果。被菅直人一阵大声呵斥后的寺坂彻底胆怯了。用经济产业省某位官员的话来说就是："他的瞳孔就这么散开合不上了。"

3月11日19时多，第1次核能灾害对策本部会议在官邸4楼召开，会上未见寺坂的身影。此时寺坂已回到保安院并对部下说："我根据自己的判断回来了。""正因为发生了如此大的事故，此时技术上的见解尤为重要。对首相官邸来说，让比自己更熟悉技术的人留下岂不更好？"经与当时同在官邸里的保安院次长平冈英治沟通，他们作了如下分工：平冈继续留在首相官邸，寺坂则去紧急应对中心做灾害对策本部事务局长的工作。

寺坂是东京大学经济学部毕业的事务性官员，而平冈则是毕业于东京大学电器工学科的技术性官员。1976 年进入原通商产业部的寺坂虽然学的不是核能专业，但将近 13 年来却一直致力于制订核能安全规则方面的工作。菅直人叱责寺坂的消息已经传开了。"相当于被首相说'你不用再来了'啊！这简直……"这样的揣测在保安院里不胫而走。寺坂"失踪"的消息也迅速传遍了核能安全委员会。

虽然已经公布了《核能紧急事态宣言》，但核能灾害对策本部却还没有根据此宣言提出下一步的具体对策来。核能安全委员会委员长班目春树心想"保安院的最高负责人都失踪了，以后恐怕只会草草应付了事了吧？"

同时，以班目为首的安全委员会官员质疑，保安院会不会让核能安全委员会冲到最前面去应对事故呢？班目 11 日晚 21 时左右刚一抵达官邸，就被带到了位于地下 1 楼的危机管理中心。"院长来啦，院长！"安全委员会事务局的工作人员都记得平冈当时这样大声通知大家说。班目是院长而不是委员长？莫非这是想让夹层小房间里的政治家们把班目误认成保安院长……班目后来回忆说："平冈次长可能是故意把我叫成从官邸消失了的寺坂院长的。"

第二天（12日）下午，保安院审议官中村幸一郎在记者发布会上提到了"堆芯熔毁"的可能性。如此被动地被突然告知这事让菅和枝野都勃然大怒，这也导致官邸对保安院越发不信任了。"官邸（因为中村发言事件把保安院）打垮了，结果保安院最后被撤销。"正如班目回忆的那样，那件事是保安院和官邸之间关系的一个重大转折点。援用民主党人士爱用的话来说，保安院失去了"位置和出场机会"。

熟悉核能行政的经济产业省OB对那次事件作出了如下评价："那以后，就由原本判断政治形势的官邸来发布与事实相关的所有信息了。如此一来，向官邸上报情况时就愈发劳神费力。为了不挨骂，不得不到处找人沟通后才上报，自然很费时间。结果却还是会因为上报晚了而被骂。去是去了，还是被骂。必须去而没去的话也会挨训。反正是官邸在做决定，又不是我们的责任——最后保安院就变成了这种态度。"

压死骆驼的最后一根稻草，是12日下午1号机组爆炸后保安院的草率应对方式。爆炸后的头两个报告都来自福岛县警察局的警察，并经由警视厅上报给首相官邸的，保安院却无法确认消息的准确性。正如第4章中记载的那样，保安院什么信息都没有掌握到，枝野只好就那么两手空空地出席了记者会。

官邸里负责宣传的内阁官房审议官下村健一曾这样记录道：保安院的官员们在菅直人和枝野的面前变得"像因为不敢面对老师而把视线移往别处的学生一样"。保安院的官员们也开始讨厌去官邸。随便说点儿诸如"今天的辐射量是 30 毫西弗"之类的话，就从官邸回保安院去了。官邸地下 1 楼的危机管理中心紧急集结组成员对保安院职员的不满也慢慢多了起来。保安院职员只是慌慌张张地进进出出，即便有什么情况，因为没有掌握任何消息他们也什么都回答不了。紧急集结组中也开始有人说"问保安院也没用，还是直接问东京电力吧！"特别是在警视厅、总务省消防厅、国土交通省这些"旧内务省系"的人看来，保安院的职员都是些"连像样的招呼都没法打的人"。

比保安院更让人生气的是经济产业省的职员们。他们看起来"都是些坐得离被告保安院远远地、摆出一脸跟核事故无关神情的家伙"。除了让东京电力的员工常驻危机管理中心外别无他法。东京电力虽是民营企业，但在这种情况下又不能这么说。

13 日晚，在首相官邸的强烈要求下，东京电力架设了直接连接官邸和福岛第一核电站的电话专线。大概从 14 日开始，官邸不经过保安院就可以直接打电话给东京电力了。从保安院被急匆匆地送到紧急集结组来的保安院核能发电安全审查课课长山田知穗充当了那个"被人欺的孩子"角色。核事故发生后，山田一直在保安院负责报道。先去紧急应对中心收集信息，再到记者会上去通报出来。换句话说，是一份"像鱼鹰一样先含在嘴里然后吐出"的工作。而这次他干的，却是份让人如坐针毡般无法动弹的工作。

话虽如此，叫来的东京电力职员并没起到很大作用。那是16号的事情了，从官邸5楼下来的内阁危机管理总监伊藤哲朗生气吼道："把东京电力（的人）给我叫来！"官邸让东京电力的派人过来，可如果派过来的人不是能出席圆桌会议的靠谱官员的话就毫无意义了。伊藤就是因此获得了枝野官房长官的理解。同一天，伊藤直接打电话给胜俣投诉。他前一天刚因为东京电力地面喷水的事和胜俣见过面。"能让可以直接跟你对话，直接传达你意见的人过来吗？职位高低都行。""知道了。"胜俣于是派去了东京电力的研究员高桥明男。

为什么保安院就不能从东京电力那儿得到信息呢？感到疑惑的不只是危机管理中心。美国核能管理委员会（NRCA）也抱有同样的疑问。核能规制委员会派来日本的职员打电话向本部汇报说："保安院不能直接从企业获得信息，跟美国发生类似事件时的情况完全不一样。"

伴随着2001年中央省厅的重组，科学技术厅核能安全局的一部分被吸收进来成立了保安院。作为经济产业省资源能源厅的"特别机构"，保安院的大约800名职员中，与核能管理相关的职员占了 330 人左右。全国的 21 所核电站及核设施都设置了核能保安检察官事务所，（每个事务所）都有 1~9 名核能保安检察官和核能防灾专门官员常驻。万一发生事故，他们担负着向现场派遣职员、为经济产业部内设置的紧急应对中心收集信息并向政府报告的责任。保安院里有一个技术支援组织——即经济产业省管辖的独立行政法人核能安全基盘机构（JNES）。在其主页上表明其宗旨是"为了在发生紧急情况时，可以顺利使用紧急事态应急对策中心里的各种设备而进行维持和管理工作"。

保安院和东京电力之间究竟是怎样的一种关系呢？形式上两者是"管理方"和"被管理方"，实际上却完全不同。无论是信息、评价、专业性、经验、年限，还是政治力量，东京电力都比保安院甚至是经济产业省要更胜一筹。这并不是什么国家秘密。经济产业省出身的官邸工作人员曾在背后议论说："能源厅（保安院）表面上是在管理东京电力，其实是被当成道具在用。"在这次危机中，保安院和东京电力的实力对比也一目了然。无论问保安院的官员们什么，他们都只会回答"我们问问东京电力看。"他们既没有独自获得信息的渠道，也缺乏独立判断的能力。

12 日的事情，核能安全委员会的管理环境课课长都筑秀明复印了核能安全委员会唯一的一张福岛第一核电站设计图，并交给了官邸代理委员长久木田丰同。此时都筑遇到保安院次长平冈并把复印的事告诉了他。平冈说："真是踏破铁鞋无觅处，保安院里一张都没有，可以借来用一下吗？"并拿了一份复印件走了。那张设计图其实不过是成立核电站时审批用的设计图，也就是说只是张概念图。而保安院却连这都没有，这让都筑感到不寒而栗。

危机当前，保安院要求东京电力派3～5名员工作为联络官前往紧急应对中心。他们将同紧急应对中心的设备班联合办公，应对保安院对东京电力的咨询。具体工作方式是：设备班的班员询问东京电力的联络官，联络官以将手机保持在通话状态下的形式把问题传达到总部的紧急灾害对策室后、再由总部负责人作答。官员们也把那部手机放到自己耳边一起听。

蠢笨的控制官帮了我们大忙

核能机器制造商的核能负责人形容说：保安院和东京电力之间的管理状况类似"水桶接力管理"。"首先，制造商准备一份资料向电力公司作出说明，然后电力公司拿着那份资料向保安院说明，保安院再在上面盖章。简而言之，与水桶接力酷似。所以称之为水桶接力管理。""我们将水桶传到电力公司的时候水还是满的，中途洒了一些后减少了1、2成，等到进入盖章环节就只剩下一半左右了。"

2012 年夏天，关西电力的原官员在与核能业界相关团体的会面中这样说："负责管理的官员很蠢所以很好对付。"上述发言的邮件经几人之手后又回到了 JNES 的技术人员那里。

把这份邮件作为附件发送给友人时他这样写道："东京电力（和关西电力）在代行核能管理职能上这点的确是真的……在学会上讨论时也是。制造商、综合建筑公司委员等都只一味听命于东京电力的委员。""（关西电力原官员的）发言听起来很有现实意味嘛！"

寺坂最初被菅直人叫去办公室时，菅问的就是"你是理科生吗？"这个问题是否恰当姑且不论，作为必须管理核能这样有着高度技术性和巨大风险的保安院最高负责人却缺乏专业性和见识，这对事故管理来说无疑是致命的。

保安院搞技术出身的官员这样说道："保安院这种机构的最高负责人之职长期以来都被熟悉法律的人所占据，因为据说这是主管法律规定的机构最高负责人。核能安全规定这个领域本就是个规定为先的世界，全凭法律是否授权来定胜负。"院长寺坂堪称其中的典型。

这里有着霞关的组织文化那种深远影响的影子。一般职位被视作比专业职位"高级"，这和认为"公务员（高级职务）就不会在一个地方停留"的霞关组织文化也不无关系。实行这个惯例名义上是为了防止腐败，实际上是一种让行政官个人不用承担责任的组织性保护。这样是注定培养不出专业人才的。

此外，事务官和技术官之间的平衡和人事待遇等管理上的问题也横亘在前。一直以来，保安院的人事最高负责人都是以均衡事务官和技术官之间的力量为主要任务的。在经济产业省资源能源厅中，保安院院长是走"从这里的次长提拔，然后作为事务次官再回来的成功路线"（他同时也是核能委员会的委员之一）。这样的人事任命既显示了对保安院的重视（体现了对核能利用的促进），也显示了对技术官员的重视。正因为它是如此光鲜的一个职位，所以可以作为优待性职位被任意安排给没当成事务次官的官员。

但在组织关系上保安院却并不归属于经济产业省，而隶属于经济产业省之外的资源能源厅。这又是为什么呢？经济产业省的高官指出，"可能其用意是当发生事故时不用归咎于大臣和次官，而是由能源厅长官来阻止事态恶化"。JCO 事故也给通产部（经济产业省的前身）带来了巨大的冲击。"作为核能组织，安全一受损就全完了。"这种近乎神经质的想法，与 JCO 事故，和以此为契机、伴随省厅重组而进行的科技厅与文科省的合并以及由此产生的保安院的来历都有着密切的关系。

因为必须对 JCO 事件负责而"破产"的科学技术厅除了跟文部省或通产省合并外别无他选。于是，科技厅和文部省便合二为一了。文部省对原科技厅的最高负责人代替原文部科学省最高负责人出任事务次官一职忍气吞声，与之相对的是，通产省直到最后都没有同意这个决定，有人私底下议论说，这才是最后的胜招。

之所以通产省一直不同意，其背景是出于对通产省的技术官员们反对和反叛的畏惧之心。通产省事务方面的技术官员都一直享受着某种待遇上的照顾；通产省（现经济产业省）事务次官的职位则一直被事务官独占，从未由技术官员出任过。相应的，原科技厅的技术官员是不可能担任经济产业省的事务次官的。就是这么一个不成理由的理由。

在通产省里，技术官员发迹路线的终极目标就是工业技术院的院长。但由于保安院的诞生，工业技术院解体了。任何省厅都不认可有两个"院"。保安院的院长委派技术官员来担任也算是一种安慰了。

最初成立保安院时本是想成立一个像样的组织的。深度参与了保安院创设的经济产业省事务次官松永和夫回顾说："目标是打造出一个核能的管理基础。像鲑鱼和鳟鱼都会回到自己的出生地一样，规定去了保安院的人一定还要回到保安院来，以此来培养专业人才。我们当时是想通过这种方式来强化安全管理。"但除了极少数的个例外，并没有培养出意志坚强的安全管理专家来。

自打成立以后，频繁发生的核事故就让保安院疲于应对。2002年的东京电力核电站数据篡改事件（企业的非法自主检查作业记录）、2004 年关电美滨核电站 3 号机组的 2 次系统配管破损事故（5 人死亡）、2005 年宫城县冲地震引发的女川核电站核反应堆自动停止事故、2006 年的耐震再审查事件、2007 年新潟县中越冲地震引起的东京电力柏崎刈羽核电站火灾等，几乎每年都在发生事故或事件。保安院官员自嘲说，保安院变成了一只"重建部队"。

事故发生后，如何让核电站再投入运转？擅长去说服当地政府让核电站再度恢复运转的职员都颇受重用。"首先得去说服当地政府说核电站是安全的，接着自己又被这种说法束缚了，于是安全神话就这样产生了。"最后陷入了作茧自缚的境地。福岛第一核电站事故成了一场左右经济产业省命运的危机。

2012 年 9 月，核能安全保安院被正式废止。正如遭遇 JCO 事故后科学技术厅就解体了一样，资源能源厅甚至经济产业省都有被解体的可能。经济产业省可能就是想通过解散保安院来先发制人地预防上述局面的发生。保安院自己也的确不中用，所以解体是避免不了的。

保安员全体是阿呆①，当时网上甚至流传着这样一则揶揄保安院的回文。但经济产业省对保安院这看似无情的一击，其实更像是蜥蜴断尾一样，其主要目的不过为了保住

---

① 保安员全体阿呆：日文发音刚好形成日本的回文，意为保安院全员都很愚钝。——译者注

自身吧？

不知何故，被谴责为加害者的保安院职员们却满怀身为被害者的情绪无处发泄。而且保安院有着自身的致命弱点，那就是它没有一支"紧急应对部队"。当发生重大事故时，日本却没有能够直接应对的部队。核事故里是不能有"紧急"的，那样"惨重的"危险是不能设想的。支配着日本核能安全管理的，就是这样一个充满独断性"安全神话"。核事故的危机当前，保安院的保安检察官却从福岛第一核电站逃往大熊町的核应急指挥中心，之后又一直躲在福岛县政府避难。

围绕 3 号机组燃料池的喷水作业上的程序和手续等，当警察、自卫队和消防几方正争执不休时，在危机管理中心紧急集结组的圆桌会议上，平冈也被总务省的消防厅次长株丹达质问道："保安院为何不在超级救援队进行喷水前先清除掉瓦砾？""保安院没有部队，保安院的职员最多只是行政官或检察官。"平冈只好这样回答。

12 日下午，菅直人给当天上午刚刚在福岛第一核电站防震重要楼见过面的吉田郎站长打电话并将日比野介绍给了他。日比野是北陆先端科学技术大学院大学的副校长，信息工学方面的专家，也是菅直人在东京工业大学时代的朋友。"希望你能听听日比野先生的意见。"菅直人说完便把电话交给了日比野。

日比野说当初三里岛（TMI）的事故[①]原因可能是本该被导向涡轮机设备的蒸汽被阻挡了，因此提出了向涡轮机冷凝器输送蒸汽来冷却反应堆的方案。针对这个方案，吉田和福岛第二核电站的增田尚宏站长解释说："以设备目前的状态，无法用涡轮机的冷凝器来实施冷却。"光是这通电话就打了几十分钟。

当天晚上22时过后，平冈被紧急叫到了首相办公室，核能安全委员会代理委员长久木田丰和东京电力品质安全部长川俣也来了。菅直人将日比野介绍给了他们，日比野当晚是在菅直人的强烈要求下才来的。平冈和日比野交换了名片。菅直人说："我们将请日比野先生担任内阁官房参与，接下来请各位说下情况。"

平冈向日比野解释说反应堆的堆芯已经露出并且损毁得相当厉害。他从11日早上开始就没有睡过觉，也知道自己说着说着脑子里就已是一锅浆糊了。虽然说话粗鲁，动作夸张的菅直人甚为恐怖，但他想了解各项事实之间的逻辑关系这点倒的确是真心的，所以，认真加以解释是自己的责任——平冈这么想。一直以来，他被灌输的理念就是：不知道的东西就说不知道，认真加以说明是作为一名

[①] 三里岛事故：1979年3月28日凌晨4时，美国宾夕法尼亚州的三里岛核电站第2组反应堆堆芯压力和温度骤然升高，2小时后，大量放射性物质溢出。6天以后，堆芯温度才开始下降，氢爆炸危险解除。此次事故为核事故的第五级。——译者注

管理人员的职责。但这时他却觉得很不对劲。"危急当前，为什么现在自己却不得不来做这件事呢？"将近 1 小时的时间里，平冈他们都在向日比野说明情况。之后，平冈带着忽然冒出来的疲惫感离开了首相办公室。3 月 20 日，日比野就任内阁官房参与。[①]

回答我的问题就行了！

11 日晚 19 时过后，班目出席核能灾害对策本部第 1 次会议时，一时没有找到自己的座位。核能安全委员会委员长不是对策本部的构成成员。他坐在后面的座位上，只留下了这样的记忆："好像是气象厅厅长稳稳地坐在那儿，我一直盯着他的屁股看。"保安院次长平冈也出席了那次会议，看到班目没有坐在主桌上，他感到不可思议。"记得防灾训练时核能安全委员会委员长是坐在主桌上的……""本来核能委员会委员长就算坐在首相旁边也不奇怪的。"平冈感到百思不得其解。安全委员会本来不就可以"通过内阁首相大臣来劝告相关行政机关的长官的吗？这大概就是政治家和官僚们表现出的对科学家和技术

---

① 东京电力福岛核电站事故调查委员会中，野村修也律师指责，现场的东京电力职员陈述在来自日比野的电话中"接受最初步的质问"是"工作的阻碍"；并追究管"有问题不是吗"（管直人，东京电力福岛核电站事故调查委员会证言，2012 年 5 月 28 日，会议记录第 16 号）。

家见解的不尊重吧！"

　　当天晚上 21 时，班目被紧急召往官邸。核能安全委员会事务局长岩桥理彦陪他进到官邸地下一楼的危机管理中心后就被警护官挡在门外进不去了。理由是岩桥的头衔虽然是"事务局长"，但其实不是局长而是审议官一级的。

　　班目想直接应对核能灾害原本就是保安院的工作，自己的职责只是回答保安院的各种疑问。安全委员会充其量只是个提建议的后方部队。但事情似乎并非如此。他预感到自己将被分配担任危机应对作战参谋之类的角色。并排坐在那儿的政治家们他一个也不认识。看着他们的脸，班目心里满是不安。"该怎么向这些连核能的基础知识都没有的人传达自己的危机感啊？！"

　　即便如此，看到来到危机管理中心的武黑和川俣，班目还是稍微放心了些。班目想："如果是他们的话，至少应该是明白我在说什么的吧。""自己担任的大概是充当武黑他们这些技术人员和政治家之间的'翻译'吧。"

　　日本除了核能安全保安院外，还有核能安全委员会这个负责安全管理的监督组织。当年核动力试验船"陆奥号"①的核泄漏事故导致了反核能运动的高涨。在此背景

---

① 陆奥号（Mustu）：日本第一座也是唯一一艘核动力商船，首航时即发出核泄漏警报，1974 年发生核泄漏事故，尔后草草改为常规动力货船，使用柴油机推进，本船使用核动力航行时只作为实验船，从未装在货物从事商业运行，1992 年退役。——译者注

下，为了强化安全管理，作为从核能委员会独立出来的机构，这个安全委员会成立于 1978 年。核能的安全管理直接由经济产业省和文部科学省等行政机关执行，安全委员会的职责就是检查这些省厅的安全管理。

因为安全委员会拥有通过首相对相关行政机构行使劝告的权力，所以权力很大。而且，为了尊重其"中立性"还把它设置在了内阁里。征得国会同意后，安全委员会由首相亲自任命的 5 名委员、该专门领域的有识之士构成的审查委员、专业委员以及约 100 人的事务局职员构成。按照规定，当发生《15 条事态》中的情况时，要成立以紧急事态应急对策调查委员为主的紧急技术智囊团来向首相提出建议。

11 号下午，委员会事务局通过手机的邮件群发系统紧急召集了专家名册上的 20 个人，结果谁都没收到这封邮件，位列群发邮件表上首位的班目的手机上也只收到了个标题。因此当天赶到委员会去的只有 4 个人。在没有从事务局拿到任何资料和信息的情况下，班目和跟他一起守候在官邸的久木田却突然被叫到了首相办公室，并被要求"只回答我的问题就行了"。委员长和代理委员长 2 人都守候在官邸，所以安全委员会的功能更加弱了。

每次看到在紧急应对中心和安全委员会开电视会议的画面时，保安院的官员都会质疑：你们安全委员会到底在做什么？这个电视会议是一直开着的。"任何时候看，画面上都只有久住委员（核能安全委员会委员久住静代）一个人的身影，既没有委员长也没有代理委员长。"细野说这是由于"由官邸主导、让内阁府和内阁官房集各种功能于一体"的理想、与"平时状态和紧急状态之间的切换不灵"的现实事与愿违造成的。

发布紧急事态宣言、赋予首相指挥权，都是考虑到可能出现的紧急状态，从法律上规定好了的，可现实中执行得却并不顺利。而且，由于内阁府的官员们都兼任了各种各样的职务，有些责任并不明确。从根本上来说，保安院和安全委员会在某种程度上的相互包庇，使得核能安全管理中心本该不可缺少的紧张感被麻痹了。"保安院利用了安全委员会的建议这面'锦旗'。核能安全委员会和保安院相互包庇，任何一方都缺乏对核能安全的责任意识。"细野后来说到。

对安全委员会来说，他们最大的预判失误是，作为核能灾害对策本部（核灾本部）事务局的保安院在事故发生后却陷入了功能不全的处境。官邸期待安全委员会所发挥的职能不仅是建言，也包括提出方案，甚至是担任一些协调的角色。然后，当知道其意愿和能力都不足后，官邸对安全委员会的态度明显更加急躁了起来。安全委员会觉得经济产业省为了把关注"保安院的失败"的视线引向别处，而故意策划了更加显眼的"安全委员会的失败"。他们怀疑3月末时官邸把原保安院长广濑研吉作为"与官邸的沟通渠道"派到安全委员会来原本就是经济产业省的一个阴谋……那样的话，"安全委员会的失败"而不是"保安院的失败"就将变得更加醒目。

班目 1970 年毕业于东京大学机械工学系，曾经在东京芝浦电气（现东芝）做过技术人员，之后常年在东大研究生院做教授讲授核能安全工学。2010 年 4 月开始就任委员长一职。因为安全委员会并不能对核能企业直接进行监督和指导，顶多算个间接的检查体制，因此有人说安全委员会"有权威，没权力"。

班目的不幸是，因为 1 号机组厂房的氢气爆炸使菅直人对他的评价一落千丈。"你说不会发生氢气爆炸，现在不就发生了吗？"之后菅直人一直都很瞧不起他。"因为此事，菅直人一回到办公室就直接打电话给官邸外的专家，特别是母校东京工业大学的核能专家听取意见。"海江田在之后的自述中这样写道。后来只要班目想陈述点什么意见，就会被菅直人立即喝止。"基本的东西我都知道，只需要回答我的问题就行了。""只回答我的问题就行了"这句话，几乎成了菅直人的口头禅。

其实，这句口头禅菅直人并不光对班目说。但后来班目证实说，打那以后"就只能用一问一答的形式向首相讲解情况了。"有一次菅直人给班目的手机打电话。因为那时正在出席委员会，所以班目走出房间来到接待秘书们所在的前台接听电话。"4 号机组的燃料池进水了你知道吗?""知道。""知道啊?！那为什么却不向我汇报!"电话那边的菅直人大发雷霆道。"你是总责任人啊!""承担责任的是核能安全保安院,安全委员会只是个单纯的提建议的角色。""谁说的?！"菅直人的呵斥声大得几乎要把人的鼓膜都刺穿。班目"砰"地把手机撂在前台让它就那样放着。秘书们也竖起耳朵听着像通过扩音器放出来一样的菅直人的怒骂声。

向现场对策本部派出核能安全委员是事故发生1个多月后的4月17日的事了。内阁官房审议官下村在自己的笔记中,对当时菅直人在听取班目等核能专家作的简要说明时的印象记载如下:"他们被批评时也只是低头保持沉默。这些人是完全提不出解决方案和防止事故再发生对策的技术者、科学家、经营者。""我确信我们这个社会是不能拥有核能的。并非技术本身有问题,而是从人性的力量来说的确如此。"

硼酸·安井

没有懂技术的"了不起的"可建言者这点,让核能安全保安院和核能安全委员们都感到烦躁不安。这样菅直人和细野就只有去依靠资源能源厅能源·新能源部长安井正也了。

安井是1982年进通商产业省的,是京都大学研究生院核工学专业的技术官。他在京大读研究生时就已取得了反应堆主任技术员的国家资格。不过照他本人说来，他认为"通过的只是笔试，不过就像拿了个临时执照而已"，但他的确是熟知核反应堆的人。进入通商产业省后，最初他被分配到了核能安全审查课负责审查和检查，但就此却积累起了类似于事务官的职业经验。虽然是技术官员出身，但因为"比事务官更擅长撰写法律条文"而早早地就崭露了头角。

11 日晚，他是几百万回家灾民中的一人。坐上 12 日的早班车刚回到自己家睡了一会儿，经济产业省官房长官上田隆之就打来了电话："想请你帮个忙。"当天下午，他就又回到了经济产业省。决定起用安井的是松永，最开始的考虑是想让整整两天完全没合过眼的平冈能稍作休息。13 日早上赶到官邸的安井当天上午在首相办公室给菅直人简要介绍了各机组的现状，测试合格。菅直人最受不了拖拖拉拉的简介，而安井的简介则痛快又直截了当。

当时菅直人最担心的是 3 号机组是否会发生氢气爆炸。对此安井明确回答到"请做好思想准备。1 号机组发生的氢气爆炸也同样会在 3 号机组上发生。"忧虑在菅直人脑里盘旋的同时，他似乎又感到了一种莫名的清爽。不只是菅直人，枝野和细野也对安井评价甚高。就连把安井视作"核能第一拥戴派"、不管是在理念还是政策方向上都与之不合的福山也承认说"自打安井来了后，才慢慢看得清局势了"。菅直人的秘书们把能这样避免菅直人达到"临界状态"并不可思议地震慑住他的安井称作"硼酸安井"。不是"baron Yasui"（男爵安井），而是"boron Yasui"（硼酸安井）。这个命名源于为了防止发生再临界状态而需要注入的硼酸（boron）。

13日深夜，在位于官邸5楼的首相接待室里，福山他们问安井道："3号机组的燃料棒到底会不会融毁掉落到安全壳底部去？"安井曾经认为3号机组有危险。但是他判断，就算燃料棒融毁掉落到压力容器底部，也不会发生核反应穿透安全壳底部的情况。"从现在的情况看来，不会发生。"他答道。但在此过程中，不能否认发生水蒸气爆炸的可能性。"堆芯压力不高的话，不会发生水蒸气爆炸。现在水正从堆芯里咕噜咕噜地在滴落。因为水已经漏出来了，所以没有那么高压力，也正因为此所以我认为不会发生水蒸气爆炸。"就此问题，班目和久木田也陈述过跟他相同的观点。

从15日开始，安井以"技术参谋"的身份进入东京电力的对策统合总部。在位于东京电力2楼的紧急灾害对策室里时常能看到这样的情景：在应东京电力的要求作技术说明时，只要安井一拿起麦克风，之前一直嘈杂的房间就会变得鸦雀无声。你对4号机组爆炸后乏燃料池的状况怎么看？燃料池里有水吗？如果有水的话，是什么爆炸了？还是像美国说的那样没有水呢？是接近干

344

烧吗？胜俣望向安井问道："安井先生，你怎么看呢？"安井对着麦克风断言道："如果没看错的话，我认为从现状来看不可能。""可能是从3号机组涌入的氢气导致了爆炸。""我们行动的目标不是4号机组，而应该回到1号机组。"他还说要警惕1号机组的存储容器爆炸。

安井发言时吉田也在认真听。现场的这些情形，都可以通过东京电力本部电视会议的画面看到。以美国的核管制委员会为主的技术人员接连不断地被派来和安井交换意见，安井时常和他们发生意见冲突。日本方面也有人在提心吊胆地关注着事态的发展。安井勇于挑战"作为技术者的激烈争论"。"日本人向来都是从'是啊、是啊'的附和中开始与人对话的，但对方如果是外国人的话，恰恰通过双方相互碰撞的见解来搞清楚差异所在才是最重要的。"安井想。虽然在专业性和能力上安井都还远不及核管制委员会的成员，而且根据此前的经验，他对美国专家们系统化的解释能力再清楚不过。但他认为："既然是技术理论方面的争论，意见不同也完全没关系。"抱着这种干脆的态度，他勇敢地投入了这场激烈的论战。他们围绕4号机组乏燃料池是否正在空烧展开了激烈的争论。

而美国方面又是怎么看安井的呢？一名核管制委员会的官员这样回顾到："我们跟安井发生过争执。他是个很有想法的人，而且充满了自豪感，作为个人的自豪感、作为技术者的自豪感和作为一个日本人的自豪感。他简直就是一个自豪感满满的载体。"就 3、4 号机组的燃料池状况的判断日美双方持对立意见。"他认为燃料池里已经进水了，而我们则从水温的角度向他挑战。围绕着温度问题，我们的讨论达到了白热化的程度。看起来他比我们掌握的信息要多得多，实际上可能也的确是那样。但他只把信息封锁着，根本没打算和我们共享。""我们只是局外人，而且可能根本就是不受欢迎的存在。可能我们当时应该更坦率地同他沟通、并寻找更能打动他的方式。我认为没有那样做是我们的失误。"

福岛发生核事故时，能起作用的都是已经当上副社长、顾问和 OB 的第一代技术人员。安井对此深有感触："论战是一个没有说明书引导的世界。提出假设、想出主意，胜负就这么定了。而这种时候，这些老一辈的技术员才最能想出灵活的办法来，并且他们也最愿意动脑筋。"

当安井在京大研究生院攻读核能专业时，核能曾被视作日本技术的一只旗舰。但作为第一代技术者的安井的老师隐退后，第二代甚至第三代的状况就已经大不同了。即使各个领域都各有能人，但具有掌控全局能力的人却越来越少。与安井同时进入经济产业省的官房审议官今井尚哉记得，安井曾在朋友间说过这样的话："二十世纪八九十年代，世界各国的核能安全在技术方面都有所进步，遗憾的是日本却没能适应这种技术进步，因循守旧的经验主义和形式主义泛滥。""在按照设计图纸施工这点上日本大概算得上世界第一了吧？可如果不拥有改变系统设计的技术的话，日本是进不了世界前列的。"

据说福岛核事故刚发生时，安井最初的感觉是："这完全就是日本技术军团的失败啊！""日本缺少这样的总工程师，即能根据技术政策全面权衡、并按先后顺序作出恰当的判断并指明方向。"安井在福岛第一核电站事故中，担任了对策统合总部的首席工程师一职。从 3 月 15 日一直到 5 月黄金周结束他都没回过家，除了偶尔住酒店外几乎都住在东京电力公司里，夫人负责他的换洗衣物。因为要 24 小时连续关注反应堆，整个 3 月里他每天都只能小憩一会儿。所以今井打来电话时，安井说："现在脑子真像被烧伤了一样。"

保安院刚设立时安井便作为核心成员之一加入了。但安井的所属关系却不在保安院，因为他只在刚进通商产业省的那两年从事过与核能相关的行政工作，之后的 26 年就都远离了它。此后保安院未能成为安井心里描绘的核能安全方面的专业组织，而是被东京电力和电事联（电气事业联合会）支使。而且福岛核事故后，像班目所说仿佛"消失了"一样陷入了功能崩溃的状态。看到如此废寝忘食工作的安井，细野想："是不是因为对保安院有'原罪感'，安井才如此卖力工作的呢？"

孩子们的足球比赛

位于官邸地下1楼的危机管理中心里，负责指挥的是内阁危机管理总监伊藤哲朗。1972年进入警视厅的伊藤之前从事的主要是警卫、外事领域的工作。在他担任千叶县警备部长期间，成功瓦解了成田机场的反对势力，并利用"引蛇出洞"战术将最后的抵抗势力也除掉了。1995年阪神淡路大地震时，作为警视厅交通管制课长的他曾饱受艰辛。虽然实施了交通管制，但很多地方还是相继出现了消防车、自卫队无法进入灾区的情况。之后又因为想涌入灾区来确认其家人安危的人太多导致道路被完全堵塞。升任警视厅总监后的他曾于2008年在福田康夫内阁担任内阁危机管理总监，此后，他跨越了从自民党到民主党的先后5届政府，担任内阁危机管理总监。

在鸠山由纪夫内阁成立之初，身为危机管理总监的伊藤曾对以首相为首的全体内阁成员阐述过自己的危机管理意识，并向作为副首相入阁的菅直人也介绍过。鸠山就任首相后第一次出国时，菅直人就曾传唤伊藤说"想再咨询下那位危机管理总监……作为代理首相，一旦发生紧急情况应该如何应对。"

首相外出期间，菅直人不得不充当代理首相。伊藤当面向菅直人作了说明。当时菅直人问道："从什么时间点开始，我要担负首相的职责？是从首相官邸出来的时候，还是在羽田登上专机时？又或者是起飞的那个瞬间？又该在什么时候不再承担首相的责任？到达羽田时吗？"这也未免太拘泥于细节了吧？！在场的官邸工作人员对此都感到有些惊讶。"离开机场和到达机场的瞬间。"伊藤虽然如是作答了，心里却在想："大概他也很紧张吧！虽说是临时代理，但毕竟是首相的工作……"这就是伊藤对菅直人的第一印象。

面对福岛第一核电站的危机，伊藤作为危机管理总监辅助菅直人。内阁危机管理总监的职责是帮助官房长官和官房副长官，在严重危及国民生命、健康、财产的紧急事态即将或有可能发生时采取应对措施，并尽可能阻止该事态的发生。紧急事态有大规模自然灾害（以震度不足 6 级，东京震度大于 5 级为标准）、重大事故（包括 50 名乘客以上的飞机遇难、坠落、核能相关事故）、重大事件（大规模杀伤性恐怖活动、针对核反应堆设施的恐怖活动、可疑船只及潜水艇的领土侵犯）等。促使危机管理中心诞生的契机是 1995 年的阪神·淡路大震灾。随后，由于地铁沙林事件（同年）、日本驻秘鲁大使馆人质危机（1996 年）、俄罗斯油轮遇难及石油泄漏事件（1997 年）等事件的相继发生，使得危机管理中心的功能相应得到了强化。紧急集结组是在紧急事态发生时能够马上赶到现场并参与应对的组织。一旦被指定为了该组织的成员，就既不能出差，也不得在车程超过 15 分钟以外的范围就餐。自从成为危机管理总监以来伊藤就一直很注意，既不去高层建筑的上层，也不乘坐地铁。

中央的圆桌周围聚集了20人，其外围还有60人。最重要的是前期应对，对于救人来说起决定性作用的就是最初的黄金72小时。伊藤出席了3月11日晚19时后召开的第1次核能灾害对策本部会议，核灾对策本部的成员由阁僚和内阁危机管理监决定。

伊藤在官邸5楼跑来跑去地奔忙着时，官房副长官辅佐西川徹矢被任命为了紧急集结组的司令。西川是新潟县县警本部长，也是调任到防卫省的警察官员。担任防卫省官房长官后，2009年8月，就任负责安全保障、危机管理（安危）的官房副长官辅佐职务。

地震、海啸的发生都无法避免也就算了，让首相辅佐官和首相秘书们感到强烈不满的是福岛第一核电站事故发生后危机管理中心却完全没能提供任何消息。"从秘书室的电视里看到的消息要比从下面得到的汇报早得多。这是怎么回事？"他们赶紧搬了一台电视到首相接待室来，频道锁定在了最早播出12日下午1号机组爆炸影像的日本电视台。作为日本电视台联播网单位之一的福岛中央电视台（FCT）一直在用固定的摄像头直播着福岛核电站的情况。可能很多消息在汇总到危机管理中心的同时也被积压在了那儿。收集信息固然是好的，但是判断信息并在此基础上来调动政府相关机构难道真就这么费事吗？菅直人周围的人、特别是秘书们为危机管理中心没有充分发挥作用而焦躁不安。内阁中也出现了对动作迟缓的危机管理中心的批评之声。国家战略担当·内阁府特命担当相玄叶光一郎也有这种感觉。玄叶随后证实："原则上，危机管理中心很依赖于由内阁危机管理监汇总一切信息后再作决断。福岛县的难民避难时急需汽油，因为半天决定不下来，所以也就没法向现场派送油车。正因为如此，我不得不自己行动起来帮助大家。"

作为福岛县选出的众议院议员，玄叶在核事故发生后就在为福岛县的灾害应对及援助灾民而四处奔走。玄叶说，他是"为了打破僵化的行政壁垒"而四处奔走的，为此他还与伊藤的紧急集结组产生过冲突，因此也曾被人批评说"国难当前，却只顾优先照顾自己的选区"并因此而被官邸政务当成"散兵游勇"一样的存在，可玄叶对这些却不以为意。

在 15 日下午 13 时召开的第 8 次核能灾害对策本部会议上，总务相片山善博发言说："除了来自东京电力和其他部门的协助请求外，我们还收到了其他花样繁多的请求和委托，但其中莫名其妙的要求实在太多了。印象中连来自消防的申请也片面而幼稚。可能这是因为缺乏一个实际统率的缘故吧？到底该以谁为中心呢？（官邸）地下的中心可以作为中心吗？那里的情况怎么样了？"对此菅直人回答说："首相室旁边的房间是中心。原始数据的 90% 都来自东京电力。虽然经济产业大臣和细野辅佐官一直盯在那儿，但实际上却因跟东电之间的沟通不畅而一直进展不顺。"

片山所说的"实际统率"主要在首相办公室旁的接待室进行。菅直人根本就没有要最大限度地用好危机管理中心和危机管理监的想法。菅直人曾言及他对"实际统率"的具体印象。在13日上午的第5次核能灾害对策本部会议前召开的紧急灾害对策本部会议席上，菅直人明确说道："枝野、福山、细野、寺田正直接收集信息并行动。"没有提海江田，也没有提及危机管理中心和危机管理总监的伊藤哲朗，更压根没想起在随后的喷水作战中发挥了很大作用的防卫大臣北泽俊美。当时的菅直人对指挥中心也只能做出这种描述。无法充分考虑危机当前的指挥中心的应有状态，只有对每个人的各个不同的零散印象。

紧急集结组里，危机应对的核心群组和其他成员之间对危机处理的投入程度也有很大的差别。警察、自卫队、消防、厚生劳动省、国土交通省这5个省厅是危机管理的老搭档。每次发生地震时他们总是集中到一起，交换信息并进行协调，对各自的分工也很清楚。安全管制机关核能安全保安院和文部科学部都必须发挥重要的作用。来自这两个部门的准确而及时的信息十分重要，生死攸关。但保安院和文部科学省却都没能进入老搭档组员的行列。文部科学省每隔 8 小时轮换出一位出席者。老搭档组的一人后来回顾"他们内向而缺乏自信，极其害怕承担风险。"最初见到危机管理中心时的文部科学省年轻职员都觉得很稀奇用手机到处拍照，因此还被警告过。

　　紧急集结组最大的作用就是在现场作决定。因此，集结于此的官员一定都是局长（级）的。而与此相比，保安院最初出面的寺坂却很快就消失了，代替他的平冈不久也不见了踪影。伊藤要求保安院提供替代人选，结果保安院派了个课长级别的人来，既不能做任何决定，也得不到重要的信息。本来规定由保安院来承担核能灾害对策本部的事务局机能的，由于事务局没有行动起来，结果危机应对自然也就无法实施。

　　最需要对福岛核事故做出应对的 11 日晚，伊藤要求保安院官员尽快设立核灾本部，但保安院官员却只是说"会做的，会做的"，然后时间就耽误下去了。架子是搭好了的，但却没有灵魂。这样一个完全不发挥作用的核灾本部的事务局所造成的负面影响一直波及最后。可之所以危机管理中心没能充分发挥作用，却不仅仅是因为保安院的混乱和文部科学省的逃避，中央官僚机构的垂直结构和回避风险的组织作风，才是真正的壁垒所在。蹲守在紧急集结组里的局长级官员们曾说："反应堆的冷却、稳定，防止辐射扩散和居民避难，不管让谁来设想，都一定会把这三项作为福岛第一核电站的危机管理目标的。但是，文部科学省的 SPEEDI[①]（紧急快速辐射影响预测网络系统）却并没动起来。因为害怕周边居民避难所带来的影响，所以没有哪个政府机关愿意率先采取行动，谁都不想承担额外的风险。如果各省厅不行动的话，危机管理中心自然就更无法行动起来了。"

　　一名官宦之家出身的官邸政务秘书也总结到，问题就在于官僚机构的退化。"虽说是政治主导的失败，但一半以上却是因为官员的退化。这一点在官邸的危机管理上表现得分外明显。行政事务上的功能已经完全瘫痪。坦率地说，不管哪位首相来也搞不定。甚至连一个可以来上报说'关于核电站事故，我掌握了这样的信息'的人也都没有"。即便是统率危机管理中心的内阁危机管理总监一职，虽然挂着"管理监事"之名，但却并非根据内阁法制局的解释在对"内阁"进行危机管理，而是对"内阁官房"事务里的危机管理进行统理。也就是说，只不过是基于官房长官、官房副长官的"调整权限"，在这个范围内接受委托罢了。内阁法制局这个机构，不外乎是一个为了把保持官僚机构各种权限平衡的法律解释强加于内阁官员们所支配的"法律的守门人"而已。

---

① SPEEDI："System for Prediction of Environmental Emergency Dose Information"的简称，紧急时辐射影响预测网络系统，它能在综合风向、降雨等气象以及辐射量等数据进行估算，绘画出核泄漏的扩散预测图表。——译者注

即便进驻紧急集结组的局长们向上面汇报了情况，秘书们是否及时传达给了政务？特别是给首相的消息会不会被截留？这些也都令人生疑。总的说来首相秘书们对伊藤的评价都不高，但也不乏对他持肯定态度的。"伊藤先生善于把握首相的节奏或者说与之相处的最佳距离。介绍问题也能抓住要点。看到首相心情不好时懂得长话短说。即使会因此被首相责怪，但对于办不到的事也会明确说'做不到就是做不到'。伊藤先生的危机管理范围不只是核事故，还有地震和海啸。因为首相眼里只有核电站，所以总得有个人来照顾其他方面的工作才行。而伊藤先生就是这个人。像小孩子专心玩足球一样，5 楼的人都一股脑地只顾着核电站的问题了，这当中是伊藤子在起着一种平衡作用。"

在回顾首相官邸当时的危机应对时，福山的语气颇有反省之意："如果把这场危机应对比作足球的话，可能大家都将注意力太过集中到一个球上了。""完全像小孩子的足球比赛"。菅直人官邸也曾提到过"group think"这个词，意即所有人都照着同一个方向追逐相似事物其实是危险的。

话虽如此，在大家都在来来往往地忙忙碌碌着的危机管理中心里，有个男人却像地藏菩萨一样纹丝不动地坐着。这人就是防灾担当大臣松本龙。松本主要负责地震和海啸的应对，与核电站本无直接关系。地震发生后他也进

355

驻到了紧急集结组，并注意到了这里那种焦躁不安的紧张气氛。"我的工作就是防止出现饿死和冻死的人。"他心里想。而且，"至少也要有一个稳坐于此的人吧！"这么一想，他便毫不犹豫地决定在这儿闭门不出了。

这期间，自卫队很专业地进行着危机的应对工作，他们自有其独立完成危机应对的能力和专业性。在这里，防卫大臣北泽俊美可以将来自营官邸的热气和焦躁感给屏蔽掉，在统合幕僚长折木良一的指挥下，不是为眼前这点政治利益、而只为化解国家危机、达成自己战略性地使用自卫队的目的而努力。随着自卫队在福岛核事故中的作用被认可，紧急集结组的成员里终于第一次出现了自卫队高级将领的身影。15 日上午 10 时，折木把统幕监部防卫计划部长矶部晃一派去官邸，让他和伊藤一起向官房副长官辅佐河相周夫报告停泊于横须贺美军基地的航空母舰乔治·华盛顿号的辐射量上升情况。作为中央快速反应集团①（CRF）时代的第一代副司令官，矶部在担任陆地自卫队幕僚监部防卫课长时负责制订"防卫大纲"。那时他就提出了设置中央快速反应集团的构想，并将它加入了计划

---

① 中央快速反应集团：主要由陆上自卫队第一空降团、反恐特种部队、应对生化武器的"第 101 特殊武器防卫省队"、第一直升机团等作战部队构成。部队直接归日本防卫大臣管辖，司令部设在东京。扮演海外行动"先遣队"的角色，并负责应对发生在东京及周边的游击战或特种作战任务。——译者注

中。他曾被视作陆上自卫队的明星。

以此为契机，官邸政务中萌生出了有必要让自卫队的高级将领常驻官邸或危机管理中心的想法。征得菅直人同意后，北泽要折木马上让防卫大学防卫教育学群长尾上定正加入到紧急集结组中来。23 日晚，防卫政策局长高见泽将林和矶部一起造访了伊藤，就尾上加入紧急集结组的事作出了说明。"西服"（防卫省内局）和"制服"（自卫队）都为这事来打招呼，伊藤自然也就不能再反对了。不过，圆桌上并没有尾上的座位，因此让他坐在防卫省运用企划局长樱井修一的后面。

第 10 章

自卫队:"最后的堡垒"

由自卫队组成的核能灾害派遣部队冒着生命危险实施的空中喷水却并没有什么实际效果，唯一的意义在于和地面喷水的衔接。机动部队和消防部队也参与了此次作业。

北泽俊美

　　地震后，有那么一瞬间，步出国会议事堂的防卫大臣北泽俊美有些犹豫：是该去官邸呢？还是该回位于市谷的防卫省呢？虽然还没收到来自官邸的明确指示，但北泽还是选择了去官邸。本来他是想直接去位于官邸地下 1 楼的危机管理中心的，结果电梯却停下了。爬楼梯来到危机管理中心的北泽发现，以首相营直人、官房长官枝野幸男为首的大部分阁僚均已到场，他们都身着便服。

　　此时，在位于市谷的防卫省 11 楼事务次官室里正在召开定期官员会议，相关局长和 4 个幕僚长（统合幕僚长及海、陆、空幕僚长）全都出席了。刚一打开电视，就跳出来了"三陆海岸震级 8.4"的字样。

　　会议被立即中止，陆上幕僚长火箱芳文急忙来到位于 4 楼的办公室给东北方面的总监君塚荣治打电话。君塚说："糟了！后面刚刚建成的官署办公楼连接处周围尘土飞扬。电也停了，电视也看不了。""请你们东北方面全力增援灾区，立即往你们的所管辖区域进发。海啸警报将持续发出，各个部队都在全力增援东北方面。请以应对灾害为重，不用待命了。"

之后，火箱芳文又相继联系了西部、中部、东部和北部方面的部队。将近 2 米高的海啸涌向了横须贺港，横须贺地方总监感到"这下情况严重了"。海上自卫队发令要求陆上部队"全员在队"，舰艇部队"全员在舰"。

下午 15 时 02 分，宫城县知事村井嘉浩向东北方面总监提出了派遣自卫队进行灾害救援的请求。菅直人也指示北泽说："希望能最大限度地出动自卫队。"下午 15 时 14 分，政府在官邸设置了以菅直人首相为本部部长的紧急灾害对策本部，之后在危机管理中心里召开了第 1 次对策本部会。各地纷纷请求自卫队出动直升机。北泽认为自己有必要留在防卫省指挥，因此回到了位于市谷的防卫省。防卫省里包括大臣专用电梯在的全部电梯都已处于自动停止状态。北泽一边指示尽快恢复专用电梯，一边赶到被紧急改造为会议室的 1 楼接待室出席在那里举行的防卫省对策会议。

北泽当场指示"自卫队应最大限度地采取行动。"火箱报告说："已经对重要的地方部队下达了命令，全国的自卫队都已行动起来了。"前来开会时，火箱其实对自己擅自出动自卫队一事还隐隐地抱有"可能会挨骂"的一丝不安，可北泽只是点点了头，说："好！"

晚上 19 时后，政府发表了《核能紧急事态宣言》。随后在官邸举行了第 1 次核能灾害对策本部会议。北泽也出席了。车离开官邸往四谷方向驶去，结果路上却碰上了严重的堵车。通常从官邸到防卫部十来分钟就够了，那天却用了 3 个小时。

在防卫部 11 楼大会议室开完会的北泽刚一回到大臣室，防卫部运用企划局事态对处课长井上一德就毕恭毕敬地前来请示说："东京电力的清水正孝社长来了。他说想乘坐我们自卫队的直升机。因为核电站事故他不得不马上从名古屋赶回东京。"

按井上所说，经过大概是这样的：进驻危机管理中心的紧急集合组的防卫部运用企划局长樱井修一向井上申请说："东电的清水社长现在人在名古屋。为了能尽快回东京，他问能否使用自卫队的飞机，希望给安排一下。"

东电总务部的某位官员先凭自己的私人关系打电话给首相的一位秘书提出了这个要求，要求马上被传达到了内阁危机管理总监伊藤哲朗那里。同时，身在名古屋的清水也给经济产业大臣海江田万里去了个电话。"我没法从名古屋回来了。能不能借用一下自卫队的飞机呢？"海江田将清水的要求转达给了伊藤。就这样，伊藤接力棒似地将他们的话传达给防卫部来向樱井提出了申请。

虽说自卫队队机的使用按《航空机搭乘训令》的规定属于防卫大臣权限内的事，但通常并不用逐一向大臣请示。但这次是紧急情况,又是来自东电的请求,所以井上认为必须向大臣汇报。

为得到防务大臣的许可,井上曾给北泽的秘书吉田孝弘的手机打过电话,但却没打通。在得到大臣同意以前既不能说"那就让他坐我们的飞机吧"、"起飞吧",也不能说不行,所以只能命令说"那就作准备吧!"

可北泽对此的反应却毫不留情。"那怎么行? C-130在灾害派遣中的用途是不可或缺的。如此重要的东西怎么能用在这种事上? 比起一个企业的社长,更应该将它用在受灾者上。"他又说:"东电这家公司就没个副社长吗? 副社长为什么就不行呢?"

C-130是美国洛克希德公司(Lock heed Corp.)开发的有 4 个涡轮螺旋桨发动机的运输机,被公认是中等距离运输机中最好的。

井上知道清水搭乘的飞机将于 23 时 40 分左右起飞,所以以为等请示完大臣后再决定是否让他搭乘就可以了。已经快到 23 时 40 分了。时间非常紧。井上赶紧把大臣的决定通知给了统合幕僚监部。统合幕僚监部的负责人说,本该 40 分出发的飞机在 30 分就已经起飞了。"啊? 已经起飞了? 糟了! 马上让它飞回来!""现在吗?""是的,这是大臣的命令!""大臣的命令"被相继传到了统合幕僚监部、航空自卫队、航空自卫队小牧基地,最后传到了飞机上。最后,搭载着清水的飞机又返回了小牧基地。

3月11日，清水同夫人一起出游前去观赏平城京遗迹和东大寺的汲水仪式。虽然东电曾说明清水这是"为了会见关西财界人士而出的差"，可那只不过是事实的一半而已。问题是此时胜俣恒久会长也去中国出差了，所以这其实是清水趁会长不在给自己提供的一趟游山玩水。

事故发生后，清水坐上开往名古屋的新干线，准备去名古屋机场搭乘东电相关公司的直升机。但名古屋机场却拒绝了这架直升机的飞行申请，因为已经过了22时的机场运营时间。于是他才想到搭乘自卫队运输机的。因为名古屋机场和航空自卫队的小牧基地共用一个飞机跑道。

最后，清水是搭乘12日清晨的民用直升机回的东京。不过，官邸紧急集合组里很多人都对防卫部的这个决定持怀疑态度。"难道他们不了解现场的情况吗？没有负责人现场是没法行动起来的。那可是危机管理最基本的东西。""防卫大臣北泽只关注地震、海啸的受灾规模，恐怕根本没有认识到福岛第一核电站事故的严重性吧？""防卫部请示这些问题为什么还非得上报给大臣？"

认为应该让清水马上回东京去的伊藤曾就这事质问过枝野。但听了北泽让飞机折返的事后，枝野只说了句"那就没办法了啊！"后来又说道"那倒也是！北泽说得对。"表明了对北泽的肯定态度。

当晚，北泽在大臣室所在的防卫部11楼大会议室担任前线指挥。这之前大臣的专用电梯也恢复了运转。一些相关消息陆续传了过来："因为地震和海啸，东北地区的自卫队基地受灾严重。""松岛基地有被水淹没的可能。""多贺城的驻扎地也受灾了！"

松岛基地的 28 架飞机和几乎所有的车辆都因为受灾而丧失了作为灾害派遣基地的功能。以紧急集合组为主的来自各部、各自治团体的派遣请求，以及物资、食品、水的运输请求像洪水一样涌来，而且都是些零零散散的请求。

最紧急的是官邸提出的向福岛第一核电站派送电源车和电缆的要求。"能不能用自卫队的直升机运送电源车来呢？"这口气听起来简直已经近乎哀求了。接着，希望派送运淡水的车、希望派送自卫队基地和机场的消防车……之类的催促之声像箭一般地射了过来。消防车陆续从福岛、郡山等自卫队驻地派了出来。

半夜，来自位于首相官邸 5 楼的首相秘书室的秘密申请说：首相希望 12 日一早去灾区视察，请贵方做好相应的准备工作。因为 SUPER PUMA 直升机的续航距离不够，因此计划先乘 SUPER PUMA 直升机飞到核电站附近后再转乘大型运输直升机 CH47Chinook。

自卫队出动

东日本大地震发生之际，日本政府中最快到现场展开救援活动的就是自卫队。赈灾第一天，自卫队投入了大约8400人的部队。

地震、海啸发生后的最初72小时，是决定受灾者生死的分水岭，赶到灾区的速度是救援成功与否的关键所在。各地区的自卫队司令官都下令"立即出动!"自卫队迅速行动了起来。为此也积极吸纳了民间企业参与进来。从北海道赶往现场的自卫队队员中，有93%是通过民间渡轮运送的，这样的合作还是第一次。

从横须贺运出了大量舰船的海上自卫队的早期行动也非常迅速。下午14时52分，地震发生后6分钟，海上自卫队就发出了"可动用的舰艇全部出港"的命令。这是自卫队史上第一次。

12日日出前，以宙斯盾舰"鸟海"为首的20艘海上自卫队舰船都已抵达现场并开始了灾情调查和对生还者的搜索和救助。自卫队曾因阪神淡路大地震初期的行动迟缓而饱受攻击。为此自卫队进行了反省，修改了自卫队法，并重编了部队，调整了训练手册，以实现不等灾区提出请求就24小时随时可以出动前往救灾的目标。

尽管如此，从这次灾害的程度来看，这场救援将会是一场长期战。因此，对预备自卫官和快速反应预备自卫官发出了征集令，动员了规模数千人的队伍。这也是自卫队史上第一次。

对于因水淹而被孤立的地区，用以护卫舰"日向"为主的舰载直升机从海上运送物资。设备科部队负责清扫坍塌建筑的瓦砾并继续搜寻失踪者，被水淹没的地方就动用渡船搜索。结果约有 7 成共计 19300 人的受灾者被救了出来。

北泽 14 日乘坐自卫队的直升机抵达仙台，任命君塚为统合任务部队（JTF）司令官。北泽当着自卫队员的面训示道："我希望这次能在日美合作的前提下尽最大努力实施救援。我想现在正是国民和我们自卫队之间距离最近的时候，希望你们明白国民对我们抱有何等强烈的期待。"

由海陆空自卫队组建的统合任务部队也是第一次。2006 年，自卫队以统合幕僚监部取代了过去的统合幕僚会议，建立起了能够统一调用海、陆、空自卫队的体制。当时是制订战略方面的海陆空统一，这次是战略实施方面的三军统一。

最初，防卫部向官邸报告说"能马上出动 2 万人"。菅直人立刻发出出动 2 万人的命令。然而，15 时 30 分左右菅直人又要求北泽"希望最大限度地出动人员"。因为他认为"2 万人是绝对不够的"。

北泽提出了出动 5 万人的建议。12 日午后的第 3 次核能灾害对策本部会议中，菅直人说："刚才我跟防卫大臣谈过，需要再进行全国总动员，首先是 5 万人左右的规模。"之后，菅直人要求北泽增加人数："能不能再加一点呢？能不能加到 6、7 万人？"北泽要求统合幕僚长折木良一"再加一点"，折木回答说"十二三万人都没问题"。北泽拍板说："那就增加到 10 万人吧。"据北泽说："这个人数是自卫队实际编制人数 20 万的一半，是最初考虑派出的 5 万人的 2 倍。这是凭直觉决定的。"

话虽如此，内阁危机管理总监伊藤哲朗认为"这次的规模跟首都直下型地震几乎相同"，以此向防卫部表达了希望"派出 10 万人的救援队伍"的愿望。自卫队的《首都直下型地震应对处置方案》中规定："最多能调动陆自（陆上自卫队）约 11 万人的部队去灾区。"

到 19 日为止自卫队派遣了 10 万名自卫队员到灾区，这个数字占到了实际编制 23 万的约一半。但必须注意的是不能因此而形成"防卫空白"。

幕僚会议的结果，折木幕僚长决定防卫九州和冲绳的西部方面军第 15 旅团（司令部：那霸市）和第 8 师团（司令部：熊本市）尽可能不出动。另外，他认为保卫九州和冲绳海域的海上自卫队佐世保基地（长崎佐世保市）的舰艇也不能动。

中国也向灾区派遣了救援队。但这并不能缓和 2010 年 9 月的钓鱼岛冲突后日本对中国越发强烈的戒心。日本司法当局逮捕了在钓鱼岛附近海域与海上保安厅巡视船发生冲突的中国船长，对此中国则采取了禁止对日输出稀土的报复措施。顿时中日关系极度紧张。

3 月 14 日，北泽周围传来了这样的消息：中国海军有意向向受灾地区派遣医疗船"和平方舟号"。"医疗船上有300 个床位。以此为契机，相信也能打开中日军队间的交流。虽然中国方面还没取得最高领导人的同意，但此事已有七、八成的可能性了。""该船现停泊在上海，12 小时即可抵达灾区。"日本方面答复说，就现在这个节点而言"几乎没有医疗卫生方面的需求"。

2004 年苏门答腊发生地震时，美国、日本、新加坡、澳大利亚、新西兰等国迅速派出海军前往苏门答腊岛亚齐地区进行人道救助，中国当时因为设施所限没能派遣救援队伍。作为事后的反省措施之一，中国海军后来配置了医疗船。

灾区的自治团体中，有些被海啸冲走了办公场所而无法发挥作用了。他们提出了希望自卫队能代行其部分行政职能的要求。

如营直人后来在其自著（《东电福岛核电站事故——作为首相大臣所考虑的》）中所写的那样，最高负责人的责任是通过自下而上传达的信息来做裁决。但自下而上的下都不存在，所以才出现了不得不自上而下的状况。

大多数情况下，这种事都是落到自卫队头上的。特别难的是遗体的处理。本来并没规定说遗体的收容和搬运就是自卫队的任务。但因为很多自治体都遭到了破坏无法发挥作用，本来应当承担上述任务的厚生劳动省又没有派人去灾区。

自卫队不是以寻找遗体的名义，而是以搜索生还者的名义在寻找遗体，同时还进行遗体的埋葬、协助将遗体搬运至埋葬场所以及在遗体安置场所内的接待工作。

14 日访问仙台的东北方面总监部时，北泽曾这样对队员训话道："希望大家不幸需要收容遗体时，在转交给家属前把一定要他们当做生者一样小心对待。"

于是，就此形成了遗体安置前的自卫队式的礼数：

- 找到遗体后，接触前得先说一声"请允许我碰您"，并点香、摇铃、双手合十；
- 亲手抱起遗体；
- 摆放好遗体交由警察验视；
- 将遗体运至安置场所；
- 帮助进行遗体的埋葬。

自卫队先后收容和运送了六成的约 9500 名遇难者遗体。他们坚持不让美军处理遗体，也不让美军使用他们带来的大量装尸袋。因为他们认为，日本人的生命应该交由日本人来照顾到最后。虽然美军最初对此感到疑惑不解，后来还是选择了尊重自卫队的做法。

中央快速反应部队

3 月 11 日晚 19 时 30 分，接到首相发布的《核能紧急事态宣言》后，北泽对自卫队发出了核灾害的派遣命令。在应对核事故时，企业方、也就是电力公司是第一负责人。

根据防灾计划，遇到核灾害时，自卫队的任务是提供监控支持、把握受灾情况，协助避难，紧急运送人员和物资等，而不是直接应对核事故本身。可眼下已经不是讨论这些问题的时候了。

自卫队突然不得不面临地震、海啸和核事故这"两场正面战"。用统合幕僚监部的话来说，他们是在"没有计划、没有战略、没有人手、没有装备、也没有训练"的状态下在应对核事故。此外，还可以加上一个"没有消息"。

自卫队将中央快速反应部队和海陆空自卫队一起编成了一支大约有 500 人的核灾害派遣部队。为应对紧急危机，2007 年设立了中央快速反应部队。目的是设法防止紧急事态中危机的扩大，以便能迅速并有组织地开展国际和平合作行动。

CRF 是把直升机团、空降团、特殊战略群、日本唯一的中央特殊武器防护队作为机动部队统合了起来。它由中央快速反应部队统一指挥，司令部设于东京都练马区的朝霞营地，拥有 7 个专门部队约 4200 人，司令官是宫岛俊信陆将。最先赶到事故现场的，是郡山营地和福岛营地的自卫队消防队。

12 日上午 9 时后，为去给 1 号机组喷水，东电的消防车水箱开始加水，同时中央特殊武器防护队也从 13 日开始给福岛第二核电站核反应堆的冷凝槽加水。10 辆水罐车开足马力往返于旁边的木户河取水并不停给冷凝槽加水，福岛第二核电站很快转入了低温停滞状态。

但福岛第一核电站的状态却急剧恶化。中央快速反应部队和中央特殊武器防护队后来却联系不上了。虽然有卫星电话，可还是没联系上。

14 日清晨 7 时。核应急指挥中心的现场对策本部长池田元久要求中央特殊武器防护队给福岛第一核电站的 3 号机组喷水，他希望能把从河里和海里抽来的水注入冷凝器水槽。

队长岩熊真司一佐坐在一辆由三菱帕杰罗改装成的带车篷的指挥车上，后面跟着 2 辆供水的水罐车，每辆水罐车能装 5 吨水并配有 2 名自卫队员。几乎通宵都在给福岛第二核电站喷水的他们虽然很疲惫，但像做深呼吸一样重整好心情后又再次出发了。

在防震重要楼，他们拿到了东电员工发放的用于吸附放射性碘元素的全脸面具。队员们也全都穿上了防辐射服。他们的第一个任务是给供水泵安装软管。按原计划，这个任务 5 分钟就能完成，并决定单边辐射量如果超过 10 毫西弗的话就中断作业并返回。

搭载着 6 名自卫队员的 3 辆车避开散乱的瓦砾呈纵列前行着。11 时多。车队刚驶到 3 号机组东侧、涡轮发电机厂房后面的供水泵供水口时。3 号机组的核反应堆厂房上方发出一声轰鸣后就被炸飞开来，飞落下来的瓦砾砸破了装甲车的挡风玻璃。

顿时，坐在车里的自卫队员身上佩带的剂量仪同时响了起来。表示此时的辐射量已经超过了 20 毫西弗！车身因为气浪倾斜了。坐在头车里的岩熊大发雷霆道："把装备品留下！"自卫队队员们撬开车门呻吟着爬了出来。岩熊命令道："闪开！快！快！"4 名自卫队员负伤，他们的防辐射服也破了。虽然队员们都没有性命之忧，但其中 1 人的大腿被撕裂了。

他们临时借用了一辆没拔掉钥匙的大型卡车开到了核电站正门，搭上刚好经过的一辆东电相关公司的轻型卡车去了核应急指挥中心。核应急指挥中心正好刚刚做完了核辐射除染处理，负伤的自卫队员于是成了这里的第 1 名"客人"。

轻伤者被送到了福岛县立医科大学附属医院，重伤者则被送到位于千叶市稻毛的放射线医学综合研究所（放医研）并在那里接受了 8 次除染处理。

在随后召开的核应急指挥中心的例会中，岩熊身着全新的防辐射服和长靴出席。他强压着怒气说："这可不能开玩笑！事先不给我们提供信息可不行！"

对于赶去3号机组喷水时却被现场的东电员工告知"3号机组情况稳定，没问题"这事，自卫队队员们都非常愤怒。当然，估计东电也不是为了骗人才那么说的。毕竟几点几分会发生氢气爆炸这种事谁也无法预测。

但在当天上午的视频会议中，东电对3号机组爆炸的可能性进行了各种各样的讨论。关于这场讨论岩熊他们是不得而知的。之后岩熊就一直在郡山营地待命。后来，还是宫岛觉得"要是指挥官都累倒了的话可就完蛋了"，于是让岩熊先回了朝霞。

3号机组爆炸时，宫岛没有向现场提过任何问题。他的态度非常明确："想必现场也还不了解情况吧？！否则自然会报上来的。"他还要求部下说："你们默默听就行了！别提问，要有耐心！""你们只需要向我汇报了解到的情况就行！"

对于那些一开始就喜欢提问的和无论什么都要让下属报告的指挥官，他们的部下往往会事先设想出自己被询问时的情形而打算"等好好准备一番后再上报"，结果却导致第一时间的信息被耽误了。所以才需要先"默默听"。默默听完后说"谢谢你的汇报。后面的汇报就也拜托你了"。另外，督促和鼓励进行"指挥官通话"（指指挥官直接向指挥官进行电话报告）也是为了避免"传话游戏"。

随后，中央特殊武器防护队也出动了 10 辆能喷水的救灾消防车来参加冷却作业。但现场却充斥着一股排斥东电的气氛。"上面让别给东电派自卫队。"

因为担心自卫队和东电之间的这种纷争，刚刚就任现场对策本部长的经济产业部副大臣松下忠洋甚至将问题直接上报到了首相官邸。可这并非只是感情上的问题，而是战略上的风险管理问题。

自卫队的现场司令部在核反应堆厂房发生爆炸或预测到将要爆炸时，命令队员们"暂时撤回"。所以 1 号机厂房发生爆炸的 12 日晚 19 时 30 分，自卫队才暂时从现场作业中撤了出来。

放弃喷水了。非常遗憾……

其实菅直人可能才是受 3 号机组爆炸一事冲击最大的人。他很担心自卫队的作业会不会因为队员们的负伤而停止。班目证实说："因为 3 号机组的爆炸，弄不好自卫队员就会牺牲。首相对此非常担心。"

3 号机组的爆炸让菅直人很焦虑，甚至是心慌意乱。细野也感受到了和菅直人一样的危机感。这次爆炸在他脑子里留下了"发生爆炸后，自卫队似乎嗖地一下就不见了"的印象。

伊藤 13 日就向自卫队提出过用直升机从空中灭火的

请求，经济产业部也一再敦促防卫部用直升机喷水。可防卫部却回应称：由于核反应堆厂房有屋顶，很难从空中喷水。但因为爆炸，现在屋顶已被炸飞。于是用直升机喷水的方案被再度提了出来。

14日傍晚，经济产业省事务次官松永和夫给防卫部事务次官中江公人打了几次电话。"直升机怎么还不飞呢？""这得由北泽大臣来定，我们也还在等待答复。"之后因为松永几度就此求助于中江，中江便将松永的请求传达给了统合幕僚监部并催促他们尽快研究。

15日，注水作业迎来了大转机。当天早上，2号机组的压力抑制室出现破损，4号机组发生了爆炸，东电作业人员暂时退避到了福岛第二核电站的体育馆里。所有作业都中止了，注水也没能彻底完成。

当天上午，统合幕僚监部研究了从空中向4号机组燃料池喷注硼酸一事。围绕此事，在设于东电的对策统合总部里曾展开过以下讨论：

东电："如果用直升机从空中喷水的话，那硼酸的喷注也就一并拜托了。这也是为了慎重起见。"

自卫队："我们没听说过这个程序。请先重新拿个计划书出来。"

海江田接过话说："这事我定了。"他就此事直接去找了北泽。

15日中午，伊藤被叫到了首相办公室。菅直人给他介绍了两名学者。他们分别是东京工业大学反应堆工学研究所所长、教授有富正宪和该研究所的齐藤正树教授。"给你介绍一下，这两位是今天过来的核专家。"

不久，两人说要去东电的对策统合总部就出去了。房间里只剩下了菅直人和伊藤两人。伊藤说："首相，我有个建议。""什么？""现在虽说准备让自卫队从空中喷水，但一辆飞机最多只能装 5 吨水，而现场却需要几十吨水，这样水量怎么也不够。不同时从地面喷水是不行的。""从地面喷水的话够得着吗？有够得了的喷水车吗？""虽然还没详细调查过，但警视厅应该有够得着的喷水车。让他们派车吧！""他们会派吗？""我去说吧！"伊藤的这番话让菅直人的眼睛为之一亮。"让警察也参加到喷水作业中来。"听到此话后的菅直人似乎信心更加坚定了。他对伊藤说："马上去东电征求海江田的意见。我这边先给他去个电话。"

伊藤立即赶往东电。见到海江田后跟他说了这个想法。"如果警视厅能出马的话那就太难得了。"同时他也征求了一旁的东电会长胜俣恒久的同意"请你们理解"。

15 日下午 16 时前，北泽陪折木造访官邸并在首相办公室里和菅直人会了面。折木说："自卫队的使命是守护国民的生命，只要有命令的话就会去尽全力。"菅直人点头表示非常同意。

交谈中菅直人的电话响了。他在电话里大声斥责对方道："恢复电源？你在说什么！更重要的难道不是注水吗？为什么不赶紧注水啊？"两人好像是围绕着该先恢复电源还是先注入在争吵。

菅直人当场给东电社长清水正孝打了个电话。对方刚一接电话，菅直人的语气顿时变得激动起来。清水似乎在拼命申诉先恢复电源的理由，菅直人却强硬地坚持要先注水。之后菅直人当场指示北泽，让自卫队准备给燃料池喷水。不光是自卫队，警察、消防……要发动全日本的所有力量向燃料池里注水。

那天，菅直人在进驻东电并设置了对策统合总部后，又做出了向燃料池注水的重大决定。促使菅直人作出这个决定的是伊藤。

本来，从地面上注水就并不轻松。

16 日中午，在对策统合总部里，东电提出了 3 点紧急要求：

① 向 3 号机组燃料池注水；

② 向 4 号机组燃料池注水；

③ 确保外部电源。

16 日下午的第 9 次核能灾害对策本部会议上，菅直人发言说："4 号机组燃料池的温度不断上升，目前处于让人担心的状况。撤离是不可能的，因为那样做的话，扩散的核物质从数量上来说将会比切尔诺贝利更多。"

海江田也发言道："3 号机组和 4 号机组乏燃料池水温

逐渐上升，需要尽快应对。尽可能迅速注水吧！刚已向东京电力下达了命令。"

　　无论是 3 号机组还是 4 号机组，现在最优先考虑的事情是向燃料池里注水。同一天傍晚，去到东电对策统合总部的菅直人原秘书生川浩史给他发来邮件说："看来今天注水有难度。"菅直人的电话马上追了过来："混蛋！现在怎样了？"

　　菅直人给在对策统合总部的海江田打了电话，强烈要求当天开始注水。但 3 号机组和 4 号机组周围测出了每小时超过 100 毫西弗的辐射量，东电发电站后面的检测仪白天甚至记录到了每小时超过 247 毫西弗的辐射量。

　　16 日中午 12 时 46 分。官邸首相办公室。北泽和折木继续前一天的访问。中江和信息本部长下平幸二也陪同在座。就用自卫队直升机向燃料池喷水的方法，北泽向菅直人作了如下说明：

- 由木更津的陆上自卫队第 1 直升机团第 104 飞行队执行任务；
- 执行喷水任务的陆上自卫队大型运输直升机 CH47 的座位要铺好防辐射的钨坐垫；
- 防护服里再穿上加了铅板的背心，以阻止伽马射线穿过身体；
- 乘坐直升机的人要服用稳定碘剂以防止身体内部遭受辐射；

- 即便会遮挡视线，飞行员也要戴上防护面具；
- 所有能称之为窗户的地方都要把缝糊上；
- 为了抑制受辐射量，在高度 300 英尺（90 多米）处以 20 海里每小时（时速约 37 千米）边飞过边喷水，不进行空中悬停；
- 先考虑 3 号机组的喷水作业。

听了北泽的说明，菅直人高兴地说："你们自卫队真是无所不能啊！能不能让自卫队别再像以前那样只做后方支援，而是多去前方做贡献呢？"

菅直人同意了由自卫队实施喷水的方案。但喷水之前必须先进行辐射检测，并确定喷水对象是 3 号机组还是 4 号机组。为此，有必要确认 4 号机组的燃料池内到底有没有水。

下午 14 时 20 分。决定了由 1 架直升机在前做辐射监测，后面的 2 架负责各喷 5 吨水的方案。

下午 16 时，东电职员坐上自卫队的直升机从空中拍摄了 4 号机组的上部。飞行员是木更津第 1 直升机团的 41 岁的飞机师片冈晃一。

大家在被称作 J-VILLAGE 的福岛核事故处理中心听取了东芝技术人员金井祐和所作的情况说明。金井有个很长的头衔：电力系统公司核能事业部核能福岛修复技术部项目总主管。当他守候在东电本部的紧急灾害对策室时，作为东电副社长武黑一郎眼里"最了解发电站情况的人"

被委派去了市谷的防卫部,从那儿乘坐自卫队直升机于16 日凌晨 3 时左右来到了 J-VILLAGE。

他被要求从地面指挥空中的直升机飞行员。金井对搭乘片冈直升机的人说:"飞机因盘旋而发生倾斜时请注意。因为窗户的正面会受到发电站的影响。""突然从下方飞行的话恐怕会受到大量辐射。请先从高空飞入。""要掌握燃料池内的情况的话,下降到 200 英尺(约 60.96 米)高度刚刚好。"

直升机在这里了搭乘了两名东电的员工后向福岛第一核电站上空飞去。从高空飞入后开始慢慢降低高度。

片冈转到了 4 号机组旁。虽然厂房发生了爆炸,但 4 号机组的部分屋顶还残留着,所以从正上方看不到里面。厂房的水泥墙本来是能隔断放射线的,但一来到 4 号机组厂房的正上方,测量仪的指针就直往上蹿。想着"燃料池说不定已经空了",他在屋顶下底板的对面看见了四方形的燃料池。夕阳照进厂房,希望还有水的地方看不见任何颜色。不过,在夕阳映照下,感觉屋外的燃料池里有细纹泛起。"看见了!还有水呢!"片冈透过头盔告诉东电员工说。他兴奋得声音发颤。大家也戴着防护面具。直升机同时从空中进行辐射监测。监测了几次后再从 4 号机组侧面进入俯瞰了燃料池。高度下降到了 100 英尺也就是 30 米左右。"有水啊!"片冈说完之后看了看后面。坐在后排的两名东电员工也都同时重重地点了点头表示同意。片冈接到指示说希望他的飞行高度跟进行喷水的飞机保持一致。高度100英尺，也就是30米左右。"one mission（飞行一次）"的累积辐射量被确定为不超过50毫西弗。

虽然最近将公务员所受辐射的上限提高到了每年累积250毫西弗，但飞行任务可能要反复执行数次。所以，决定每飞行1次的被辐射量不超过50毫西弗。

这次飞行是以为喷水直升机部队作辐射监测和了解核反应堆、燃料池状况为目的的一次"综合任务"，飞行时间长达1个半小时。这期间，金井一直在设置于J-VILLAGE的自卫队基地里注视着屏幕上的飞行监视器。

金井刚在心里想"燃料交换机的这个蓝色是……啊，好像看见了!"直升机上也传来了"看见了!"的声音。之后，突然传来了飞行员的声音。"对不起，再不返回的话我们的燃料就要耗尽了。"监控作战之后紧接着是喷水作战。自卫队中被委托执行空中喷水任务的是木更津的陆上自卫队第104飞行队等。他们14日接到准备实施喷水的命令后，16日上午便转移到了仙台市的陆上自卫队霞目营地开始训练。

那天，雪下得很大。2个飞行队每队2次从空中向燃料池里喷了水。当不能和来自地面的注水进行切换时就反复练习这个喷水作业。该作业将在辐射量为每小时100毫西弗以下的环境条件下进行，目标是3号机组的燃料池。飞行员们被告知说："3号机组的乏燃料池有枯竭的可能。"

下午 17 时 20 分。2 支直升机编队中的一个队接近了3 号机组。当他们下降到 100 英尺的空中时，辐射量已经达到了每小时 247 毫西弗。风也很大，因此没有喷水就折返了。喷水中止。在位于东电 2 楼的紧急灾害对策室内，对策统合总部的要员们一边紧盯着电视屏幕，一边焦急地等待着直升机喷水的消息。有消息称，NHK 将在距现场30 千米以外处用超级望远镜的固定摄像机现场直播直升机的喷水作业。因为直升机喷水，福岛第一核电站的现场这天从下午开始也停止了作业。

17 时 23 分。自卫队联系对策统合总部说："空中的辐射量太高，所以今天的喷水作业被迫中止了。"空旷的房间里笼罩着死一般的寂静。

下午 17 时 30 分左右。对策统合总部里的屏幕突然漆黑一片。声音也中断了。是电源临时短路了吗？原因不得而知。就这样，一直到第二天的 17 日凌晨 0 时 30 分左右电源也没恢复。细野感到全身力气都像被抽空了似的。北泽在当天的日记里只写了一行字："放弃喷水，非常遗憾。"

进展顺利的注水

开始于 16 日晚 21 时的防卫部会议上传出了这样的消息："次日（即 17 日）上午 9 时 30 分，首相将和美国总统进行7~8分钟的电话会谈。"既然安排了这场日美首脑会谈，那就意味着这之前无论如何也要让自卫队的喷水作业取得成功才行。

但北泽却颇为苦恼。有些事让那个在日记里写下"放弃喷水，非常遗憾"的北泽无论如何都担着心。因为防卫省情报本部的专家们警告北泽说："让直升机去喷水有可能引起水蒸气爆炸并进而导致直升机坠落，从而酿成重大惨案。那样的话核反应堆将彻底失控，政府也会束手无策的。"

来自空中的7.5吨的水所带来的压力会损坏核反应堆内部，有导致水蒸气爆炸的风险。这是将一直持续到最后的、也是最大的风险因素。

针对自卫队的喷水作战，北泽手下的人开过好几次会了。曾去听取过切尔诺贝利事故处理意见的外部专家们说，切尔诺贝利核事故最后是由"敢死队"喷洒了硼酸才得以解决的。"敢死队"这个词让房间里的空气一下子凝固了。

这时北泽说："我先去上个厕所。我也得洒水啊！"与会者们都大笑起来。北泽离开了座位。紧张空气像爆了的轮胎一样得到了释放。

危机当前，北泽却没有忘记展露笑脸。但即使如此，他还是为17日的喷水作战而大为苦恼。折木也深知那将是一种多么恐怖的风险。参与灭山火的行动时，自卫队的直升机并不是用水、而是自上而下地用水压来灭火的。同样，这次喷水也要向燃料池施加很大的水压才行。虽然从电视上看上去，直升机喷出的水像雾一样被迅速吹散了，但其实是有非常大的水压在起作用的。但这天早上，折木已经在心里下定了决心：只有喷水才行了。

前一天，飞到核反应堆上空的飞行队员所受的辐射量在规定范围内的每年 30 毫西弗内，这说明防护策略是奏效的。收到这个数据报告后的折木更坚定了决心。"这样就行！我们就可以跟队员们说'自信点儿，上吧！'"

夜已深，折木和宫岛通了个电话。他语气强硬地说："明天无论空中的辐射量多高也得喷水。拜托了！"虽是如此简短的一段对话，两人却明确了彼此的决心。之后折木又给北泽去了个电话："明天无论发生什么情况都要喷水。"

17 日下午 15 时 15 分，对策统合总部最终做出了优先向 3 号机组燃料池进行喷水的决定。

17 日早上 7 时。统合幕僚长办公室里的折木接到了华盛顿通过日美军事同盟专线打来的电话。电话是由美国参谋长联席会议主席迈克尔·马伦（Michael Mullen）打来的。马伦这段时间已给折木来过好几次电话了，传达的基本都是相似的信息："面对事关国家存亡的这场危机，除了出动军队外别无他法了。"

这天早上，马伦是以"想通过军事关系传达一下跟藤崎大使通过外交途径所进行的谈话内容"为由来切入话题的。

"自卫队是不是应该更积极地行动起来以掌控事态呢？"之后马伦更一针见血地指出："在你们日本，能做决定的不是只有统合幕僚长吗？"

电话会谈结束后，折木对统合幕僚监部运用部长广中雅之说："我今天被马伦先生说了呀。"在向广中传达了行动信号的同时，折木也打电话给北泽说："让我们行动起来吧！"北泽对此表示同意。从折木的脸上，能读出他那无比舒畅的心情。

统合幕僚监部幕僚副长河野克俊对心情大好的折木说："有一部名叫《K-19》的电影，演的真就是那样的敢死队呢！""《K-19》？什么啊那是?""一部好莱坞的电影，是一部讲冷战时期苏联开发的核潜艇的核反应堆破裂后冷却水泄漏的电影。为了阻止堆芯熔解，敢死队队员们前仆后继。据说是根据真实故事改编的。"河野如此补充道："扮演苏联核潜艇船长的是哈里森·福特。"

上午 7 时 25 分，自卫队以"上午 10 时"为目标完成了喷水准备工作；上午 7 时 42 分，折木命令开始喷水；上午 8 时 56 分，2 架 CH-47 直升机从霞目驻地起飞，途中在名取河口附近的海里抽取海水后向福岛第一核电站飞去。

机上悬挂着的巨大水桶里装满了海水。这也成为了直升机的压舱物。如果不装满水使其保持稳定的话，水桶就会被风吹起从而影响到直升机的稳定性。

直升机呈一条直线向南边飞去。为了将辐射量控制在允许范围内，飞机提高了飞行高度。今天是从上风处飞进去的，听说前天的直升机部队只能从下风处进入。最先进入视线的是 1 号机组。厂房的上部已经完全没有了。

这支飞行队的副驾驶员是 32 岁的山冈义幸二尉[①]。"什么啊这是？"围墙内到处都散布着很大的瓦砾。"很厉害的爆炸啊！"现场让人毛骨悚然。

即便已经靠近了福岛第一核电站，山冈他们的监测仪上的数值显示还是为零。但当飞到 3 号机组正上方时监测值却开始突然上升。

和 1 号机组一样，3 号机组被气浪炸飞的厂房也裸露着钢筋，还有热气在冒出来。水被投下后，可以看到那里原来是有水的。

4 号机组也一直在冒热气。

山冈他们的飞行队第 2 次喷完水后，有一大股白色的蒸汽从 3 号机组上猛地升了起来。"刚才的喷水刚好投准了的！"山冈确信。任务完成。队员们都一言不发地沉默着。在感到了完成任务的成就感的同时，山冈也强烈地意识到了死亡的恐怖。

---

① 二尉：自卫队新式军衔，相当于旧式军衔中尉。——译者注

各种复杂的情感涌上了他的心头。"水投下时不是会发生大爆炸吗？如果那样的话，我们全机人员都会当场身亡的。"

自卫队提供的测量仪应该是可信的吧？这么想着的同时，他心里却仍感不安："究竟准确测量到放射量没啊？"同时"这样的投水作战将一直进行下去吗？"的疑问也一直在他脑海里挥之不去。

如果要通过向3号机组燃料池喷水的方式来浸没燃料棒的话，将需要500吨水。为此直升机必须投水70次。当时报纸上都在对此进行大肆报道。

山冈他们的飞行队在J-VILLAGE的操场着了陆。机体和队员们都必须进行辐射除染。在J-VILLAGE，另一架同样从霞目驻地起飞的Chinook也一直在待机候命。这是为防备前往喷水的队员万一因核辐射而负伤时可以立刻被运至医疗机构而准备的。

山冈向家人报了个平安。飞行前他给妻子打过电话："总得有人去的对吧？！""嗯，总得有人去的！"妻子哭着坚强地答道。他妻子不久前才被医生告知怀孕了。

然后，他也给父亲打了了电话。山冈的父亲是个警察。1999年东海村发生JCO临界事故时，他曾作为茨城县警的警察航空队飞行员执行过到东海村核电站上空的飞行任务。

当时各报社接二连三地把直升机像竹蜻蜓一样地开去

现场以便从空中拍照。他父亲的工作就是用无线电发出警告以阻止媒体的上述行为，也就是"整顿空中交通"的工作。

父亲说他曾读过相关报道。切尔诺贝利核泄漏事故时，参加执行放水任务的飞行员后来基本上都得了白血病或癌症。"真没想到你会去承担跟那些飞行员相同的任务……"想到命运的不可思议，电话里的父亲说："我一直在看电视，但害怕得完全不敢看。"

在位于市谷的防卫部地下 3 楼的指挥所里，所长折木端坐正中，广中坐在他左边。北泽站在后面看着屏幕上播放的自卫队直升机喷水的画面。

此时的北泽，却不知何故突然想起了浅间山庄事件来。浅间山庄事件是指 1972 年 2 月，警视厅机动队用放水战略攻破了 5 名固守在长野县浅间山庄的联合赤军余党，救出人质并逮捕了全部 5 名余党的事件。

"在那种紧急关头，老百姓都在拼命看政府到底在做什么。""说句不好听的话，我们必须制造出一个值得一看的场面。所以不管多少——哪怕只有一滴——都得把水喷进去才行！效果还在其次。"队长机喷水那一瞬间，现场掌声雷动。北泽向菅直人报告说："喷水顺利！"他的脸激动得通红。

国家的脊梁

到上午 10 时 1 分为止，执行了 4 次喷水任务的直升机共投下了约 30 吨水。

这是一个具有逆转股价效果的成功时刻。到 16 日为止，东京证券交易所（东证）自地震发生以来已经连续 3 天全面下跌，15 日收市时的东证指数更比前日下跌了 1050 日元，大阪证券交易所（大证）的日经平均期货指数也两年来第一次跌破了 8000 日元大关。

17 日自卫队实施放水后，期货开始出现补仓，18 日的日经平均股价收复了 9200 日元大关。

在北泽高兴于自卫队的成功喷水时，华盛顿方面对此的反应却颇为复杂。震灾发生后已经 6 天过去了，菅政权一直不投入自卫队来结束福岛第一核电站的混乱状态，而是听由东京电力来进行事故处理。美国政府对此感到强烈不满。因此，自卫队的空中喷水作战日本政府终于准备团结起来应对核事故危机了，对此美国政府是满意的。然而，就这场喷水作战本身来说，美政府对它到底有多少效果却是怀疑的，对其效果到底能够持续多久更是持怀疑态度。

不久，在美国国务院担任对日机动部队协调角色的国务院日本处处长凯文梅尔记述到：这个场景让美国政府大受打击。

"因为大海啸来袭导致的停电已经持续一周了，日本这个大国能做的却只是派一部直升机去喷水。对此美国政府甚至感受到了一种绝望。而且，虽然有自卫队的冒死作战，但却没看到投下的水对核反应堆有何冷却效果。"

实际上，参谋长联席会议主席迈克尔·马伦已经向日方表达过上述疑问了。驻美大使藤崎一郎在外交电报中写道：马伦担心"用直升机投水到底能有多少效果还是个问号"。并记录下了下面的意思：虽然美政府赞赏自卫队的直升机喷水作战，但这场作战却未必见得能减少美政府对福岛第一核电站事故危机本身以及对日本政府处理能力的担心。

折木也深切意识到了这点："他们也知道直升机喷水并非那么有效，而我们自己也明白这一点。美国真正希望的是我们能稳定全局，对此我们也持同样的想法。"

统合幕僚监部痛感：要想应对核事故，就必须加强与美军的协调机能才行。此时，在横田基地进行的美太平洋军 JSF（Joint Support Forces＝统合支援部队）的编队情况也逐渐明了起来。陆幕防卫部长番匠幸一郎调到横田 JSF，统幕防卫计划部长矶部晃一和海幕总务部副部长中西正人调任统幕运用部长广中雅之的助手，防卫大学校防卫教育学群长尾上定正被派遣为官邸危机管理中心紧急集合组成员。他们全归广中指挥以强化日美间的协作。

不管派自卫队将校常驻横田美太平洋军 JSF 也好、常驻官邸的紧急集合组也罢，这都是有史以来的第一次。就此，诞生出了"自卫队首脑总动员"的"折木队"。

他们出席了太平洋军召开的部队长会议（横田、檀香山、美军部队、驻日大使馆和市谷统合幕僚监部之间的视频会议和电视会议），以及美国核能管理委员会。

同时，美海军准将威廉·克朗（William B.Crowe）23 日开始常驻市谷的统合幕僚监部。后来统合幕僚监部的官员证言道："我们对克朗实行了彻底透明的信息完全共享——这对日美同盟来说也是划时代的。"

尽管自卫队 17 日进行了喷水，但辐射量却几乎完全没有降低。但因为升上来的不是黑烟而是水蒸气，证明喷水不仅不会导致爆炸反而是有效的。而且至少日本政府因为这场作战而团结一心，为发动后来的地面喷水作战提供了契机。

菅直人不知为何突然想到了朝鲜战争："这样就可以转为反击战了。这就相当于朝鲜战争时的仁川登陆战 [①]。虽然被逼到了釜山，但之后就实现了逆转。"

细野感到好不容易才站稳了脚步。感觉"日本这个国

[①] 仁川登陆：仁川登陆战，是朝鲜战争中一场决定性的进攻及战役。战役开始于 1950 年 9 月 15 日及，9 月 28 日结束，在两栖行动中，联合国军通过在敌军后方之一系列登陆，攻占了仁川，突破了釜山地区。——译者注

家的脊梁就快要折断时，总算还是撑过来了。这是关系到日本能否作为一个独立的国家留下来的生死关头了。如果打不赢这一仗的话，恐怕美国也不会再对日本出手相助了吧？！"

17 日一早，东电开始清理通向 3 号机路上的瓦砾，这是为向 3 号机组燃料池实施地上喷水而平整地面。东电向政府和美方报告称，瓦砾被清理后预计辐射量将减少70%。

17 日中午 1 时，众议院召开了全体会议，这是震后的首次全体会议。会议开始后，首先全体议员默哀。默哀一结束菅直人马上回到首相官邸会见了北泽手下的自卫队军官，对他们当天上午实施的喷水作战进行慰劳。

17 日傍晚，官邸首相办公室。除北泽和折木外，菅直人还叫来了伊藤，就当天上午自卫队直升机喷水后的战略征求他们的意见。细野也出席了。细野说："1 号机组燃料池也有必要喷水吧？"对此菅直人的意见是："1 号机组的燃料池里还有水，3 号和 4 号机组的情况更为严重。"

17 日下午 18 时多，政府召开了第 10 次核能灾害对策本部会议。菅直人发言说："今天上午自卫队的直升机对 3 号机组喷了水。这是在危险中实施的作战，我对以参与行动的自卫队队员为主的各位表示衷心感谢。""现在地面喷水先委托了机动队、即以警视厅为中心在进行，如果顺利的话马上就可以开始了。"

海江田也发了言："自卫队的直升机确认说能看到 4 号机组的燃料池里还残留着一定的水，所以将会优先向 3 号机组的乏燃料池内喷水。"

北泽报告称："将由现有的 11 辆洒水车中的 5 辆高压喷水车进行喷水，他们已于 17 时 37 分抵达现场。"

但接下来其他阁僚陆续发表的内容却很严峻。国土交通相说："外国人正在同时离开日本。"国家战略担当相玄叶光一郎："这是一场非胜即负的战争。我们已经在局部战争中输掉了，从现在开始是如何减少败局的问题。这相当于 3 个'三里岛事件'同时发生，必须设想到最坏的局面以让民众及时避难，为此我和专家们已经拟好了民众避难方案。"

不过，当天晚上的地面喷水作业并没有如菅直人所期待的那样"马上开始"。要进行地面喷水的话，必须调动警察的机动部队、自卫队的中央快速反应部队、东京消防厅为首的各地消防队、东京电力的相关施工人员等。虽然原警视总监伊藤对菅直人保证说"将派出警员"，但实际出动起来却并不那么简单。

菅直人和细野都联系了国家公安委员长中野宽成，中野的态度却很暧昧。那也不无道理。国家公安委员长不是司令员。他没有县警本部长的人事权，不能对警察厅长官下命令。

霞关流传着这样的传闻。当时当全社会哗然于转账诈骗事件时，国家公安委员长称"已命令警察厅长官"要举全力防止犯罪。他的警察出身的秘书赶紧跳出来说："大臣，请修正您的说法。这不是'命令'而是'要求'。"

一个经济产业部的 OB 曾说："警察厅是警察厅厅长的主导之地，他才能决定全部人事调动。在霞关各部看来，那是最好地保留了战前体制的一个令人羡慕的机构。"意思是说为了不让政治家来决定他们的人事安排，他们手持国家公安委员会这么一个缓冲垫。换个角度来看："对用人方来说，还从没有哪个组织是像警察厅这样难使唤的。"

这点菅直人和细野也感觉到了。这让细野感到了"首相辅佐官"这个职位令人无奈的局限性。辅佐官并没有被授予执行权，不过是一个工作人员。警察认为这不过是"一个来历不明的小毛孩"突然拿着身为原灾对策本部长的首相的命令来对他们任意发号施令。

"负不了责的人说的话是不用听的"。这正是霞关的风格。"那些家伙不懂。"警察厅的高层们都是这样理解的。

细野怎么也突破不了"警察门罗（不干涉）主义"的壁垒。虽然如此，警方最后还是接受了要求他们前去喷水的请求。中野打电话给北泽，一再恳求道："请让警方先出马吧！"

前天（16 日），搭载着警视厅机动队的直升机从茨城县的航空自卫队百里基地机场起飞前往 J-VILLAGE。由于自卫队在进行直升机的辐射除染作业 J-VILLAGE 没有空位，他们本来准备在附近的广场降落的，但光线太暗了。召集了些车辆来开着大灯照明，结果还是没法着陆最后只好返回了。

"什么啊？窝囊废！"虽然有人发出了这样的不满之声，不过不久就有来自警察厅的消息说"我们半夜再赶过去。"17 日下午，13 名机动队队员如约乘车而来了。"果然是警察啊！"这次人们不由得发出了感叹之声。

17 日晚 7 时过后开始，机动队用高压喷水车向 3 号机组的乏燃料池里喷射了 44 吨水。他们是根据东电负责人的指示进行喷水的。光线太暗了到底水是否喷进去了肉眼难以判断。东电负责人向机动队打包票说"够了！肯定喷到了。"不过进驻对策统合总部的经济产业部官员们似乎并没看到水被喷进去了。"角度不够啊！这样水是怎么也喷不进去的。"

喜欢说长道短的霞关的"麻雀们"背地里议论说："要撒尿就再往前一点嘛。"

机动队的高压喷水车被叫做"小便小和尚"。它是用来驱散游行队伍的，所以是从上往下的喷水很强的喷水方式。平时都是把软管的喷嘴向下进行喷水的，这次要喷位于 5 楼的燃料池就不得不把喷嘴往上，可这样一来水就变成了雨雾。"怎么办呢？再喷一次吧！""不能往上喷的话那就没办法了。"对策统合总部里，人们议论着。

警察厅后来自卖自夸地把机动队的放水活动描述为"我们警察厅的喷水行动本来是用来镇压暴动的，现在却不得不用来进行与原来用途完全不同的行动。在这样的困难状况中，我们仍成功地向乏燃料池里注入了一定的水，为之后自卫队和东京消防厅等进行的喷水行动开了先河"。"正是果断投入到放水作战的警察们，促使一直犹豫不决的消防厅做出决断的。"内阁危机管理监室的官员也这样说道。

不过，从有效作业的角度来看，把警察纳入喷水作业队伍这事还是让人心存疑虑的。美国的核能管理委员会把机动队的喷水车称为"暴动町压用水枪"，认为这是日本仍然没有认真进行危机应对的又一表现。

实际上，机动队的喷水作战很大程度上受到了自卫队的支持。中野向北泽要求说，希望运送机动队时派自卫队的化学防护车作为开道车。因为自卫队的化学防护车上装有辐射监测设备，而机动队的车却没有配。"机动队部队喷水时，自卫队最好能够作为先导。撤退时也希望能够同行。"对此北泽没有马上作答。中野也向首相官邸提出了同样的申请。官邸要求自卫队优先为警察厅拟移动的喷水车辆进行先导检测。为此，自卫队让在现场待命的中央特殊武器防护队作为警察厅喷水车的先导车专门回到了福岛第二核电站。

当初被派遣到现场的自卫队部队就强烈表示过"东电

和保安院的辐射监测都不可信"，所以他们一直是自己独立进行辐射监测的。警察和消防也都一直不信任东电和保安院的辐射监测。他们认为自卫队员也一样依靠中央特殊武器防护队的检测来进行作战，所以自卫队的辐射监测数据是可信的。自卫队的化学防护车在机动队出动时作为先导车，并在喷水结束前都一直留在现场。机动队之后就轮到自卫队出场。

17日下午15时过后，北泽命令自卫队对3号机组燃料池进行地面喷水。自卫队这次从关东地区的下总、厚木、木更津、百里、入间等基地调来了飞行队，把消防车运到J-VILLAGE。这些都是为机场发生的飞机火灾而配备的特殊消防车。这部分行动由航空自卫队中心来完成。折木的命令很简洁："凌晨5时前大家全部集结完毕。"此前只在机场里行驶的特殊消防车第一次被开到了公路上，并全部在约定时间汇合到了J-VILLAGE。被安排参加设备场内喷水作战的只限于年龄较大的队员。自卫队的喷水从17日晚19时35分开始，持续到20时7分结束，共出动了5台消防车。第二天（18日），下午14时开始同样对3号机组燃料池进行喷水，共出动了7台消防车。当天下午14时前东电得优先恢复电源，所以喷水定在了14时之后。

不过，要说喷水作业方面，自卫队到底还是比不过消防。自卫队出动了11台装了淡水的消防车，储水罐一空就又得回 J-VILLAGE 去补给水后再出动，这样一天只能喷 1~2 次水。与之相比，消防则可以持续不断地从海里取水来喷。

海江田还曾对自卫队提出过“1 天喷 300 吨水”的要求。可即便 11 台消防车全部发动让他们每次持续 8 小时地进行喷水，一天最多也只能喷 70~80 吨水。所以 1 天要喷 300 吨水的话，如果不让他们 1 天 4 次、24 小时以上地持续喷水是不可能实现的。

宫岛对在电话里向他报告此事的副司令官今浦永纪说：“对这种要求就保持沉默、无视就行了！就当没听见。”到 21 日为止，自卫队共进行了 5 次喷水作业。

第 11 章

喷水

隶属于地方自治体的消防队和警察队不受国家直接命令，而冷却放水作业却需要三者共同参与才能完成，因此指挥系统的一体化显得尤为必要。自卫队则肩负着统筹协调的作用。

超级救援队

16 号傍晚，放弃了让自卫队通过直升机喷水的念头后，首相菅直人把目标锁定在东京消防厅的超级救援队消防救助机动部队身上。

超级救援队拥有被称为"海潮"的可折叠水炮塔车。该水车的水管能延伸至 22 米的高度、喷水速度则可达每分钟 3.8 吨。

超级救援队通过名叫超级水泵的大型送水装备获取海水后输送到水车内，超级水泵则是荷兰为了应对堤坝决裂时的排水开发的一种特殊水泵。

阪神淡路大震灾时，消防车需要从 2 千米外的地方将水运送至灾区。那之后东京消防厅就配备了三套这种消防设备，每套配有两台消防车。

此时，在位于官邸负一楼的危机管理中心内，内阁危机管理监伊藤哲郎问守候在紧急召集小组的总务部消防厅次长株丹达也道："你们会出动用于高楼救火的高空喷水车吧？"

第 11 章 喷水

伊藤显然知道东京消防厅配有这种喷水车。"如果出动高空喷水车，万一东京也发生了高层火灾怎么办？"株丹问道。"什么怎么办？那也没有办法啊！再说了，东京也不是总有那样的高层火灾吧？"

时间回到地震后的 11 号。在紧急召集小组里，从外部赶来的人员中，株丹争论得最来劲。"消防是属于自治体的消防，跟警察可不能相提并论。""警察也有地方自治体的警察啊！""不，不一样！因为虽说是地方自治体的警察，但他们的上层属于国家公务员，而消防则从上到下都属于地方公务员。"

就警察而言，包括县警本部长在内的警视正以上的人员都属于国家公务员，而包括消防长、消防局长在内的消防总监则都属于地方公务员。

这时，株丹说出了他对指挥系统的担忧："考虑到消防是地域分权的最前沿组织，我也觉得应该派消防去福岛。另外，消防这工作在某些紧急时刻还会丢掉性命，也发生过队员殉职的情况。话虽如此，能否由国家发令派遣消防就不好说了……"

同一天的 16 号傍晚，菅直人拨通了总务相片山善博的电话。菅直人问："能出动东京都的超级救援队吗？"

老派自治官僚出身的片山曾担任过鸟取县知事，可谓是中央统治与地方自治问题的专家中的专家。过去也曾出任自治部消防厅的总务课长，对消防事务十分熟悉。

"超级救援队直属东京都管辖，即使是总务大臣也无法直接命令他们。"片山跟菅直人分析了法制层面的难处。之后菅直人又给片山去过好几次电话。"为什么就不能出动消防呢？"每当被问到这问题时，片山都以"从原则上而言这并不属于消防的工作"这样的场面话对付过去。后来，片山不得不让步说会再考虑考虑。

不管是菅直人、海江田还是细野，他们都不知道一件事：其实早在12号16时30分，为了应对福岛第一次核事故，超级救援队已经出动过一次了。当时超级救援队接到总务部消防厅的出队请求后一共出动了8队，28人。

"为了对反应堆进行冷却，能不能出动东京消防厅的超级水泵啊？我们想借用东京消防厅及仙台市消防厅的超级水泵。"东京消防厅消防总监新井雄治向部下传达了总务部消防厅的上述请求。听说经济产业部已经多次请求过总务部了。

同意出动超级水泵的同时，新井提出了下面三个条件。

①需要给部队配置放射线专家做向导。

②需要准备比东京消防厅现有的性能更高的放射线防护服。

③准备稳定碘剂。总务部消防厅全部同意了。

然而，当超级救援队开进茨城县境内的常磐高速路守谷服务区时，却接到了来自总务部消防厅的电话说："派遣请求撤销了。"原来，1 号机组刚刚发生了爆炸。

据说消防厅从保安院得到消息说："刚发生了爆炸。虽然还不知道是什么爆炸了，还是先撤回派遣请求吧。"

虽然让队员们暂时先撤回了东京，但新井认为派遣请求应该还会来的。为了在紧急情况下能随时再次出动超级救援队，有必要作好事前的准备工作。到时辐射指数很有可能变得很高。需要让队员穿上带防护装备的工作服进行训练，同时还需要准备特殊灾害对策车。

所谓特殊灾害对策车，就是铺上铅版，用水槽覆盖，以防范中子射线及伽马射线的装有特殊装备的车辆。1990 年东海村发生临界事故时，受制于中子射线及伽马射线的消防车根本无法靠近事故现场。以此为教训，10 年前造出了这种特殊灾害对策车。

15 号上午 10 时 35 分，新井接到了来自总务部消防厅长官久保信保的电话。"3 号机组的西侧每小时产生 400 毫西弗的辐射量。消防作业将会难以进行吧？"话虽如此，新井却一边在荒川河边训练超级救援队，一边制定着消防工作计划。

经过研究新井发现，虽然 3 号机组每小时会产生 400 毫西弗的辐射量，但如果能争取到 15 分钟的时间就能开始喷水。果不其然。16 号就接到了东京电力公司"希望借用特殊灾害对策车"的请求。东电得到的答复是"将在说明了使用方法后交给你们"。

然而，当东京消防厅的队员将特殊灾害对策车辆开到约定交付的地点磐城市时，到了约定时间却没看到东电相关人员的身影。询问总务部消防厅后得到的回答是："现场一片混乱，已经于事无补了。"

消防并不是轻易出动的。因为消防厅的长官久保十分注重"手续及顺序"。久保的理由如下：核灾害的应对本来就应该是企业的工作。虽然核事故中的救助和灭火工作应该由消防来承担，但往废弃燃料池里喷水却是企业的事。如果企业无法处理，才应该由国家来出面解决。因此，首先由作为国家机关的自卫队和警察厅机动队来实施救援才合情理，而不是一来就交给东京消防厅，对吧？

本来都道府县的消防局就是靠地方税在维持，从未收过一分钱的国税。消防队员属于地方公务员和市町村职员。

东日本大地震发生后，包括冲绳县在内的全国44个都道府县的消防队都参与到了东北地区的救援活动。全国159000名的消防队员中，每5人就有1人前来参加救援。

就消防而言，每天都可能有火灾发生。即使没有火灾，也会有相当于火灾数量100倍的突如其来的救急搬运工作等。放下这些工作跑到其他县去参加救援工作，如果自己县内的事故应对出现问题的话，"这在美国，可是会被民众起诉的。"简而言之，就是这个道理。

在担任广岛县副知事5年半后，41岁的久保出任了现在的职位。对地方行政无所不知的他出任消防厅长官以后经常到地方去与消防队的消防总监、消防长、消防局长领导等见面。

由于 1995 年 1 月阪神淡路大地震时无法迅速调遣其他县的消防队，政府从此事中吸取了教训修订了法规，规定大城市的消防本部以紧急消防援助队的形式记录在案，遇到紧急情况时可由消防厅长官下达派遣指示。可"指示"并不等于"命令"，其实质其实跟"请求"差不多。

久保曾请求过好几个消防局："希望你们能前往 30 千米的圈内。"对此大部分消防局的答复都是："需要跟市长商量。"之后就再没回音了。

其他县的消防队中，也有曾出动直升机前来救援的，可结果有的县由于直升机遭到核辐射而要求索赔。所以国家与地方之间并不存在一个垂直的命令系统。官邸危机管理中心内，株丹高声念出了久保的"手续及顺序"论调。

17 号傍晚，片山再次接到了菅直人的电话。于是他又一次与久保通了话。"久保，刚才菅首相又来问了，说可不可以姑且由首相出面。我暂且表示了接受。""刚才跟新井也在说，差不多得这么办了吧。还是只能请首相给石原知事打个电话，只能请他们帮忙了。"久保回答道。片山将以上内容转达给了菅直人。要想出动消防厅，得由菅直人直接拜托东京都知事石原慎太郎，此外别无他法。

17 号晚上 19 时左右，菅直人给内阁府大臣政务官阿久津幸彦（民主党、东京都）打去了电话。

20世纪80到90年代的近10年里，在石原出任众议院议员期间阿久津一直担任其秘书。后来，阿久津在菅直人的邀请下作为新党的先驱入党并参加了民主党的结党活动，与菅直人关系颇为密切。

"现在需要向废弃燃料池内喷水，因此需要调用东京消防厅最先进的水泵消防车。能否拜托一下石原……"阿久津传达了菅直人希望石原协助的请求，石原欣然同意。

此时，官邸和对策统合总部都被这"固执己见的消防"折腾得焦虑不堪。海江田甚至问片山："消防厅难道就没有对东京消防厅消防总监的任命权吗？"

听了这番话的久保对部下说："命令这东西有时是行不通的。最终让人行动的并不是命令。也许可以通过行使逮捕权或人事权来让人屈服，但最终却只有爱才能让人信服。消防就是靠爱坚持的啊！"

可事实却是，最终消防并不是受爱驱动的。菅直人向石原低头后，石原就指示新井出动消防。这就是旧自治部的官僚们要让政治家们履行的"顺序及手续"。片山、久保和株丹他们都属于自治官僚。

株丹之所以会表现出如此强硬的姿态是有原因的。借用总务部某位高层的话来说就是，他是要营造一种"要让我来做，连首相都得来跟我说才行"的局面。

事关日本命运

石原同意了菅直人要求派遣消防队的请求。晚上 20时 30 分，新井接到了久保打来的电话。"首相已经跟片山说了需要出动东京消防厅。知事可能会跟你说这事的。"

晚上 21 时，新井给石原打来了电话。稍早前，东京都副知事表示："希望新井这边能给知事去个电话。"

石原说："首相希望东京消防厅能够出队，具体情况我不是很清楚，但首相说好像无法得到消防的协助。究竟是怎么回事？""部队已经准备出动了，特殊灾害对策车也准备开往现场。可是，东电的相关人员并没有来我们指定交接的地点。""什么？这样我就不明白首相什么意思了……不过，希望消防队能尽力协助。"这是石原对新井发出的出队要求。

晚上 22 时，这次是石原给新井打来了电话。"刚跟首相通过话了。他那边现在也很混乱，对状况似乎不是很了解。不管怎样，希望消防厅全力协助。"

这期间菅直人也联系了片山。"电话里我已经跟石原打过招呼了，你也去拜托一下他们吧。""好的。"于是，片山跟久保说："你去转告新井一声，总务相已经同意出动超级救援队了。"

18 号凌晨 50 分，久保要求新井派超级救援队作为紧急消防援助队前往福岛第一核能发电站现场。这是正式要求超级救援队出动的指示。

18 号凌晨 3 时 30 分，在荒川河边的训练场，新井让139 名超级救援队队员出动了。出动前，新井训示队员们道："刚才，内阁首相大臣向都知事提出了出队要求，下达了这次的任务。这次的任务事关国家的命运。但仍希望你们能明白，最重要的还是保护好自己的生命。因为：保自己之命，护同伴之命，方可救他人之命。'这个'命三训"，是消防队一直用来教导队员们的。

18 号 17 时 30 分刚过，部队抵达了福岛第一核能发电站。其实之前部队就已经抵达现场了。可当天白天东电的人并没有为喷水做好平整地面的工作，而是在忙于恢复电力，因此喷水只能等到傍晚。这期间，全体队员服用了分发的稳定碘剂。另一边，东电总部的修复团队却对自卫队的任务持怀疑态度。

在东电的电视会议上，对 17 号做出的让自卫队从高空喷水的决定有人提出了质疑。"自卫队的任务具体要怎么完成啊？如果他们的行动优先的话，喷水作业时我方人员就只能回避，这样我们的作业效率就会大幅下降。我们觉得很难掌控，深感苦恼。"对此吉田昌郎站长的回答是："那就调整一下，在喷水工作完成前停止我方作业。"

基地内到处散布着瓦砾和浮木，根本无法靠近码头。而且 3 号机组西侧还存在"3 号西问题"，那里的辐射量极高。

　　虽然找到了一条可以将车开去码头的路，但中间相隔 2.6 千米，超级水泵的消防水带根本无法送达。自卫队事先没能从东电那里得到可以了解其全部设备配置的航拍照片，现在突然被告知不能穿过基地内铺有消防管道的地方，于是只好改变线路。

　　现场的辐射量是每小时 60 毫西弗左右。照这个辐射量可以为队员的每次作业争取到更多的时间。

　　可到海岸一看，发现码头已被海啸给破坏了。好不容易运来的超级水泵，在这里却毫无用武之地。队长认为作业困难，让队员撤退。

　　正当超级救援队从正门往外走的时候，却被东电的职员及保安拦住了。

　　"请你们别离开！"每个人都这样恳求道。

　　"有栋防震重要楼，外面贴着铅，还有空调。"

　　"不，也不能一直待在那里。"

　　超级救援队被领到了 J-VILLAGE。

　　直到这时，消防队才知道了这栋防震重要楼的存在。

　　"今天的喷水中止了"这个消息被迅速传到了对策统合总部。

　　与警察和自卫队不同，为了防止内部被炸，超级救援队携带着空气液化瓶。据最新消息说是"因为空气液化瓶用完了，所以暂时撤到了 J-VILLAGE"。

　　海江天气得脸涨得通红。"为什么不喷水？如果说空气液化瓶的容量不足了，那就把没有液化瓶的队员留下，其他队员来喷水就可以了啊！""其他人都戴着口罩在拼命，消防队是干什么吃的？"

"今天一定要开始喷水！这是首相的命令。说好了由消防来做这项工作才让自卫队回去的。跟他们消防队说：消防要负起责任来，今天内就喷水！"海江田在电视会议上这么说道。"不管怎样，请务必让好不容易请动的超级救援队今天开始喷水！"

18号21时43分，手持麦克风的海江田开始与吉田对话。

海江田："这也是首相的命令，务请今晚内喷水。这的的确确是首相的请求。"

吉田："我们这边也想了很多办法，可是没有消防队员的联络方式啊。"

海江田："据超级救援队司令说他们已经进入了现场。但由于消防软管无法加长，消防车与软管的连接陷入了困境。虽然没喷水，但据说人是在现场的。"

吉田："我想不是这样的。"

海江田："为防万一还是再确认一下吧！"

吉田问下属："现在消防队进核电站了吗？"

核电所人员："说是撤回 J-VILLAGE 了。"

吉田还是通过清晨5时的 NHK 新闻才知道超级救援队要来核电站的事的。那天早上，吉田向细野抱怨说，之

412

前什么消息都没有，说来就来了，的确让我们很难应对。

细野解释道："虽然联络上可能确实有问题，但这是首相拜托石原知事的。只是的确没想到这么快就来了。"

此时，海江田急得像热锅上的蚂蚁。"消防中途好几次想折回了，作为自治体消防的他们想必也快到极限了吧。"

"跟现场说，如果消防干不了，那就不得不考虑由自卫队来接替他们了。"海江田指示道。对策统合总部的自卫队联络员将海江田的指示转达给了田浦正人。田浦是中央快速反应集团（CRF）的副司令，也是当地调整所长，正驻守在福岛县政府内的当地对策本部。

田浦将这个情况汇报给了宫岛。此时的宫岛十分冷静。"事到如今，即使让自卫队去接替消防也需要 3 到 4 小时。比起这来花点工夫让超级救援队来做才是上策吧？"

说完后，宫岛命令田浦道："去鼓励一下超级救援队吧！""知道了。"

仿佛是想让全屋子的人都能听到样，田浦在电话里高声对对策统合总部的自卫队联络员说："请听好！你就对大臣这么说'从现在算起，自卫队回收器材和换班需要 2 小时、出发需要 1 小时总共得 3 小时。这期间消防作业可以每小时喷水 100 吨，而这样的作业量我们自卫队是做不到的。'你就这样向大臣解释吧。另外，也请转告大臣'喷水本来就是你们消防的本职工作，我们也绝对说不出让我们来代替你们这样的话来'。"挂了电话后，消防队长握着田浦的手说："谢谢。"

"今天的喷水工作中止了。"听到这个消息的菅直人和海江田都为之一震。海江田直接给新井打去了电话。"不管怎样都要继续喷水！"之后，菅直人的电话也跟来了。"不管怎样赶紧继续喷水！"新井回答说："这是交由现场决定的……现场的人自有他们的考虑。"所谓"现场"，是指在 J-VILLAGE 的超级救援队的前线基地。

菅直人声嘶力竭道："今晚之内就给我喷水！"不一会儿石原就给新井打来了电话。"首相和我说了。发生什么事了？"

可能出于对新井的不满，菅直人给石原打电话直接表达了他的不悦。"首相也一直要求我们喷水，能做到的吧？"新井汇报了事情的缘由，他的上司是石原而非菅直人。紧接着，新井这里就接到了来自 J-VILLAGE 前线基地的"再赴现场"消息。

18 号晚上 23 时 11 分，超级救援队再次进入了现场。朦胧的月光照亮着四周。带路的东电职员每人都身着白色防护服，他们将指挥车停在了防震重要楼前。海风正吹向陆地，看来不得不在下风处进行喷水作业了。

3 号机处的水蒸气正随风飘散，瓦砾附近每小时都有 100 毫西弗的核辐射。队员们都被要求带着氧气呼吸器。这里距海岸有 2 千米远。由于有瓦砾，消防软管没法直接拉长。救援队决定将软管分解为 7 根分别运送后再组合在一起。"入口在这边。""在正中间的左侧。"

7 根软管每根长 50 米、重 100 千克，得靠 4 个人手动作业，一边加长一边运送至码头。用队员的话来说，就是靠"手动连接"来延长软管的长度。"60 毫西弗""现在是 60"他们相互确认着。哪怕只是一米之外，辐射量也有可能猛涨。

机动部队长铃木成稔在距离 3 号机组 5 米远的地方指挥着。铃木率领着东京都涩谷区幡谷的第 3 本部消防救助机动部队。在他看来 3 号机组就像一座魔山，据说 3 号机组很可能再次发生爆炸。冷风穿过山脉吹向大海让人感觉身后不寒而栗。背后伫立着的是 2 号机组。

19 号凌晨 30 分，喷管对准废气燃料池后憋足了劲地往里面喷水。燃料池里不断有水蒸气涌出来。20 分钟后，水已喷了 60 吨。第 2 回合从当天下午 14 时 5 分开始一直持续到 15 时 40 分，这次的喷水量是 2430 吨。废弃燃料池的温度因此急剧下降，辐射量也在迅速减少。

在放射线医学专家的建议下，超级救援队队员们格外注意防护辐射。此次同行的，还有来自放射线医学综合研究所（放医研）的放射线管理专员。

放射线医学研究辐射应急医疗研究中心的所长明石真言向队员们说明了安定用素剂的服用方法。"从 J-VILLAGE 出发前服用。"实施放水作业过程中，放射线医学专家、杏林大学医学部急救医学教室的山口芳裕教授也处于 24 小时不间断的待命状态。

山口是东京消防厅的特殊灾害支援顾问，他 18 号带着所有的稳定碘剂跟队员们一起赶赴现场，另外，他还负责测量队员们所遭受的辐射量并进行安全管理的指导之后，山口在现场先后 5 次指导队员进行了放射线管理。

山口在 J-VILLAGE 的前线基地待命时一直身着超级救援队的消防服。反应堆和燃料池的爆炸是最为恐怖的。

多数情况下，放射线医院会选址在核电站所在地的自治体，政府的相关研修会的预算也只会划拨给这些自治体。可因为接到通知说让 20 千米范围内的居民实施避难，所以这些医院都关闭了。

作为推进核电发展的环节之一，医疗也被置于一个重要位置。"难道这是因果报应吗？""忽略了这点的我们看来也太不谨慎了。"山口在心里这么琢磨道。

那时，山口就在想到底应该拜托东北的哪家医院的哪位医生来给超级救援队队员们治疗呢？他把认识的医生同事在心里过了一遍，盘算着紧急方案。超级救援队队员中的很多人都是在心里与"可能活着回不来了"这样的恐怖感斗争着奔赴现场的。同行的山口也一样。

当时，正在大学研究室里工作的山口突然被要求说"教授，麻烦您上车吧！"就这样，他坐上了开往福岛的消防车。在车上，山口用电话给一位自己十分尊敬的前辈发了封邮件。"突然被告知要去福岛。因为是去应对核事故不知道能否安然归来。有个冒昧的请求……此行若有不测，麻烦代我将沙希子照顾到成年，拜托了！"沙希子是山口 6 岁的女儿。

19 号晚，超级救援队回到了东京。随即召开了记者招待会。针对记者"什么地方最够呛"的提问，超级救援队的总括队长富冈丰彦回答说："虽然不同于日常训练，但我深信这些队员一定能完成任务。最辛苦的是每一位队员。"话音刚落，队长的声音就哽咽了。一阵沉默后，只见泪水从富冈那双大眼睛里流了出来。

自卫队统合幕僚监部的官员们都心情复杂地远观着这次的"洒泪记者会"。其中一位官员这么流露说："如果能像电影字幕中最后打出的那个'终'字那样，说句'任务完成'就可以落下帷幕的话，那当然可喜可贺了。然而我们却做不到，因为危机不过才刚刚开始而已。我们相互提醒说：自卫队还是别太张扬地宣传为好。"

21 号，石原到访了菅直人的首相官邸。他没有事先预约是突然到访的。首相秘书猜想是跟喷水相关的事情，急忙为他安排了会面。

刚一踏进首相执务室，石原就向菅直人表达了强烈的抗议。"你们政府里有人对我们队员发出近乎恐吓的言论。为了完成任务大家把命都豁出去了，承受了超过正常值的辐射量。而远离现场、甚至连指挥官是谁、也不了解事实的人却还在说如此愚蠢的话，这样的话我们没法战斗下去了。绝不能让他们说这种话！""我赔礼道歉。真的非常抱歉！"菅直人低下了头。

所谓"近乎恐吓的言论"，指的是 18 号晚上超级救援队暂时撤离时海江田的反应和言辞过于激烈。有人说他曾说过："今晚内不喷水的话就要处分他们。"

22 号，海江田在内阁会议后的记者见面会上致歉道："如果由于我的言论，让消防的相关人员感到不愉快的话，我深感抱歉。"这件事情以海江田的道歉告一段落。但负责喷水作业的对策统合总部的担当官员私下议论说："当时海江田是为让超级救援队采取行动才情不自禁说出这种话来的，他的心情我们都可以理解。"

自卫队才是中心

17 号晚上 21 时，福岛县政府内现场对策本部。"有件事想拜托你。"快速反应部队副司令田浦正人对现场对策本部长松下忠洋说。松下是 15 号起接替池田出任现场对策本部长一职的。上任后他问田浦道："田浦，有什么可以帮忙的吗？"当时田浦说："谢谢！暂时还没问题。"想不到那么快就有需要松下帮忙的事了。

"喷水的事由自卫队来指挥怎么样？一方面现场的调整能力有限，另外部厅间的协同作战对中央而言也有利。"

从 J-VILLAGE 到福岛第一核电站的道路十分狭窄，只要一错车拖车就无法动弹了，这样根本就没办法高效地进行物资补给。只要自卫队不挑起后勤补给的运营管理担子，就存在无法顺利进行喷水作业之忧。

松下立刻手写了一张便条并传真给了对策统合总部。上面的内容为："将东电福岛第一核能发电站基地内的喷水作战的指挥监督权交给自卫队如何？"意思是说：以自卫队为中心并赋予他们指挥权，来实施对福岛第一核能发电站燃料池的喷水作战。

这些天细野一直抱有一种强烈的危机感。"如果燃料池发生爆炸的话日本就完了。"不管怎样，必须不惜一切地继续喷水才行。"现在日本真是遇到难关了。"然而现场的警察和自卫队却正为该由谁先去喷水而争吵着。如果要实施喷水，就该由警察和消防在自卫队的指挥下进行，这样才更高效并富有机动性。

18 号上午，细野以首相辅佐官细野豪志之名，从对策统合总部发出了"关于 3 月 18 号的喷水基本方针"的指示书。这个《今日及今后喷水活动的基本方针》的内容如下。

1. 以今日 14 时到 15 时为目标，自卫队消防部队向 3 号机组喷水，接着由美军的高压喷水车实施喷水。

2. 上述喷水活动结束后（约 15 时 30 分），东京消防厅消防救助机动部队（"超级救援队"）向 3 号机组喷水。

3. 包括以上活动在内的今后的喷水、除染等相关活动均由自卫队指挥。

那段时间，细野几乎每天都会以首相辅佐官的名义发布与喷水相关的指示书。按照指示书的要求，美军的高压水车进行的喷水活动并不由美军实施，而是由东电的职员来完成。

可是，像这样每天发指示也并非长久之计。细野觉得有必要让他们系统性地渗透到自卫队的指挥中去才行。"不光是喷水活动和与其相关的 J-VILLAGE 的管理，海岸周围除了纳入自卫队的管理下不也别无他法了吗?"他的构想是：将海岸周围即被称为滨通、太平洋沿岸的福岛第一核电站周边都交给自卫队管理。

细野让伊藤起草文案，规定将喷水作业调整到自卫队的指挥下。伊藤已经私下与紧急召集小组的三名成员：消防厅次长株丹达也、警察厅的警备局长西村泰彦、防卫厅运用企划局长樱井修一都一一打过招呼，让他们着手准备与喷水作业相关的"综合调整"工作。

伊藤基于的判断是，"只有自卫队是让同一支部队常驻在那儿喷水的，因此让他们来承担调整工作最合适。"樱井回答说："如果警察和消防同意的话就行。可还得征求大臣的意见，我拿回去研究后再答复你吧。"

株丹强调并坚持："消防厅并没有指挥市町村消防的权限。""这种事消防组织法上从未提到过。"也就是说，总务部消防厅并没有权限可以命令东京消防厅的超级救援队听从自卫队指挥。

西村指出：警察厅是无法调动地方自治体的警察的。虽然樱井也觉得必须向北泽报告，但那段时间一直没时间休息的北泽疲态尽显。

20 号上午，北泽预定要出席横须贺防卫大学的毕业典礼，营直人首相也准备在典礼上发表演讲。"借此机会让首相和大臣直接作决定最好不过。"这么一想，樱井便没向北泽报告此事。

18 号，细野给众议院议员长岛昭久去了个电话。由于受问责决议的余波影响，仙谷由人辞任官房长官一职后又在营直人的挽留下出任了官房副长官。长岛就是在那之后成为仙谷小组成员的。作为民主党中最厉害的防卫问题专家之一，长岛曾在鸠山政府里担任防卫政务官一职，因此细野一直对他在防卫部尤其是自卫队里的人脉抱有期待。

"长岛，已经是紧急事态法制了，需要启动有事法制体系才行。""现在还没必要启动紧急事态法制体系。因为根据核灾害对策特别措施法的相关规定，现在首相的权限是最大的了。"

要让自卫队来处理福岛第一核电站事故，除了赋予他们主导地位外别无他法。为此，就得承认与现场应对活动相关的自卫队指挥权。细野向营直人表达了这样的想法。

对此营直人亦有同感。他说，因为这由从防卫部调来的首相秘书官前田哲在负责，还是先私下跟他打声招呼吧。菅直人吩咐前田说："你跑趟东电吧！很可能需要制订一个明确自卫队的综合调整职责的新的有事法规。希望你跟细野辅佐官一起先研究一下。"

傍晚，长岛回到了东电的对策统合总部。当天晚上20时刚过，东电2楼的小会议室内。前田到东电一看，细野、长岛、细野招呼过来的众议院议员绪方林太郎（民主党、福岛县）、和长岛叫来的庆应义塾大学研讨会的后辈、农林水产相梅津庸成以及秘书官鹿野道彦等人都等候在那儿了。梅津也曾经是防卫部的官员。这让前田突然莫名地觉得"有一种被绑架了的感觉"，心里很不舒服。

细野问大家要让自卫队放手大干的话，依照现行法规肯定是不可能的。对此大家觉得应该怎么办才好呢？一只手上拿着六法全书的梅津首先作答道："为赋予自卫队的指挥权而制订新的有事法规就没必要了吧？仔细看过核能灾害对策特别措施法后，我觉得很多事其实都是可以做的。"

前田答道："对啊！通过《核能灾害对策特别措施法》可以读出很基本的东西。这样的话就无需修订自卫队法了。"前田手上也拿着六法全书。

不是万能的

可差不多 30 分钟后，广中就接到长岛打来的电话说"麻烦再过来一趟吧。"于是，刚回去的广中又与课长一起马上折回了东电。当时已经是晚上 23 时多了。

这次，东电会长胜俣恒久、副社长武藤荣和负责技术的人员都出席了。另一边，则有细野、长岛、前田、梅津，还有广中及其课长，细野的经济产业省出身的秘书官小泽典名。

大家一起乘电梯上了一层楼来到一间宽敞的房间。细野、长岛、前田、广中、梅津等和胜俣会长、武藤副社长的协议就此拉开了序幕。

率先打破沉寂的细野的语气中透出阵阵悲切。"这一周，警察和消防一直都在努力。我们一直在讨论让谁来做这事。虽然奋战了一周，但还是没成功。现在能够拯救这个国家的非自卫队莫属，我们只能依靠自卫队了。"

细野深信：以东电核电站基地为中心的一大片开阔地带都只能交由自卫队来管理了。"既然喷水、清除瓦砾等等这些都要交给自卫队，那么核电站的一切就只能都交由自卫队管理了。怎么才能解决这些问题呢？希望我们可以找出应对措施来，这正是召集各位来此的目的。"

当听到细野说"将核电站的一切交由自卫队来管理"时，广中不由得怀疑自己听错了。胜俣也一脸震惊。

在细野的催促下，胜俣首先发了言。"值此非常时刻，希望大家能全力协助、通力合作。再次拜托大家了！"

广中态度沉着地回答说："核电站的情况现在怎样？辐射量是多少？如果没有详细的数据加以说明，我们即使想协助也无从下手，希望贵方能提供更多的信息。另外，还望保证沟通渠道。"胜俣对广中说："不管怎样，当务之急是清除瓦砾。瓦砾被清除掉后，2号机组的冷却装置就可以重新启动了。"

"清除瓦砾"这话好像引起了广中的反感。"不，我们要做的是其他人所无法完成的事，也就是只能由自卫队才能胜任的工作。我们不是万能的。喷水作业我们可以承担，但是，像清除瓦砾这种事，就不是我们的工作范围了。这种活儿东电的工作人员就可以干了吧？"

胜俣似乎没察觉到广中说"我们不是万能的"这句话时心中的愤愤不平。"我们修理冷却装置时自卫队能不能暂停喷水作业？只要有三天时间就可以修好抑压池，所以这三天里可否暂时停止喷水？现场的站长说会不惜性命完成任务的。这是来自现场的最恳切的愿望。"在座的某个人不由得沉吟起来。

"如果能恢复电力的话可能还更有帮助。但喷水作业是菅直人拼命让进行的。不管是否知道这点，在这儿大言不惭地说什么恢复电力比喷水重要，真不知道是迟钝还是任意妄为……"防卫部和自卫队对东电的不信任感正与日

424

俱增。

当初哀求自卫队于 14 日上午赶往 3 号机组实施喷水时，东电没有提供跟反应堆有关的任何信息。15 日，当往燃料池里喷水成为重中之重时，东电却执著于去恢复电力。16 日，统合幕僚监部让东电的技术员去位于市谷屯的驻地商讨喷水问题。当问到应该注入硼酸还是直接用海水时，东电技术员却无法当场作答，不得不多次电话咨询总部。直到 17 日凌晨零点，东电才向自卫队提供了福岛第一核电站 1 号机组到 6 号机组的反应堆及燃料池现状的相关分析资料。这也是东电第一次向自卫队提供像样的数据。

广中反驳胜俣道："您刚才的一席话与我们所了解到的情况实在悬殊太大。如果停止喷水的话，现场将根本没办法撑下去。不管怎样，喷水是必需的绝不能停。美军对此也十分担心。"

胜俣转向细野说："我们跟美国的专家一起研究过，他们认为即使停止喷水也没问题，并打算明天讨论这事。"细野也附和道："我们确实跟美方商量过，打算明天再交换意见。"广中质问胜俣道："如果停止喷水 3 天，那么电力恢复后接下来又打算怎么办？你们有什么计划吗？""计划已经想好了。明天下午我们可以向大家进行说明。"

此时广中心里敲定了一件事。那就是：绝对不能停止喷水。广中觉得需要再次明确这一点。他以提醒的口吻说："我们是将机场的安全管理置之度外硬把消防车开到这里来的。虽然也有如果机场发生事故又该怎么办的问题，但现在不是说这些的时候。"

广中想强调的是：为了准备喷水作业，自卫队将各基地的机场消防车大部分都调到福岛第一核电站来了。随着讨论的深入，牵扯到了核电站基地内喷水作业的管理主体问题。大家争论的焦点集中在"核反应堆是否也应该由自卫队管理"上。

广中说："我们只是军人，并没有管理运营核电站的能力。"胜俣也给出了明确的回答。"不！那里得由我们来管理。也只有我们才能管理。的确如此。"

胜俣接下来的话意味深长。"诚如大家所见，你们应该明白了吧？我们一直在被忽左忽右的官邸政治家们牵着鼻子走，真的很为难。终于有明白事理的人出现了，实在太好了！"其实，为了清除瓦砾，自卫队已经做好了将2台战车开到J-VILLAGE去的准备。

3月21号清晨6时10分，装有东部方面队的2辆74式战车及1辆战车回收车的拖车，从静冈县的驹门驻屯第出发抵达了J-VILLAGE。车上备有推铲瓦砾的推土板，其放射线防御能力极高。然而，建筑物附近铺满了注入海水所用的水管和临时电线，考虑到战车的履带有可能压坏它们，最终战车也没能派上用场。之后，自卫队让战车在J-VILLAGE待命。因为发生"万一"情况时还可以让工作人员去车里避难。

会开到一半，感到有点口渴的梅津问坐在角落的东电公司女秘书："有水吗？"女秘书说会议室外的电梯旁边有饮水机。梅津出了会议室正往饮水机方向走去时，突然从一个昏暗的房间里传来 30 多岁的男性压低声音打电话的声音。"所以啊，赶紧去办！情况我也知道，别说这种话了赶紧去吧。拜托了！""什么啊？为了这种公司还那么拼命？"梅津突然觉得这一切很没趣。

19 日，首相官邸办公室里。细野与长岛一起去见了菅直人。

细野汇报了前一天的会谈情况，强烈建议将指挥权交给自卫队并由他们来实施喷水作战。菅直人说："已经下指示了。只是，首相大臣对消防厅并没有指挥权，对公安委员长也没有……""以书面形式下指示总该可以吧？"官房长官枝野幸南突然从旁插嘴道。"说得对，那就准备文件吧。"首相菅直人同意道。

出办公室后，长岛就给梅津打了个电话让他来官邸"就自卫队的指挥权一事，首相已经同意下达指示书了。这可是为国家而下达的指示书，你赶紧起草一份草案吧！"

可指示书草案的起草却并非易事。内阁危机管理监的伊藤认为，指示书是以核能灾害对策本部长（首相）的名义发出的庄重的文书，与内部的文案并不相同。警察厅和消防厅反应暧昧。防卫部态度不明。北泽总的来说是在消极应对。而折木的态度却非常积极。

折木直截了当地对北泽说："不能再这样各自为政了。这件事没有组织工作经验的单位是很难完成的。这里交给自卫队就行了。"北泽也知道，要想渡过这次危机除了将这个重大任务交给自卫队外别无选择。

2010年猪流感流行时，因为地方自治体的危机管理能力欠缺，最终还是出动了自卫队进行消毒作业、安排居民避难等，从而确保了居民的安心和地区的安定。对此北泽记忆犹新。在那些自治体无法发挥作用之处就由自卫队来代其行使职能，形势正在往这个方向转变。

另外，北泽还想到，对于那些来自官邸、各部厅和自治体的向自卫队提出的乱七八糟的支援请求，应该以自卫队为主体加以整合才行。只是，现在最大的心理障碍，是如何让各部厅服从于自卫队的指挥并开展工作。折木的这席话宛如一针强心剂，北泽也决定支持自卫队。

位于地下一层的危机管理中心内，守候在此的总务部消防厅次长株丹对这份首相指示书的文案并不满意。他觉得18号伊藤起草的内部草案比这个好多了。因为那份文案里说自卫队要在得到各部厅一致同意的情况下才可以进行综合调整，这就成功地给了人一种"无法分辨作者是谁"的感觉。相比之下，政务主导下的这份文案的倾向性则太过明显：似乎其他部厅只能在自卫队的指示下"如其手足般运作"。

"这跟本部的指示有出入，完全无法让人接受。"看到株丹站起来正欲离开会议室，伊藤也站起来叫住他说："你扔下会议打算去哪里?""回办公室与大臣商量。审议官就让别人来做吧。"

从官邸政务和细野的角度来看，他们虽然让伊藤起草了一个文案，但借用细野的一位秘书的话来说就是："像一直以来政府机关间相互平等的关系一样，根本搞不清到底是谁在作决定。"

"现在是非常时期，如果不能明确自卫队的主导权的话他们将很难发挥作用。拿回去再修改一下吧!"最终，文案被退回重新起草了。对此，国家公安委员会长中野宽成提出了抗议。菅直人给中野打了个电话试图说服他。"这件事事关日本的命运，拜托了!"

一直抵抗到底的是消防厅。连最初一直面露难色的总务相片山，这时也同意说"是啊!"片山对菅直人说："但有个条件。希望别让消防的人难堪，更千万别出现现场辱骂消防队员的事。""好，我答应你。"菅直人也诚恳回答道。东京消防厅的消防总监新井雄治再次接到了菅直人的电话，让他"听从自卫队的指挥"。

片山对细野重申了与菅直人的约定。细野也对对策统合总部的联络员、一等陆佐吉野俊一（幕僚监部·装备部武器·化学课化学室长）申明了两点："现场不能让消防难堪，更不能辱骂他们。"吉野明确道："知道了! 我会让他们注意的。可现场都是靠大家相互合作在完成任务，不必担心这些。"

指示书已经修改好几遍了。当初文案上表述的"在自卫队的指挥下"已经被删掉，改成了"综合调整"。紧急召集小组成员里有些人还明显没有想通。若是官员无法达成共识只能由政务来调整那也就罢了，可在官员们看来，现在是他们已经得出了结论，而政务却故意打着政治主导的大旗来夺取他们的成果。

20号，菅直人召集北泽、中野、片山来首相官邸办公室，商议福岛第一核电站放水作业的各部厅协调一事。当北泽问大家是否确定了将综合调整的任务交给自卫队来执行时，片山答道："可以的，可以的！放手让他们去做吧，拜托了！"

这之前折本给消防厅长官久保打了个电话。他刚说完"有件事希望你能了解。这次综合调整的任务落到了自卫队身上。"久保马上回答说："我当然知道，放心去做吧。"折木和久保本就相识。

随后，以核能灾害对策本部长（内阁首相大臣）的名义向警察厅长官、消防厅长官、防卫大臣、福岛县知事、东京电力社社长处发出了"指示"。

1. 针对福岛第一核电站设施的喷水、观测以及作业所必需的业务等具体的现场实施要领，在现场调整所内均以自卫队为中心、并综合相关行政机构和东京电力株式会社的意见来决定。

2. 在该要领基础上所实施的作业，均由派遣至现场的自卫队在现场调整所进行集中管理。

借用北泽的话来说就是："将警察和消防等相关机构纳入其麾下来执行任务，这在自卫队史上还是首次尝试。"

细野和长岛叫来了广中，让他绕过北泽直接与统合幕僚监部对话，以加快拟定首相的"指示书"。可广中来东电的时候，却被守候在对策统合总部的防卫部内局的眼尖的"西服"组的 LO（联络员官员）发现了。这个消息立刻传到了北泽那里：统合幕僚监部的官员未向大臣报告就直接与官邸和东电接触。"太放肆了！"心有不悦的北泽马上把折木叫来大臣室，提醒他注意。折木低着头说："明白了！以后会小心的。"第二天，折木找到广中说："被发现了。"

提高辐射剂量基准

14 日，政府决定将紧急作业的辐射剂量上限从每年的 100 毫西弗提高到 250 毫西弗。

官邸的东电联络员提出，想就如下意见跟核能安全·保安院及核能安全委员会商量一下：要想不触犯法律，就必须遵守 50 毫西弗的辐射剂量基准。可这样一来所有的作业就都无法进行了，因此希望能结合国际标准来修订相关的法令。

核能安全委员会委员长班目春树是个非常通情达理的人。根据国际放射线防护委员会（ICRP）20世纪90年代的建议，若遇到重大事故，一年的辐射剂量基准可在500毫西弗到1000毫西弗间作调整。此外，有的国家规定，对于志愿者并没辐射基准的上限。

班目作了说明后提议道：将辐射基准提高到500毫西弗怎么样？可东电方面却犹豫了。一下将基准提高那么多的话，反而可能会让现场的人恐惧，这样作业就无法继续了。于是，最终决定取250毫西弗这个中间值。

班目指出，提高辐射剂量基准本来就不是核能安全委员会事务局的工作。最后，厚生劳动省得到劳动基准局商议后答复的"没问题"后决定调整辐射基准。这样一来，每位作业员在现场工作的时间便增加了。

可自从15号发生过爆炸后，2号机组的辐射量就大幅上升。如果以一年250毫西弗为辐射值上限的话，无法实施作业的空间就会不断扩大。

16号，任职于内阁官房政务的东京大学研究生院的小佐古敏庄教授向细野建议说，可以参考国际放射线防护委员会的标准将基准提高到一年500毫西弗。征得菅直人的同意后，细野就开始为将辐射基准从每年250毫西弗提高到500毫西弗活动起来。

17号，细野拜托长岛说，希望他能协助将辐射基准从每年 250 毫西弗提高到 500 毫西弗。长岛试探了下人事院的总裁江利川毅、厚生劳动省副大臣小宫山洋子以及经济产业副大臣池田元久的意见，似乎没人反对。长岛表示说"这可是官邸的意思"。他以这种形式博得了不少人的支持。

当天下午 18 时 30 分，菅直人在首相办公室召集厚生劳动大臣细川律夫、经济产业大臣海江田万里、防卫大臣北泽俊美、国家公安委员长中野宽成等人，就再次提高辐射基准问题征求大家的意见。席间，北泽和中野的态度都非常慎重。

当晚，北泽就向菅直人转达了反对意见。仅仅 3 天前，辐射基准才刚刚从每年 100 毫西弗提高到了 250 毫西弗。这 3 天里究竟发生了什么巨变？为什么还要提高呢？对此居然完全没有任何解释。这样一来，与其说像贱卖香蕉倒不如说是在"强买"。北泽对此产生了疑问。另外，北泽警觉地想到，如果将基准提升至每年 500 毫西弗的话，不就意味着自卫队会严重偏离原本救死扶伤的任务，投入到应对核事故的工作中去了吗？

折木也对将辐射值再次提高到 500 毫西弗持反对意见。统合幕僚监部给每人都发了张"征求意见稿"。折木给 3 位幕长过目后，他们也全都表示反对。

统合幕僚监部认为，即使维持现在每年 250 毫西弗的辐射值标准任务也是可以完成的。如何判断及测量"辐射

433

量的幅度"是一件困难的事。

福岛第一核电站发生事故后，东电的职员受到核辐射后被送到了位于千叶市稻毛的辐射医疗研究所。

日本核能研究开发机构利用移动型全身计数器（WBC）进行测量的结果，这些员工所受辐射量为 600 到 700 毫西弗。但有人认为"应该他们体内还有残留的放射性物质碘吧？"又将他们送去了研究所。这件事传到东电后引起了他们的极度不满。

"请给出精确的数据。""数据注定是好看的。但正常情况下却是无法得出那么精确的数据的。某种程度上，误差却无处不在。"放射线医学研究辐射应急医疗研究中心的所长明石真言这样认为。可东电的辐射剂量管理人员却固执己见地要求："请拿出一个明确的数据来！"让他们尤其无法接受的，是这些员工所受辐射量超过了 500 毫西弗这一点。

当晚，明石特地从千叶来到东电本部找管理人员协商此事。明石耐心解释道："从医学的角度来讲高估是可以接受的，但低估却是无法接受的。因为过低评价会对其本人产生不良后果。这是绝不允许的。"然而，东电的辐射剂量管理人员却并不愿轻易做出让步。与东电剂量管理人员的争论一直持续到明石回家以后。双方各执一词、唇枪舌剑到凌晨 2 时 30 分。

和菅直人商量后，细野开始秘密讨论引入 500 毫西弗以上的基准。这意味着基准将"无上限"。

当细野和小佐古谈起国际放射线防护委员会的 500 毫西弗基准时，小佐古递给他了一本国际放射线防护委员会的《期刊 103》（2007），上面登载了相关的基准问题。细读该资料，可以发现"无限制"的志愿制制度。"以下内容仅供参考：为了他人利益而不得不让救生人员蒙受过量风险时，辐射剂量并无限制。"

按此资料内容，出于自愿的前提下，即使其遭受的辐射剂量超过了基准线仍可以从事救助活动。但这不过是指"抢救生命时"的规则，而这次是坐直升机靠近核反应堆进行喷水作业，二者并不能相提并论。即便如此，这条也是适用的吧？细野苦苦思索着。对此北泽则持强硬的反对态度。

按规定，"无限制"的志愿制只适用于抢救生命时。而此时和这里需要自卫队做的，是维护核反应堆和燃料池的稳定。

引入"无限制"志愿制，让志愿者奋不顾身地投入其中，这究竟是要做什么？不仅是北泽，防卫省的事务当局也否定了这个想法。防卫省的某高层直截了当地拒绝说："导入志愿制后如果没人报名应征，到时我们就会被外界批评说虎头蛇尾。如果要表彰志愿者，是像表彰特攻队那样吗？到时候很可能还会有了来自社会的强制性压力。如果出现爆炸三勇士那样的志愿者可就麻烦了。另外，也有可能招募到的志愿者是毫无辐射防护知识的人。"

多啦 A 梦

　　20 号上午 10 时，位于横须贺的防卫大学毕业典礼上。北泽乘自卫队的直升机到了防卫大学。按惯例，出席典礼的还会有统幕长、陆幕长、海幕长、空幕长等人。可现在正处于福岛第一核电站喷水作业的关键时刻，因此，他们都留守在市谷屯驻地，只有副统幕长河野克俊等副幕长前来出席。

　　北泽在休息室里与河野等人闲聊着。"折木来了后，那个自以为是的菅直人心情变好了很多。"据说当折木在北泽陪同下出现在首相办公室时，菅直人的表情瞬间变得明朗了起来。

　　在北泽如是高谈阔论时，菅直人乘坐 SUPER PUMA 直升机也到了。直到当天早上，包括防卫事务次官中江公人在内的防卫省官员们都还认为："值此危难之际，首相应该不会来横须贺了吧？"可菅直人还是出现了。

　　毕业典礼上，菅直人发表了"内阁首相大臣训示"。"在大灾害面前，自卫队出动全体力量，以空前的规模参加了救援活动。他们救助孤立的人群、搬运救灾物资、拼死去核电站实施喷水。我为这些临危受命、奋不顾身地坚持救援的自卫队的各位感到自豪的同时，也借此对在其身后支持他们的家人们表示由衷的敬意。"

这番话是菅直人的肺腑之言。菅直人的训示结束后，会场里响起了雷鸣般的掌声。在回去的直升机上，菅直人颇为感慨。

12 号，他也是乘坐这架 SUPER PUMA 直升机去福岛第一核电站视察的。那之后，一周已经过去了。多亏了 10 万名自卫队队员在灾区的救援，这一周才勉强撑了下来。自卫队言出必行，值得依靠。更可贵的，是他们 17 号早上开始实施的喷水。那真是扭转局势的第一弹啊！

确实，光从冷却效果而言可能并没收到太大的效果。但以此为契机，日本政府的事故应对方式发生了巨变。不管警察还是消防，都紧随自卫队投入到了喷水行动中。

北泽曾在防卫部事务次官中江等官员面前复述过与菅直人的对话。"首相说了，自卫队就像多啦 A 梦那样，有求必应。"一直把菅直人视作左翼积极分子的一些人揶揄道：这下菅直人秒变自卫队的粉丝了。

2009 年民主党政权诞生之初，防卫省的自卫队内就忧虑之声不断。他们觉察到，民主党的致命弱点就在外交的安全保障上。

北泽在 2009 年 9 月 17 出任防卫大臣时曾发表过如下言论："错误的历史不应该被重复。昭和时代出现了不听从政府方针的军人以及无法统制这些军人的软弱的政府和议会。正因为此，才使我们这个国家步入了存亡边缘。今天我们要吸取历史的教训，所以确保鸠山内阁政治主导下的文官指挥才尤为重要。"

1960年安保斗争时，不少学生高呼着"反对安保"的口号并不断进行游行示威，当时的北泽也是成员之一。民主党还是在野党的时候，作为外交防卫委员长的北泽就常常以严厉的姿态出现在防卫省自卫队，当时的自卫队实际上也是以一种紧张的姿态在应对着北泽。

然而那以后，民主党的政治家们却不约而同地为自卫队唱起了赞歌。可在将官们看来，堂堂一国之相居然把自卫队夸成"多啦A梦"多少是有点不合适的。"'拜托自卫队了'这样的说法也很奇怪。想动用自卫队的话直接下命令就行了嘛，根本用不着拜托啊！"指挥支援作战的一位将军说道。

根据自卫队法令第7条的规定："内阁首相大臣代表内阁，享有对自卫队的最高指挥监督权。"那就根本无需请求，直接指挥监督就行了。

决定用直升机灌注海水时，菅直人曾问随同北泽到访首相办公室的幕僚长折木："你觉得怎么样？"折木答道："首相，请不要问我觉得怎么样。请直接命令说：去喷水！自卫队只会执行命令。与我们商量的话只会让我们为难。"菅直人无言以对。

自卫队也并非没遇到过困难。当初实施居民避难时，由于反应过度，南相马市的居民竟被要求"撤离到100千米以外"处；在针对双叶病原的重病患者的救助战中，现场部队与东北方面部的沟通也并不充分；14 号 3 号机组发生氢气爆炸后，自卫队的反应也显得过于神经质了。因此警察官僚中曾有人批评说，自卫队过于固守"安全地带"了。"如果让自卫队在过于危险的环境里作业，我们担心会出现不少逃兵。日本没有军事法庭，无法让逃兵受到军事法庭审判。所以他们就会固守于安全地带。"

然而，一个无法否认的事实是：处理福岛第一核事故过程中每每遇到最危险状况时，政治权贵们都把自卫队视作最后一道防线。

细野也曾有两次反复考虑后觉得，只能让自卫队成立"敢死队"来解决问题了。第一次是在 12 号 1 号机组的排气发生问题时。当时东电无法像平常那样排气，细野提出成立敢死队，但最终没能成功。细野对危机管理监伊藤和官房副长官西川彻矢提出了自己的想法。

"西川，难道就不能让自卫队成立一支敢死队来排气吗？这样下去东电很可能应付不了。不能排气的话反应堆就危险了！"西川告诉细野，1999 年 JCO 事故的时候，自卫队曾私下商量出动敢死队。细野曾考虑让东电把核电站的地图及各设备的结构图交给自卫队。可在福岛第一核电站站长吉田昌郎指挥下、由东电自己的职员成立的敢死队最终完成了排气。

第二次是在 16 号，自卫队的直升机飞到福岛第一核电站上空后发现无法从上方喷水不得不折返时。当天晚上，细野心平气和地问一名工作人员道："即使这个国家打起仗来，难道也没有人愿意为它做出牺牲吗？"见对方默然，细野说得越发来劲起来。"还是说只能靠自卫队？说到底，愿意为国家赴汤蹈火的就只剩他们了？"

菅直人的一位秘书后来这样感叹道："不管是地方消防还是警察，几乎都把喷水当成一场作秀。国家处于危难之时，真正发挥作用的还是只有自卫队。当时我们深刻地体会到了一点：应该一开始就让自卫队来进行综合调整的。"其实不管是警察还是消防，在现场参加喷水工作的每个人都和自卫队一样，奋不顾身地在完成任务。这样的努力却被一竿子地归结为"表演"，未免也太过苛刻了。

只是，在国家处于最大的危急关头时，政权中枢们会有如此想法也是难以否认的事实。危机关头，北泽和统合幕僚长折木一起去单独见了首相。虽然防卫事务次官中江公人也曾同行，但多数情况下，同行的并非"身着西服的官员"而是穿制服的折木。正如统合幕僚监部的一位官员所言："统幕长去首相那里已经成了很自然的一件事。"

"西服官员"的内心也并不平静。一直以来，统幕长拜访官邸都是在新旧交替的时候，或者报告 PKO 任务完成的时候。即此而已。

陆上自卫队出身的折木看上去淡泊于一切，但却很热衷于获取消息。这是一种"希望得到未经加工的原始数据"的渴望。折木的支柱是广中。折木一直都依赖于"调整自如，决断果敢"的广中。除广中外，陆上自卫队的矶部晃一、番匠幸一郎、海上自卫队的河野克俊航空自卫队的尾上定止等人组成了自卫队的最强智囊团"折木小组"。

统合幕僚监部的一位官员评论北泽时曾说：在这些"根本就不懂怎么用好自卫队的政治家"中，"他竟然知道什么才是用好'制服'的关键。"没有北泽和折木两人间的信赖关系，此话就无从谈起。

为便于直接向首相和细野汇报情况，菅直人曾考虑过让自卫队的官员常驻官邸 5 楼，对此"西服官员"们却不接受。作为折中之计才把尾上派去了危机管理中心。因为这样他就并不在"官邸 5 楼"，而是下属于内阁官房和危机管理总监了。

3 月 15 号下午 16 时。就是否往反应堆里投放硼酸的问题，菅直人需要听取折木的意见，于是，折木在一等陆佐吉野俊二的陪同下拜访了首相办公室。吉野曾在荷兰海牙担任防卫驻在官，是化学武器方面的专家，也是海牙化学武器禁止条约会议的常客。

菅直人就投放硼酸的事征询吉野意见时，吉野简明作答道："注入硼酸确实会有效果。但比起这个来，当务之急是应该尽快实施注水。""我也这么认为。"菅直人一边说一边眯缝着眼睛打量吉野。"从今天起，你就留在这里吧。"

15 号，在东电成立了对策统合总部后，吉野突然被指派为常驻东电本部的联络员。此外，北泽还向外务大臣松本刚明提出了派遣一名外务省官员常驻市谷屯驻地的请求。因为防卫部自卫队需要和美军更清楚地交换意见，所以希望外务省能派一名熟悉国际法的外交官来。

松本同意后就开始考虑这个人选问题，可这期间防卫省那边又传来消息说"派外交官的事还是算了吧。"收回了这个请求。对此松木的解释是：可能是中央的"西服组"并不想看到外务省职员与统合幕僚监部共同工作的缘故。

3 月 28 号下午，身着防灾服的菅直人造访了位于市谷的防卫部。他在北泽的陪同下参观了地下一层的中央指挥部，并慷慨激昂地鼓励了自卫队士官们。

危机倒计时（上）

感谢邓一多女士、张静女士、彭轶超女士对翻译本书稿付出的辛苦与努力！

随身读本「日研智库」丛书为您

创新的、立体的、深度的展示

日本的社会、经验、成果、方法……

日 研 智 库
JAPANESE STUDIES THINK TANK